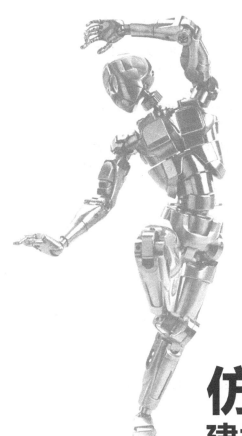

机器人科学
与技术丛书

U0252533

仿人机器人
建模与控制

融亦鸣　朴松昊　冷晓琨◎主　编
柯文德　梁　佳　张　春　熊小刚◎副主编
吴雨璁　白学林　何治成　王　松　黄珍祥　朱　政　孙　皓◎编　著

MODELING
AND CONTROL
OF HUMANOID
ROBOT

清华大学出版社
北京

内 容 简 介

Roban 机器人是一款基于 ROS（机器人操作系统）的人工智能人形机器人。本书围绕 Roban 机器人阐述人工智能相关理论、方法及应用，内容涵盖 Roban 机器人的基本原理、操作与开发方法，相关的双足机器人数学模型及控制理论，人工智能相关的语音及视觉应用。全书共 8 章，主要内容包括 Roban 机器人概述、Python 编程基础、ROS 编程基础、SLAM 定位和导航基础、V-REP 仿真基础、运动控制基础、步态算法基础，以及人工智能基础。

本书深入浅出，内容新颖，案例丰富，实用性强，寓教于乐，既可作为机器人初学者掌握机器人知识的入门书，也可作为机器人研究者钻研机器人技术的参考书，适合各种不同知识水平的读者阅读。

图书在版编目（CIP）数据

仿人机器人建模与控制/融亦鸣，朴松昊，冷晓琨主编. —北京：清华大学出版社，2021.3（2025.3 重印）
ISBN 978-7-302-57047-9

（机器人科学与技术丛书）

Ⅰ. ①仿… Ⅱ. ①融… ②朴… ③冷… Ⅲ. ①仿人智能控制–智能机器人 Ⅳ. ①TP242.6

中国版本图书馆 CIP 数据核字（2020）第 238177 号

责任编辑：文　怡
封面设计：李召霞
责任校对：时翠兰
责任印制：丛怀宇

出版发行：清华大学出版社
　　　　　网　　　址：https://www.tup.com.cn, https://www.wqxuetang.com
　　　　　地　　　址：北京清华大学学研大厦 A 座　　　邮　　编：100084
　　　　　社 总 机：010-83470000　　　　　　　　　邮　　购：010-62786544
　　　　　投稿与读者服务：010-62776969，c-service@tup.tsinghua.edu.cn
　　　　　质 量 反 馈：010-62772015，zhiliang@tup.tsinghua.edu.cn
　　　　　课 件 下 载：https://www.tup.com.cn，010-83470236
印 装 者：涿州市般润文化传播有限公司
经　　销：全国新华书店
开　　本：186mm×240mm　　　　印　张：23.5　　　　字　　数：519 千字
版　　次：2021 年 3 月第 1 版　　　　　　　　　　　印　　次：2025 年 3 月第 5 次印刷
印　　数：4401～4500
定　　价：79.00 元

产品编号：089743-01

编　委　会

序言
FOREWORD

自 1950 年图灵在他的著作《计算机器和智能》中抛出"机器是否能思考"的话题起，人类开始致力于机器人的研究与应用。从 1954 年诞生的世界第一个工业机器人 Unimate 用单个机械臂运输压铸件并焊接，开始改变制造业，到现在的人形机器人能像人一样行动、感知、计算、处理、表达，机器人已逐渐走进工业、农业、安防、医疗、教育、家庭……成为推动新时代变革的重要科技力量。

时代变革呼唤人的变革，呼唤具备机器人及人工智能理论知识与应用技巧的新时代人才。当然，在呼唤的同时，也赋予了大家更好的成才条件。四十年前，我们很难找到中国自主研发的领先的机器人学习研究载体，这在一定程度上加大了研究难度，限制了核心技术的攻关速度。但四十年后，像 Roban 专业级双足人形机器人这样能开源拓展的 AI 展示平台及 ROS 应用平台，将为人工智能、机械电子工程、自动控制、计算机等专业的学生们提供更好的学习条件，让他们更好地理解机电原理、人机交互、SLAM、视觉算法、Python、ROS 等理论知识，并且掌握实操技能。

我们看到了机器人所带来的生产与生活变革，也看到了变革中的不足。这些不足是核心技术还不足以满足产品创新的需求；应用场景还不足以满足人们生活的期待；专业人才还不足以支撑产业的快速发展。然而，这些不足对于我们来说是机遇，是读者未来可以进驻的领域。我想用雪莱的话来与各位机器人爱好者、学习者、研究者共勉："人不能创造时机，但是可以抓住那些已经出现的时机。"希望看到这篇序言的读者，不仅看到了时机，也能努力抓住时机，成为市场需求的高技术人才！

孙立宁

苏州大学机电学院院长，长江学者特聘教授

前 言
PREFACE

自从发明机器人以来，对两足机器人（具有两条腿的机器人）的研究一直持续地进行，特别是仿人型双足机器人。创造类似于人的机器人并使其不进行任何改变就可以在相同的人类工作环境中使用，意味着它们被建造用来模仿人类和人类的行为。这类机器人与轮式机器人相比，能更加有效地适应复杂环境。双足机器人在人机交互和复杂地形的适应方面有天然优势。如果运动平衡问题解决得好，再用人工智能技术当大脑，仿人机器人将具备广阔的应用场景和巨大的商业化价值——不仅可在机场、酒店、养老等服务行业广泛应用，而且在高校教具、娱乐影视、军用装备等方面也具有重要价值。随着人工智能的发展，在未来的生产、生活中，仿人型双足机器人可以帮助人类解决很多问题，比如完成送餐、驮物、抢险、采矿等一系列危险或繁重的工作。Roban 机器人是一款高端仿人机器人，拥有讨人喜欢的外形，具有人工智能，能够在视听方面与人类互动。Roban 机器人的相关技术完全是开源的，开放给所有的高等教育项目，支持在 Roban 上的开发及教育相关领域的研究。

Roban 机器人支持 Linux、Windows 或 Mac OS 等环境下的编程开发，开放的编程构架支持 C++ 或 Python 语言。无论使用者专业水平如何，都可以通过编程平台与 Roban 机器人进行编程。

本书介绍 Roban 机器人相关基础知识及编程操作，全书共分 8 章，内容如下。

第 1 章 Roban 机器人概述。介绍 Roban 机器人系统、关节运动模型、机器人操作系统框架、Roban 机器人基本操作、网络连接设置和远程登录。

第 2 章 Python 编程基础。介绍 Python 的基本语法、函数、对象与类、文件和异常。

第 3 章 ROS 使用概述。介绍 ROS 的程序包与节点、话题与服务、文件与参数及调试工具，最后给出了 ROS 安装和配置、主从机设置实例及消息通信实例。

第 4 章同步定位与地图构建。介绍 SLAM 技术中对图像的接收和发布、位置的定位和图像追踪、八叉树存储方式及平面图的生成、路径生成及控制机器人行走。

第 5 章 V-REP 使用概述。介绍 V-REP 仿真环境的搭建，提供了 Roban 机器人在 V-REP 环境下的导入和配置，以及仿真环境下的传感器配置，最后给出机器人大赛仿真环境的应用示例。

第 6 章 Roban 机器人运动控制基础。介绍 Roban 机器人相关的基础结构、动作控制方法，以及机器人姿态的运动学正、逆求解方法，最后给出控制 Roban 机器人避障行走实例。

第 7 章双足步行基础。介绍 Roban 机器人相关的运动学基础、ZMP 含义以及基于线性倒立摆生成双足行走步态，最终给出 Roban 机器人行走及上下楼梯实例。

第 8 章人机交互。介绍 Roban 机器人音频及视频处理的硬件基础、相关理论及相关应用，最后给出人脸识别及数字识别的人工智能实践。

本书各章内容相对独立，在内容安排上按照先易后难的原则编写。前面章节解释的语句后面再次出现时不做解释，读者在学习时尽量按照章节顺序阅读和调试程序。书中罗列相应内容，如参数、软件安装、程序调试方法等，供需要时查阅。

本书面向初学者，对机器人学相关理论、Python 语言、视觉及声学知识等介绍得相对简单，仅选择调试机器人所必须掌握的基础知识，书中所使用的范例也不涉及复杂算法。读者在掌握 Roban 机器人系统的基础知识、开发设计思路后，可以参考开源 WIKI，查阅所提供的更多 API。

本书可作为 Roban 机器人的操作手册和编程参考书，也可作为高等学校计算机及相关专业"机器人程序设计"课程的教材。

由于作者水平和经验有限，书中疏漏之处在所难免，敬请读者指正。

编　者

2020 年 12 月

目 录

CONTENTS

Roban 机器人概述

Roban 机器人是一款基于 ROS（机器人操作系统）的人工智能人形机器人。本章首先介绍 Roban 机器人的系统组成和运动模型，然后介绍一些 Roban 机器人的基本操作与开发方法。

1.1 Roban 机器人简介

Roban 机器人的控制系统本质上就是一台安装有 Linux 系统的计算机。该计算机上安装了机器人专用的软件系统，配合机器人本体上的其他软硬件系统即可达到机器人的控制目标。

1.1.1 Roban 机器人系统

Roban 机器人身高 68cm，体重 6.5kg，主要硬件包括 CPU、主板、扬声器、麦克风阵列、深度相机、ToF 测距传感器、电机、语音合成器、陀螺仪等。图 1.1 所示为 Roban 机器人。

1. 通用硬件系统

（1）处理器（CPU）：主处理器采用 8 代 Intel i3-8109U 处理器，主频 3.0~3.6GHz、4MB 高速缓存、双核四线程。基于 Cortex M4 处理器作为协处理器，用于传感器数据收集以及运动数据转发。

（2）存储器：内存 8GB，固态硬盘 120GB。

（3）网络连接：以太网 IRJ45 接口、Intel i219-V 10/100/1000M/s。支持无线网络连接、Wireless-AC 9560、IEEE 802.11ac 2x2。蓝牙支持 V5 版本。

（4）外部接口：两个 USB3.0 端口、一个标准 HDMI2.0A 接口、一个雷电 3 接口。

（5）电源锂电池：动力锂电池最高电压为 12.6V，电池容量 4000mA·h，2A 电流充电约需 2h。

（6）视觉与声音系统：机器人视觉的硬件基础是相机（摄像头），Roban 机器人搭载了两个摄像头，可以用于拍摄图像，录制视频以及 V-SLAM 导航，可以通过调用相关接口使机器人具有认知功能。

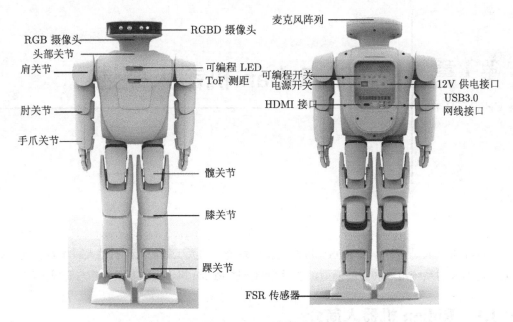

图 1.1 Roban 机器人

相机：Roban 机器人提供了两个相机和一个位于头部的 Realsense D435 RGBD 深度摄像头，除了可以得到通常的 RGB 图像之外，还可获取到分辨率为 1280×720 像素的深度信息，可以提供最高 30 帧/秒的 RGB 图像以及 90 帧/秒的深度图像，这是机器人进行 V-SLAM 导航的基础。

声音系统：Roban 机器人可以"听到"声音，并且可以辨别出声音方向，还可以"说"出悦耳的声音，听和说的硬件是传声器（俗称麦克风）和扬声器。机器人后背安装了 2 个 2W 的扬声器用于机器人音频的输出。机器人头部安装有 6 个麦克风阵列，通过 6 个麦克风可以计算音源的方位角，对于唤醒方向的声音实现定向收音，从而可以实现其与人的互动。

2. 软件系统

Roban 机器人操作系统为 Linux 的一个十分常见的发行版 Ubuntu16.04LTS，在这个操作系统的基础上构建了基于 ROS 的基础包框架，其支持 Linux、Window 或 Mac OS 等操作系统的远程控制，既可以直接通过 ssh 对该系统上的程序进行修改，也可以通过 ROS 的消息机制对机器人进行控制。由于机器人本身就搭载了一个计算机，开发者也可以使用外置的鼠标键盘以及显示器直接连机器人进行编程，还可以直观地观察机器人运行时的各种数据。

为了更加方便地对机器人的硬件进行操作，Roban 机器人在 ROS 的基础上还构建了多层结构用于对机器人进行操作，这些包都采用 ROS 的消息机制以及 Service 机制进行了连接，从而可以方便地使用各种 ROS 支持的语言对机器人进行良好的操控。Roban 的软件架构如图 1.2 所示，分为底层（驱动层）、中间层以及应用层，开发的过程主要是通过对应用层进行修改和开发，从而使得机器人可以按设计逻辑运行。

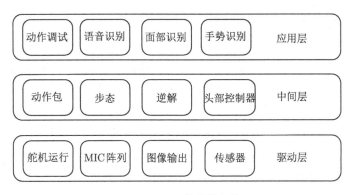

图1.2 Roban 的软件架构

3. 机器人特有硬件

（1）深度摄像头。Roban 机器人的头部安装有一个 D435 深度摄像头，除了可以提供 RGB 的图像数据之外还可以提供深度数据。摄像头会投射出红外结构光，摄像头有两个红外相机，可以获取到红外数据，从而得到深度信息，而在室外的环境中，由于结构光投射距离有限，深度摄像头会直接采用外部的纹理信息，利用双目摄像头的原理对深度进行计算。有了深度摄像头之后，可以使得机器人更好地获取前方的障碍物信息，也可以用于 V-SLAM 导航相关的应用，最近测量距离约 0.1m，最远可测量 10m。深度相机原理结构如图 1.3 所示。

右侧相机 红外结构光投影 左侧相机 RGB 相机

图1.3 D435 结构图

（2）ToF 测距传感器。Roban 机器人的胸前额外安装有一个基于飞行时间原理的测距传感器，是为了精确测量与障碍物之间的距离，可以测量 2m 内的准确距离，采用的是垂直腔面发射激光器基础。通过发射 940nm 的红外激光，并且通过测量从发射激光到收到反射激光的时间来判断检测距离内是否有障碍物，如果一段时间内没有收到反射的激光，则认为有效距离内没有障碍物。

（3）惯性传感器。惯性传感器用于测量 Roban 机器人的身体状态及加速度，包括陀螺仪和加速度计，通过这两个传感器的数据融合可以实现对机器人姿态的估计。

（4）关节位置编码器。关节位置编码器用于测量机器人自身关节的位置，且在各个关节内可用于各关节位置的反馈，使用这些位置传感器，机器人在步行的过程中可以更好地估计机器人本体的位姿。

（5）压力感应器。机器人每只脚上有 4 个压力传感器（Force Sensitive Resistors，FSR），用于确定每只脚压力中心（重心）的位置。在行走过程中，Roban 机器人会根据重心位置进行步态调整以保持身体平衡，同时也可以用于判断机器人的脚是否着地，为步态算法的研究提供了方便。

（6）发光二极管。Roban 机器人的前胸有一排发光二极管，可编程使得其显示不同的状态，可用于机器人状态显示。

（7）可编程按键。Roban 机器人的后背具有轻触按键，可编程将其作为状态输入，用于机器人状态的切换。

（8）机器人关节。控制机器人的关节可以使机器人完成各种动作，Roban 机器人有 22 个独立的直流伺服关节，根据具体位置不同使用了三种不同的电机及减速比，电机的转动通过齿轮的减速之后可驱动机器人的关节，完成各种关节运动，从而使机器人具有强大的运动能力。

1.1.2　Roban 机器人关节运动模型

1. Roban 机器人坐标系

机器人做各种动作时需要驱动机器人各关节的电机动作。为描述机器人各种动作的实现过程，使用如图 1.4 所示的笛卡儿坐标系。其中 x 轴指向机器人身体前方，y 轴为机器人由右向左方向，z 轴为垂直向上方向。

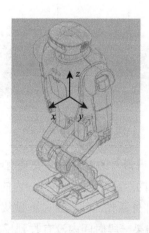

图 1.4　Roban 机器人坐标系示意

2. 关节运动分类

对于连接机器人两个身体部件的关节来说，驱动电机实现关节运动时，固定在躯干上的部件是固定的，远离躯干的部件将围绕关节轴旋转。沿 z 轴方向的旋转称为偏转（yaw），沿 y 轴方向的旋转称为俯仰（pitch），沿 x 轴方向的旋转称为横滚（roll）。沿关节轴逆时针转动角度为正，顺时针转动角度为负。

3. 关节命名规则

关节按照先脚后手的 ID 顺序进行命名，为了实现一些动作可能需要不同关节相互配合才可以实现，其中 Roban 机器人的各关节的 ID 数值如图 1.5 所示。

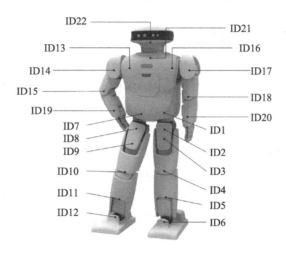

图 1.5　Roban 机器人关节 ID 分布

4. 关节运动范围

机器人的每个关节都有一定的运动范围，例如图 1.6 就表示机器人头部俯仰方向上的运动范围如下：其低头方向上运动范围为 35°，抬头方向上的运动范围为 24°。

图 1.6　机器人头部俯仰方向上的运动范围

在运动模型中，规定逆时针转动为正，顺时针方向为负，图 1.6 中所示意的 21 号关节的运动范围是 $[-0.418, 0.6108]$。特别需要注意的是，头部的两个关节运行范围会出现耦合现象，即在头部左右转动时俯仰方向的转动会受到影响，各关节具体运动范围可查阅本书后续章节或机器人参考手册。

5. Roban 机器人的自由度

机器人可以独立运动的关节称为机器人的运动自由度，简称为自由度（Degree of Freedom，DOF）。Roban 机器人的头部有两个关节，可以进行偏转和俯仰运动，因此头部的自由度为 2。Roban 机器人除了具有运动自由度之外，每只手还可以张开或闭合，各具有一个自由度，因此 Roban 机器人共具有 22 个自由度。

1.1.3　Roban 机器人控制框架

基于 ROS，Roban 机器人构建了底层和中间层的用于操作机器人的 API，通过这些 API 可以方便地对机器人运动、语音、视频等方面进行操作，满足机器人的使用需求。在应用层的开发中可以使用任意一种 ROS 所支持的语言对应用层程序进行开发，都可以达到正确的控制机器人行为的目的。通过对于这些相关 API 的调用，可以在不了解执行器具体原理的情况下方便开发者开发出机器人的应用程序。

尽管 Roban 的各个不同模块相互之间差异很大，但在使用的过程中使用 ROS 的 MSG 和 Service 机制，采用标准的 ROS 消息机制来表示信息，而且各个模块的权限管理机制也是相似的，这种方式使得在调用不同的 API 时具有相似的编程模式，降低了 Roban 机器人程序设计的复杂性。

在机器人上的开发可以使用 C++、Python 或者其他 ROS 支持的编程语言，但是不管使用哪种编程语言，实际的编程方法都是相似的。为了便于使用者调试，建议用户在开发应用的过程中使用 Python 语言进行行为层的控制，而对时间和效率敏感的控制代码用 C++ 实现，以提高运行效率。

1.2　操作 Roban 机器人

本节将介绍一些 Roban 机器人的基本操作，以及 Roban 机器人开发相关的基础知识。

1.2.1　无线网络设置

Roban 机器人可以通过有线网络或 WiFi 的方式连接计算机。由于有线网络需要接网线，因此推荐 Roban 机器人使用无线 WiFi 的方式进行连接，Roban 机器人完成网络配置后可以记忆无线网络密码并且再次开机时可自动连接上次连接过的无线路由器，配置 Roban 机器人无线网络的步骤如下：

（1）给 Roban 机器人接上外置电源，接上外置显示屏与鼠标、键盘。

（2）将机器人按图 1.7 所示的方式放置，打开电源开关，等待约 1min，机器人启动完成后，机器人会从蹲下状态变为站立状态，此时机器人即启动完成。

等待约1min

图 1.7　开机

（3）显示屏显示机器人上 Ubuntu 系统的图形界面，如图 1.8 所示。

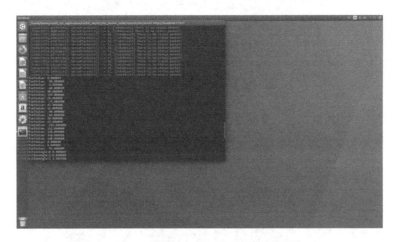

图 1.8　WiFi 设置 1

（4）从右上角的 WiFi 列表选择需要连接的 WiFi，如图 1.9 所示。

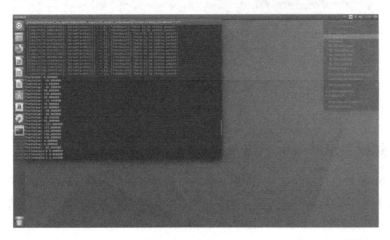

图 1.9　WiFi 设置 2

（5）在弹出的密码框中输入你所需要连接 WiFi 的密码，如图 1.10 所示，并且单击 Connect 按钮。

图 1.10　WiFi 设置 3

（6）通过 Ctrl+T 快捷键打开一个终端，然后输入 ifconfig 并回车，即可得到当前机器人的 IP 地址，如图 1.11 所示，通过该 IP 地址可对机器人进行远程访问。

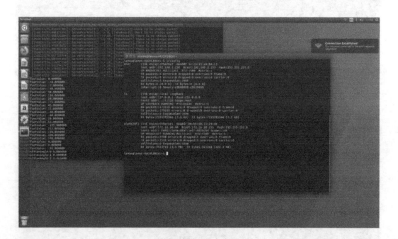

图 1.11　WiFi 设置 4

1.2.2　远程登录 Roban 机器人

虽然 Roban 机器人可以通过外接键盘、鼠标、显示器实现对程序的修改功能，但是在执行程序的过程中可能也会让机器人运动，很多程序会让机器人执行不同程度的运动，因此推荐通过 ssh 连接的方式来对 Roban 机器人进行开发。有很多 ssh 的客户端可供选用，本书推荐一种功能齐全且免费使用的远程工具 MobaXterm。

MobaXterm 是远程处理的终极工具箱。在一个单独的 Windows 应用程序中，为程序员、网站管理员、IT 管理员和几乎所有需要以更简单的方式处理远程工作的用户提供了大量的功能。MobaXterm 为用户提供了多标签和多终端分屏选项，内置 SFTP 服务以及 Xserver，让用户可以远程运行 X 窗口程序，SSH 连接后会自动将远程目录展示在 SSH 面板中，方便用户上传下载文件。MobaXterm 提供了所有重要的远程网络工具、协议（SSH、X11、RDP、VNC、FTP、MOSH 等）和 UNIX 命令（bash、ls、cat、sed、grep、awk、rsync 等）到 Windows 桌面。RDP 类型的会话可以直接连接 Windows 远程桌面，比 Windows 自带的 mstsc 要方便不少。

MobaXterm 的官方网站为 https://mobaxterm.mobatek.net/，可以方便地从其官网下载到客户端，程序运行后界面如图 1.12 所示。

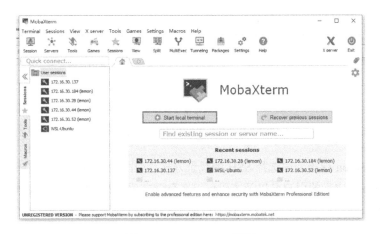

图 1.12　MobaXterm 界面

在对应界面中选中 Session 选项，如图 1.13 所示。

图 1.13　MobaXterm 远程连接界面

在对应的 Session 选项卡中选择登录方式，如图 1.14 所示。

图 1.14 MobaXterm 登录方式选取

在选取的 Session 选项卡中选择 SSH 的登录方式，如图 1.15 所示，选取指定用户名，默认的用户名为 lemon，实际的用户名以及密码可以在登录之后修改，如果已更改过即按照更改后的用户名填写即可。

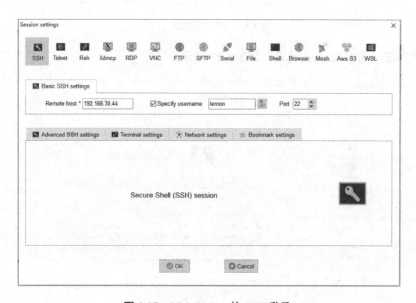

图 1.15 MobaXterm 的 SSH 登录

在进入之后会要求输入密码，如图 1.16 所示。

图 1.16　MobaXterm 的密码输入

在输入密码后即可进入如图 1.17 所示的界面，该示意图的左侧为文件管理界面，可以方便地使用拖曳的方式管理 Roban 机器人上的文件和本机的文件，也可以使用界面上部的那一排按钮对文件进行操作。在窗口右侧是一个终端界面，可以直接使用命令行对机器上的终端操作。

图 1.17　MobaXterm 远程界面

1.2.3　使用 VS Code 开发

前面介绍了使用 MobaXterm 远程登录 Roban 机器人进行开发的方法，通过 MobaXterm 将本地编辑好的程序文件上传到 Roban 机器人中运行，但代码不能在机器人上进行调试，也不方便使用调试软件，为了调试方便可采用 Visual Studio Code（简称 VS Code）进行开发。下面介绍如何使用 VS Code 对机器人进行开发。

　　首先，需要在 VS Code 的官方网站下载和系统匹配的 VS Code 版本，VS Code 的官网地址为 https://code.visualstudio.com/。

　　然后，到 VS Code 扩展页面安装如图 1.18 所示的 Remote Development 扩展插件，这个插件会自动安装一系列远程开发所需要的插件，安装完成后即可用于 Roban 机器人的远程连接开发。

图 1.18　Remote 扩展安装

　　安装完成后，按 Ctrl + Shift + P 组合键打开 VS Code 功能键界面，如图 1.19 所示，在其中选取 Connect Current Window to Host 的选项，然后就可以开始连接远程机器人进行开发了。

图 1.19　Remote 连接

　　在第一次尝试远程连接机器人时，如图 1.20 所示，单击对应的新建 SSH 主机设置。

图 1.20　新增主机配置

然后配置对应的远程主机 IP 地址和用户名，如图 1.21 所示，其中 IP 地址为 Roban 机器人的实际 IP 地址，用户名如果没有变更过，使用默认的 lemon 即可。

图 1.21 主机名称设置

然后输入对应的用户密码，如图 1.22 所示，如果没有变更过，输入密码 softdev。

图 1.22 主机密码设置

在输入密码后，选择对应的远程主机系统，如图 1.23 所示，Roban 机器人采用的是 Ubuntu系统，在选择远程主机时选择 Linux，如果是第一次远程登录 Roban 机器人，需要安装一些 VS Code 的 Host 端的插件，因此需要等待一段时间来安装插件。

图 1.23 主机系统设置

　　在安装完成后就可以使用 VS Code 对机器人进行远程开发了，如图 1.24 所示，左边部分为文件区，可以对文件进行操作；右侧有对应的编码区及终端区，可用于机器人软件的开发。

图 1.24　VS Code 远程界面

## 第 2 章

Python 编程基础

Python 是一种解释型、面向对象、动态数据类型的高级程序设计语言。Python 是跨平台的开发工具，可以在多个操作系上进行程序设计，包括 Windows、Linux 和 Mac OS X。Python 提供了非常完善的基础代码库，覆盖了网络、文件、GUI、数据库、文本等内容。除了内置的库外，Python 还有大量的第三方库，可以通过网络免费下载安装使用。

目前，通用的 Python 有两个版本，分别是 Python 2.x 和 Python 3.x。这两个版本并不兼容，部分语句的语法有差别。不过 Python 官方提供了可将 Python 2.x 代码转换成为 Python 3.x 的代码工具，以便程序设计者使用。

Roban 机器人使用 Python 3.5。本章主要介绍 Windows 平台下 Python 3.x 的基本应用。

2.1 Python 语法

2.1.1 Python 运行方式

Python 的解释器 python.exe 位于 Python 的安装目录，运行 Python 源程序需要使用解释器进行解释。目前，常用的运行方式有三种，分别是通过命令管理器运行 Python 脚本，通过 Python 自带的 IDLE 运行 Python 脚本，以及通过集成开发环境运行 Python 脚本。

1. 命令管理器

同时按下键盘上的 Windows 键与 R 键，并在输入框中输入 "cmd"，按 Enter 键即可进入命令管理器。在命令管理器中输入 "Python" 并按 Enter 键即可运行 Python 脚本。

在命令管理器中运行 Python 脚本的方式有以下两种：

（1）在命令管理器中直接编辑 Python 脚本。

在当前 Python 提示符 ">>>" 的右侧输入 Python 脚本，例如：

```
print("hello world !")
```

按 Enter 键，运行结果如图 2.1 所示。

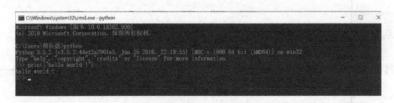

图 2.1 在命令管理器中直接编辑 Python 脚本

（2）交互式运行 Python 脚本。

交互式运行 Python 脚本，即在命令管理器中直接打开 Python 脚本。打开命令管理器后，输入 Python 完整文件名（包括路径）即可。例如输入"Python D：\ helloworld"，并按 Enter 键，运行结果如图 2.2 所示。

图 2.2 交互式运行 Python 脚本

2. Python 自带的 IDLE

在安装 Python 后，会自动安装一个 IDLE。它是一个 Python Shell，可以与 Python 进行交互。在所有程序目录中，可以在"Python3.7"文件夹中找到"IDLE (Python 3.7 64-bit)"，单击即可打开 IDLE 窗口。通过 IDLE 运行 Python 脚本的方式有以下两种：

（1）在 IDLE 中直接编辑 Python 脚本。

打开 IDLE 窗口后，在 Python 提示符">>>"的右侧直接输入 Python 脚本，同在命令管理器中直接编辑 Python 脚本一样，如图 2.3 所示。

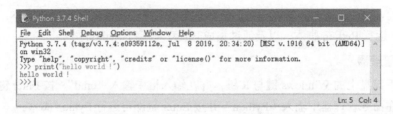

图 2.3 在 IDLE 中直接编辑 Python 脚本

（2）在 IDLE 中创建 Python 脚本文件。

在 IDLE 主窗口的菜单栏上选择 File → New File，将打开一个新窗口，在该窗口中，可以直接编写 Python 代码，如图 2.4 所示。

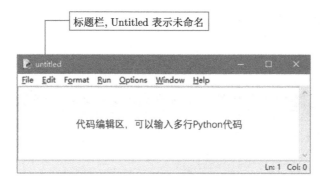

标题栏, Untitled 表示未命名

图 2.4 在 IDLE 中创建 Python 脚本文件

3. 集成开发环境

集成开发环境（Integrated Development Environment，IDE）是用于提供程序开发环境的应用程序，一般包括代码编辑器、编译器、调试器和图形用户界面等工具。Python 程序设计常用的集成开发工具有 Microsoft Visual Studio、PyCharm，以及 Eclipse+PyDev。本书以 PyCharm 为例，进行简单介绍。

在 PyCharm 中，选择 File → New Project，在创建新项目窗口中设置项目位置和解释器，如图 2.5 所示。

图 2.5 创建 Python 项目

在项目管理器中选中项目，右击，在弹出的快捷菜单中选择 New → Python File。在新建 Python File 窗口中的文件名称输入框中输入"hello.py"。单击 OK 按钮，在代码窗口中输入代码后，选择 Run → Run，运行 hello world.py，如图 2.6 所示。

在编写 Python 时，当使用中文输出或注释时运行脚本，会提示错误信息：SyntaxError：Non-ASCII character '\x…。出错的原因是 Python 的默认编码文件是 ASCII 码，而 Python 文件中使用了中文等非英语字符，此时需要在 Python 源文件的最开始一行加入一句：

```
#coding = UTF-8
```

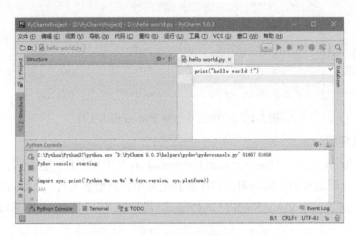

图 2.6　在 PyCharm 中运行 Python 程序

2.1.2　Python 程序书写格式

Python 程序书写最具特色的就是代码缩进。Python 不同于其他程序语言（如 C、Java 语言），采用大括号"{ }"分隔代码块，而是采用代码缩进和冒号":"区分代码之间的层次关系。例如：判断数字 a 和 b 的大小关系。

Python 代码：

```
a=6
b=9
if a<b:
    print("a<b")
else:
    print("a>b")
```

C 语言代码：

```
#include <stdio.h>
int main( ){
    int a=6;
    int b=9;
```

```
if(a<b){
    print("a<b");
}
else{
    print("a>b");
}
}
```

此外，Python 与 C、Java 等语言不同，Python 程序不需要从主函数执行，本例中，直接执行程序第一条语句 a=6。if 语句后面的冒号"："表示下一行是子模块的开始，所有满足 if 条件而执行的语句（代码块）缩进相同。

注：Python 对代码缩进要求非常严格，同一个级别代码块的缩进量必须相同。如果不采用代码缩进，将抛出 SytaxError 异常。

2.1.3　变量、数据类型、表达式

1. 变量

对于程序语句 x1=2020，x1 为变量，2020 为常数，= 为赋值操作符，语句将等号右边的值赋给等号左边的变量。

变量相当于计算机中存在的一个位置，在程序运行过程中可以向该位置放入或取出数据。

语句 x2=x1+1 执行时，就是把变量 x1 中的数据取出来，加上 1 后，再放入变量 x2 中。

标识变量需要为每个变量起一个名字，变量名遵从 Python 标识符命名规则：

（1）由字母、数字、下画线组成。所有标识符可以包括英文、数字以及下画线"_"，但不能以数字开头。

（2）区分大小写。

（3）不能使用 Python 中的保留字。

（4）以单下画线或双下画线开头的标识符有特殊意义。例如，__init__( ) 代表类的构造函数。

在 Python 中，变量使用时不需要像 C 语言那样必须先声明，而是可以直接使用。此外，Python 是一种动态类型的语言，其变量的类型也可以随时变化。

2. 数据类型

在数学中，可以将数字分为整数、实数等类型。在 Python 中，数据也是有类型的，因此，存放数据的变量也是有类型的。

（1）数值型。包括整数类型和浮点类型。在 Python 3.0 之后的版本中，整数没有大小限制。1 是整数，为整数类型。1.0 是实数，为浮点类型。赋值语句 x=1 执行后，变量 x 的类型为整数

类型。

（2）布尔类型。在逻辑学中，对于一个问题可以用"真"或"假"描述，在 Python 中，用 True 表示真，用 False 表示假。例如：100>101 的结果为"假"，赋值语句 b=100>101 执行后，变量 b 的值为 False。

（3）字符串类型。字符串是字符的序列。在 Python 中有多种方式表示字符串，通常使用单引号、双引号将字符序列括起来。这两种形式本质上没有任何差别，只是在形式上略有差异。print "hello world" 中，采用了双引号来表示字符串类型，同样，'hello world' 也可以表示字符串类型。

如果字符串中出现单引号或双引号自身，需要用转义字符"\"将单引号或双引号进行转义。例如：在执行 print ('Roban's functions') 语句时，Python 无法判定 book 后面的单引号是字符串的结尾，还是字符串中的符号，在执行时会报错。此时，需要对该单引号进行转义：print ('Roban\'s functions')。双引号表示的字符串中出现的单引号不需要转义，例如：print (''Roban\'s functions'')。

此外，Python 中还可以通过三引号将字符序列括起来，表示多行字符串。

3. 表达式

表达式是对相同类型的数据（如常数、变量等），用运算符号按一定的规则连接起来的有意义的式子。

（1）算术运算符。算术运算符是处理四则混合运算的符号，常用于数字的处理。常见的算术运算符如表 2.1 所示。

表 2.1 算术运算符

运算符	说明	实例	结果
+	加	12+8	20
−	减	12−8	4
*	乘	12*8	96
/	除	12/8	1.5
//	取整除，即返回商的整数部分	12//8	1
%	求余，即返回除法的余数	12%8	4
−	取负数，即返回其负数	−8	−8

（2）比较运算符。比较运算符也称关系运算符，用于对变量或者表达式的结果进行大小、真假等比较，常用于条件语句中作为判断的依据。Python 中使用的比较运算符包括 <、>、<=、>=、==、!=，分别为小于、大于、小于或等于、大于或等于、等于和不等于 6 种比较运算符，如表 2.2 所示。比较运算符的运算结果为布尔型数据。如果比较结果为真，则返回 True；如果为假，则返回 False。

表 2.2　算术运算符

运算符	说明	实例	结果
>	大于	'a'>'b'	False
<	小于	156<225	True
==	等于	'c'=='c'	True
!=	不等于	'a'!='b'	True
>=	大于或等于	129>=156	False
<=	小于或等于	108<=155	True

（3）逻辑运算符。逻辑运算符是对真和假两种布尔值进行运算，运算结果仍是布尔值。Python中的逻辑运算符主要包括 and（逻辑与）、or（逻辑或）和 not（逻辑非），如表 2.3 所示。

表 2.3　逻辑运算符

运算符	说明	用法	运算方向
and	逻辑与	A and B	从左到右
or	逻辑或	A or B	从左到右
not	逻辑非	not A	从右到左

运用逻辑运算符进行逻辑运算时，需遵循的具体规则如表 2.4 所示。

表 2.4　运用逻辑运算符进行逻辑运算的规则

表达式 1	表达式 2	表达式 1 and 表达式 2	表达式 1 or 表达式 2	not 表达式
True	True	True	True	False
True	False	False	True	False
False	False	False	False	True
False	True	False	True	True

（4）运算符运算优先级。在表达式中包括多种运算符时，运算优先级规则为：算术运算符高于比较运算符，比较运算符高于逻辑运算符。

在同类运算符中：加和减的运算优先级最低，"非"高于"与"高于"或"。

例：Python 中的各种运算。

```
a = 4
b = 3
c = 4
d = 8
```

```
print( a == c )
print( a > b )
print( d % c )
print( d // b )
print( a - b )
print( a*b + c*d )
print( a>d and a<b)
print( a==c or a<b )
```

运行结果：

```
True
True
0
2
1
44
False
True
```

2.1.4　条件语句

条件语句，也称选择语句，即根据条件判断的结果，执行不同的程序段。在 Python 中，选择语句主要有三种形式，分别为 if 语句、if…else 语句和 if…elif…else 多分支语句。

1. if 语句

Python 实现分支结构的语句主要是 if 语句，简单的语法格式如下：

if 表达式：

　　语句块

其中，表达式可以是一个单纯的布尔值或变量，也可以是比较表达式或逻辑表达式。如果表达式为真，则执行"语句块"；如果表达式为假，则跳过"语句块"继续执行后面的语句。

2. if…esle 语句

if…else 语句又称双分支语句，其语法格式为：

if 表达式：

　　语句块 1

else：

　　语句块 2

当 if…else 语句中表达式为真时，执行 if 后面的语句块（即"语句块 1"）；否则，执行 else 后面的语句块（即"语句块 2"）。

Python 以缩进区分语句块，if 和 else 能够组成一个有特定逻辑的控制结构，有相同的缩进。每个语句块中的语句也要遵循这一原则。

例：用 if 语句判断学生是否已经满足入学年龄。

```
age = 7
if age >= 6:
    print ("满足")
else:
    print ("不满足")
```

利用 if 语句判断年龄是否为 6 以上，如果"是"，则输出"满足"；否则，输出"不满足"。

Python 中指定任何非 0 和非空值为 True，0 或者空值（如空的列表）为 False。上面代码中，如果条件 age>=6 变成了 age，程序在执行时也不会出错，而是执行条件为真的部分。

3. if…elif…else 多分支语句

if 语句可以实现嵌套，即在 if 语句中包含 if 语句。

例：if 语句判断学生的入学情况。

```
age = 10
  if  age>=12:
      print("初中及以上")
  else:
      if  age>=6:
          print("小学")
      else:
          print("未入学")
```

上面这段代码中，年龄小于 13 岁的都属于第一个 else 的语句块，第二个 if 和 else 的缩进与第一条 print 语句相同。

Python 中 if 语句也可以实现多分支的选择，语法格式为：

if 条件 1：
    语句块 1
elif 条件 2：
    语句块 2
…

elif 条件 n：

    语句块 n

else：

    语句块 n+1

例：if 语句判断小学生的年级（分为 7 个等级）。

```
age = 10
  if  age>=11:
      print ("已毕业")
  elif  age>=10:
      print ("五年级")
  elif  age>=9:
      print ("四年级")
  elif  age>=8:
      print ("三年级")
  elif  age>=7:
      print ("二年级")
  elif  age>6:
      print ("一年级")
  else:
      print ("未入学")
```

程序运行时，首先判断 age>=11 是否为真，若为真，则输出"已毕业"，结束 if 语句；否则，继续判断其他表达式的真假，如果最终进入 else 的语句块，那么表明 age<7，输出"一年级"并退出。也就是说，if 语句实现了 6 个分支，根据学生的年龄，准确判断其所处的年级。

2.1.5 while 循环语句

Python 中有两个主要的循环结构，即 while 循环和 for 循环，用于在满足条件时重复执行某段代码块（循环体），以处理需要重复处理的相同任务。

1. while 循环语句

while 循环是通过一个条件表达式来控制是否继续反复执行循环体中的语句。循环体指一组被重复执行的语句。while 循环语句的语法格式为：

while 表达式：

    循环体

Python 先判断条件表达式的值为真或假，如果为真，则执行循环体中的语句。执行完毕，会再次判断条件的值为真或假，再决定是否执行循环体中的语句，直到条件表达式的值为假，退出循环。

例：while 循环求 1+2+…+100。

```
sum=0
i=1
while i<=100:
      sum=sum+i
      i=i+1
print sum
```

程序利用 sum 变量保存求和结果，每次加的数保存在变量 i 中，第一个数为 1，在变量 i 小于或等于 100 时，while 语句条件为真，执行循环体，将变量 i 值加到 sum，为了再次执行循环体时加下一个数，需要将变量 i 加 1，循环体语句执行结束后，再次判断条件是否为真，如果为真再次执行循环体。当条件不满足，即 i=101 时，循环结束，输出 sum 的值为 5050。

对于有限循环次数的 while 循环程序，为确保循环能够正常结束，不陷入死循环（即在执行若干次循环体后，while 条件变为假，循环结束），循环体中一定要包含使用循环条件变为假的语句，如上面代码中的 i=i+1。

2. for 循环

for 循环是一个依次重复执行的循环。通常适用于枚举或遍历序列，以及迭代对象中的元素。for 循环语法格式为：

for 变量 in 遍历对象：

　　循环体

执行 for 循环时，遍历对象中的每个元素都会赋值给变量，然后为每个元素执行一遍循环体。变量的作用范围是 for 所在的循环结构。

例：for 循环求 1+2+…+100。

```
sum = 0
for i in range(101):
    sum += i
print(sum)
```

程序利用 sum 变量保存求和结果，通过 for 循环遍历 range(101) 中的数字，即 1～100 中的所有整数，并将每次遍历的结果加到 sum 变量，range(101) 中所有数字的遍历结束后，循环结束，输出 sum 的值为 5050。

上述代码中，使用了 range() 函数，该函数是 Python 内置的函数，用于生成一系列连续的整数，多用于 for 循环中。其语法格式为：

range (起始数值，终止数值 [，步长])

range() 函数生成从起始数值到终止数值（不含终止数值）间的数字序列。步长参数为可选项，默认值为 1。例如：range(1,5) 得到的数字序列为 1,2,3,4；range(2,11,2) 得到的数字序列为 2,4,6,8,10。

2.1.6　continue 与 break 语句

1. continue 语句

continue 语句在循环结构中执行时，将会立即结束本次循环，开始下一轮循环，即跳过循环体中在 continue 语句之后的所有语句，继续下一轮循环。

例：while 循环输出 2*i，i 不是 3 的倍数。

```
for i in range(10):
    if i % 3 == 0:
        i += i
        continue
    else:
        print (2*i)
        i += i
```

输出结果：2 4 8 10 14 16

2. break 语句

break 语句在循环结构中执行时，将会跳出循环结构，转而执行循环结构后的语句，即不管循环条件是否为假，遇到 break 语句都将提前结束循环。

例：用 for 循环找出 20 以内被 3 除余 2 的数。

```
for i in range(20):
    if i%3 == 2 :
        print(i)
```

输出结果：2 5 8 11 14 17

例：用 for 循环找出 20 以内第一个被 3 除余 2 的数。

```
for i in range(20):
    if i%3 == 2 :
        print(i)
        break
```

输出结果：2

2.1.7　列表

列表由一系列按特定顺序排列的元素组成。元素可以是任何类型的变量。与其他语言中的数组不同，列表元素之间可以没有任何关系，可以是不同数据类型。

列表包含多个元素。通常给列表指定一个表示复数的名称，如 letters、digits 或 names。

在 Python 中用方括号“[ ]”来表示列表，并用逗号来分隔其中的元素。

例：列表定义，元素可以是任何类型。

```
numbers = [1,2,3,4,5]
letters = ["a","b","c","d","e"]
anything =[1,"Python",True]
print(numbers)
print(letters)
print(anything)
```

输出结果为：

```
[1, 2, 3, 4, 5]
['a', 'b', 'c', 'd', e']
[1, 'Python', True]
```

1. 访问列表元素

通过下标（索引）访问列表元素，格式如下：

列表名称 [索引]

例：计算某同学 5 门功课的平均成绩。

```
grades=[89,78,72,92,101]
sum=0
i=0
while i<len(grades):
    sum=sum+grades[i]
    i=i+1
print ("average grade:",sum/len(grades))
```

本例中，利用函数 len() 求出列表长度，即列表元素个数，在 while 循环中，通过索引（i 变量，初值为 0）访问列表元素，将列表元素的内容累加求和，最后输出平均值。索引 0 访问的是列表的第一个元素，索引可以为负数，−1 访问的是列表的最后一个元素。

与 C 语言中的数组一样，列表元素可以直接赋值修改。

2. 操作列表常用方法

常用操作列表的方法如表 2.5 所示。

表 2.5 中示例的初始列表为：

numbers = [one, two, three, four, five]

表 2.5　常用操作列表的方法

方法	说明	示例
append()	向列表尾部添加元素	xs.append("six") 结果为： xs=["one","two","three", "four","five","six"]
insert(index, value)	在列表中插入元素	xs.insert(2,"six") 结果为： xs=["one","two","six", "three","four","five"]
pop()	删除列表末尾的元素， 带返回值， 实现出栈操作	x2=xs.pop() 结果为： xs=["one","two", "three","four"], x2="five"
del()	从列表中删除元素	x2=xs.del(2), 删除第 2 个元素
pop(i)	删除列表 i 位置的元素	x2=xs.pop(2), 删除第 2 个元素并返回 x2="three"
remove(value)	根据值删除元素 （多个满足条件时 只删除第一个指定的值）	xs.insert(2,"five") xs.remove("five") 结果为： xs 与初始值相同
sort([reverse=True])	列表进行永久性排序， 默认为升序	xs.sort() 结果为： xs=["five", "four", "one", "three", "two"]
sorted() 函数	对列表进行临时排序	ys=sorted(xs) 结果为： xs 不变，ys 为 xs 排序结果
reverse()	反转列表元素的排列顺序	xs.reverse() 结果： xs=['five', 'four', 'three', 'two', 'one']
len() 函数	获取列表的长度	len(xs)

3. 列表分片

取列表的一部分元素，称为分片。Python 对列表提供了强大的分片操作，运算符仍然为下标运算符。创建列表分片，需要指定所取元素的起始索引和终止索引，中间用冒号分隔。分片将包含从起始索引到终止索引（不含终止索引）对应的所有元素。

例如，要输出列表中的前 3 个元素，需要指定索引 0~3，这将输出分别为 0、1 和 2 的元素。

```
numbers = [1,2,3,4,5,6,7,8,9,0]
print (numbers[0:3])
```

输出结果为：

```
[1, 2, 3]
```

不指定起始索引，Python 将自动从列表头开始；不指定终止索引，Python 将提取到列表末尾；终止索引小于或等于起始索引时，分片结果为空；两个索引都不指定时，将复制整个列表。

例：复制列表。

```
fruits=['apple','banana','watermelon','grape','lemon']
copyfruits=fruits[:]
copyfruits.append('mango')
print (fruits)
print (copyfruits)
```

输出结果为：

```
['apple', 'banana', 'watermelon', 'grape', 'lemon']
['apple', 'banana', 'watermelon', 'grape', 'lemon', 'mango']
```

4. 列表的加和乘运算

对于两个列表，加法表示连接操作，即将两个列表合并成一个列表。例如：

letters=['a','b','c','d','e''f']，numbers=[1,2,3,4,5,6,7,8,9,10]，L =letters + numbers

则

L =['a','b','c','d','e''f', 1, 2, 3, 4, 5, 6, 7, 8, 9, 10]

列表的乘法表示将原来的列表重复多次。例如 L=[0]*100 会产生一个含有 100 个 0 的列表。乘法操作通常用于对一个具有足够长度的列表初始化。

2.1.8　元组与字典

1. 元组

列表适用于存储在程序运行期间可能变化的数据集，列表元素是可以修改的。在需要创建一系列不可修改的元素时，可以使用元组。Python 将不能修改的、不可变的列表称为元组。

元组看起来犹如列表，但使用圆括号而不是方括号来标识。定义元组后，就可以使用索引来访问其元素，就像访问列表元素一样。

例：元组的使用。

```
letters=('a','b','c','d','e','f')
  L=len(letters)
  for i in range(0,L):
      print(letters[i])
  for a in letters:
      print(a)
```

2. 字典

字典是一系列"键：值"对。每个键都与一个值相关联，键和值之间用冒号分隔。Python 使用键来访问与之相关联的值。与键相关联的值可以是数字、字符串、列表乃至字典。

在 Python 中，字典用放在花括号中的一系列"键：值"对表示，各个"键：值"对之间用逗号分隔。例如：

person_0="name"："LiMing","age"：24

字典变量 person_0 定义了 name 和 age 两个键，分别取值为" LiMing " 和 24。

访问字典元素与访问列表元素类似，由于每个值对应一个键，访问该值时需要用键作为索引。例如，person_0["age"] 可以得到"age" 键对应的值 24。

字典元素的修改、添加与删除说明如下：

（1）修改：对已有的键直接赋值。

（2）添加：增加新的"键：值"对，对新增加的键赋值。

（3）删除：用 del 命令删除一个字典键。

例：字典元素的修改、添加与删除。

```
person={"name":"LiMing","age":24}
print(person)
print (person["name"])
person["weight"]=120
print(person)
```

```
person["name"]="LiuPing"
print(person)
del person["name"]
```

print(person) 程序运行结果为：

```
{'name': 'LiMing', 'age': 24}
LiMing
{'name': 'LiMing', 'age': 24, 'weight': 120}
{'name': 'LiuPing', 'age': 24, 'weight': 120}
{'age': 24, 'weight': 120}
```

字典对象提供了 items()、keys() 和 values() 方法，分别用于获取"键：值"对的集合、键的集合和值的集合。

例：字典的遍历。

```
person={"name":"LiMing","age":24}
for k in person.keys():
    print(k)
for v in person.values():
    print(v)
for key,value in person.items():
    print(key,value)
```

items() 方法取得字典中"键：值"对的集合，在循环中分别赋值给 key 变量和 value 变量。程序运行结果为：

```
name age
LiMing 24
name LiMing
age 24
```

2.2　Python 函数

函数，最早由中国清朝数学家李善兰 function 翻译而来，出于其著作《代数学》。之所以这么翻译，他给出的原因是"凡此变数中函彼变数者，则此为彼之函数"，也即函数指一个量随着另一个量的变化而变化，或者说一个量中包含另一个量。

在数学中，计算角度值通常会用到 arctan$x$、arcsin$x$ 以及 arccos$x$ 等函数，根据参数 x 的值，即可求解角度值。求解得到的角度值，可以作为返回值，用于其他运算。如：求解 arctan$x+y$ 时，可以定义一个一元函数，即只有一个参数的函数 $f(x)$=arctan$x$，计算 arctan$x$ 后得到一个值，作为函数的返回值，赋值给 $f(x)$。通过 $f(x)+y$ 即可表示上述运算，对于 $f(x)$ 运算，将会调用 $f(x)$=arctan$x$。上述运算中运用到函数的参数、函数的返回值、函数的定义及调用。

Python 函数与数学函数的概念是相似的，除了具备参数、返回值外，也可以重复调用已定义的函数。

2.2.1 函数定义

函数定义即创建函数，可以理解为创建一个具有某种用途的工具。函数定义的语法格式：
def 函数名 ([参数 1，参数 2，…]):
　　函数体
如果函数有返回值，函数体中使用 return 作返回。return 关键字后面可以是数值或其他类型的数据，也可以是变量或表达式。在执行到 return 语句时函数结束。一个函数可能会有多个 return 语句。

例：定义可以实现 $x \times y$ 的函数 $f(x,y)$，并计算 $3 \times 4 + 8$ 的结果。

```
def  f(x,y):
    return x*y
print(f(3,4)+8)
```

函数代码块以 def 关键词开头，后接函数标识符名称和圆括号 "()"，括号里面是函数的参数，冒号后面对应缩进的代码块是函数体。函数如果需要有返回的结果，利用 return 关键字作返回。在 print 语句调用函数 f(x,y) 时，参数 3 传给 x，4 传给 y，计算出结果 12 后，将 12 作为函数返回值与 8 相加。程序运行结果是输出 20。

上例中函数定义时并不会执行，程序第一条执行的语句是 print 语句，函数定义中的语句只有在被调用时才会执行。

例：定义对列表中元素求和的函数，并计算 range(10) 中的所有元素之和。

```
def  total(list):
    sum = 0
    for i in list:
        sum += i
    return sum
array = range(10)
s = total(array)
```

```
print(s)
```

2.2.2　函数参数

1. Python 变量

在 C 语言中，系统会为每个变量分配内存空间，当改变变量的值时，改变的是内存空间中的值，变量的地址是不改变的。Python 采用的是基于值的管理方式。

当给变量赋值时，系统会为这个值分配内存空间，然后让这个变量指向这个值；当改变变量的值时，系统会为这个新的值分配另一个内存空间，然后还是让这个变量指向这个新值。

如果没有任何变量指向内存空间的某个值，这个值称为垃圾数据，系统会自动将其删除，回收它占用的内存空间。

在 Python 中，可以使用 id() 函数获取变量或值的地址。

例：Python 变量与地址。

```
Num = number = 2048
print("address of Num is :",id(Num))
print("address of number is :",id(number))
```

程序运行结果为：

```
address of Num is : 2427449135056
address of number is :2427449135056
```

数值、字符串、元组等常量对象的存储位置用地址来描述，数值、字符串变量指向的是数值或字符串对象的地址。Num 变量与 number 变量的取值都为 2048，两个变量都指向数值对象 2048 所在的地址，因此 id(Num) 与 id(number) 相等。而列表、字典变量指向的存储地址，在修改部分元素时并不会发生变化，只有在重新定义列表时，地址才会发生变化。

从变量指向地址内容是否可以变化的角度看，数值、字符串、元组是不可变类型，而列表和字典则是可变类型。

2. Python 函数的参数传递

在数值、字符串、元组变量作为函数参数时，如 fun(a)，传递的只是 a 的值，不会影响 a 变量本身。如果在函数中修改 a 的值，只是修改另一个复制的对象，不会影响 a 本身。

在列表、字典变量作为函数参数时，则是将列表地址传过去，如果在函数中修改列表内容，函数外部的列表值也会发生变化。

例：参数传递。

```
def  swap(x,y):
    t = x
    x = y
    y = t
def  swaplist(x):
    t = x[0]
    x[0] = x[1]
    x[1] = t
n = 2
m = 3
array = [2,3]
swap(n,m)
swaplist(array)
print("n=",n," m=",m)
print(array)
```

程序运行结果为：

```
a= 2  b= 3
[3, 2]
```

3. 缺省参数

调用函数时，缺省参数的值如果没有传入，则被认为是默认值。

例：缺省参数。

```
def Student(name,grade = 3):
    print("name:",name,"grade:",grade)
Student(grade = 5,name = "LiMing")
Student(name = "LiMing")
Student("LiMing")
```

程序运行结果为：

```
name: LiMing grade: 5
name: LiMing grade: 3
name: LiMing grade: 3
```

2.2.3 Python 模块

在 Python 中，可以将一组相关的函数、数据放在一个以.py 作为文件扩展名的 Python 文件中，这种文件称为模块。Python 模块为函数和数据创建了一个以模块名称命名的作用域。利用模块可以定义函数、类和变量，模块里也可以包含可执行的代码。Python 的模块机制应用于系统模块、自定义模块和第三方模块。

模块定义好后，可以使用如下两种方式引入模块。

（1）使用 import 语句引入模块。语法如下：

import module1[，module2[，…moduleN]

解释器遇到 import 语句，如果模块位于当前的搜索路径，该模块就会被自动导入。

调用模块中函数时，格式为：

模块名.函数名

在调用模块中的函数时，之所以要加上模块名，是因为在多个模块中可能存在名称相同的函数，如果只通过函数名来调用，解释器无法知道到底要调用哪个函数。

例：引入系统 math 模块，求解一元二次方程。

```
import math
print("please input a,b,c")
a=int(input("a="))
b=int(input("b="))
c=int(input("c="))
deta=b**2-4*a*c
if deta>=0:
    print("x1=",(-b+math.sqrt(deta))/2/a)
    print("x2=",(-b-math.sqrt(deta))/2/a)
else:
    print("no result")
```

input() 函数用于键盘输入，返回值类型为字符串，由于一元二次方程系数为整数，需要利用 int() 函数将输入的字符串转换为整数。开平方函数 sqrt 不属于 Python 系统基本函数，位于 math 模块中，在调用该函数前需要导入 math 模块。

例：course 模块（文件名：course.py）。

```
def information() :
    title= input( "input title of course :" )
    time= float(input ("input time of course: " ))
```

```
    print("title=", title)
    print("time= ", time)
```

course 模块定义了一个名为 information 的函数，并在函数中声明了 title、time 两个变量分别用于存储课程名称与对应的课时，并通过 input() 函数与 print() 函数输入和输出课程信息。

例：主程序（文件名：coursemain.py）。

```
import course
def main():
    course.information()
main()
```

运行程序 coursemain.py，结果为：

```
input title of course :python
input time of course: 72
title= python
time= 72.0
```

（2）使用 from 语句导入指定函数。

有时只需要用到模块中的某个函数，from 语句可从模块中导入指定的部分。格式如下：

from 模块名 import 函数 1[, 函数 2[, …函数 n]]

例如：

from math import sqrt

如果想把一个模块的所有内容全都导入，格式为：

from 模块名 import *

2.3　Python 对象与类

Python 中的任何数据都是对象。例如，整型、字符串、列表等都是对象。

每个对象由标识、类型和值 3 部分组成。对象的标识（变量名）代表该对象在内存中的存储位置。对象的类型表明它可以拥有的数据和值的类型。在 Python 中，可变类型的值是可以更改的，不可变类型的值是不能修改的。

对象不仅有值，还有相关联的方法。例如，一个字符串不仅包含文本，也有关联的方法，如将整个字符串变成小写或者大写的 lower() 方法和 upper() 方法。

例：对象的类型与方法。

```
fruit="apple"
number=23
print(type(fruit))
print(type(number))
print(fruit.lower())
print(fruit.upper())
```

type() 函数的作用是获取变量的类型。

程序运行结果为：

```
<type 'str'>

<type 'int'>

apple

APPLE
```

任何一个字符串对象都有 lower() 方法和 upper() 方法，而整型对象则没有这两种方法。所有的字符串对象都是由同一个模板产生的，这种模板用于描述字符串对象的共同特征，称为类。对象是根据类创建的，一个类可以创建多个对象。

类是数据（描述事物的特征，在类中称为属性）和函数（描述事物的行为，在类中称为方法）的集合。

2.3.1　类的定义与使用

使用类可以描述任何事物。下面通过创建一个简单的学生类说明在 Python 中类的定义与使用方法。

例：Animal 类（文件名：animal.py）。

```
class Animal():
    def __init__(self,kind,number):
        self.kind=kind
        self.number=number
    def printAnimal(self):
        print("kind=",self.kind,"number=",self.number)
a=Animal("bird",53)
```

```
a.printAnimal()
a.number=38
print("kind="a.kind,"number=",a.number)
```

Animal 类说明：

（1）在 Python 中，使用 class 关键字来声明一个类。根据约定，首字母大写的名称指的是类。类定义中的括号指定的父类是 object，表示从普通的 Python 对象类创建 Animal 类。

（2）__init__() 方法。这是一个特殊的方法，称为构造方法。开头和末尾各有两个下画线，是一种约定，旨在避免 Python 默认方法与普通方法发生名称冲突。

方法中包含 3 个形式参数：self、kind 和 number。其中，形式参数 self 必不可少，还必须位于其他形式参数的前面。Python 调用 __init__() 方法创建 Student 实例时，将自动传入实际参数 self。每个与类相关联的方法调用都自动传递实际参数 self，它是一个指向实例本身的引用，让实例能够访问类中的属性和方法。

（3）属性。__init__() 方法中定义的两个变量都有前缀 self。以 self 为前缀的变量都可供类中的所有方法使用，可以通过类的任何实例来访问这些变量。self.kind=kind 获取存储在形式参数 kind 中的值，并将其存储到变量 kind 中，然后该变量被关联到当前创建的实例。self.number=number 的作用与此类似。像这样可通过实例访问的变量称为属性。

（4）在创建 Animal 实例 a 时，Python 将调用 Animal 类的方法 __init__()。由于 self 自动传递，因此不需要在参数中包括 self，只需给最后两个形式参数（kind 和 number）提供值。通过将实际参数 bird 和 53 分别传递给形式参数 kind 和 number，为 kind 属性和 number 属性赋值。

（5）类中定义了另外一个方法：printAnimal()。由于方法不需要额外的信息，因此只有一个形式参数 self。

（6）使用点号"·"操作符访问对象的属性和方法。

（7）可以通过对对象属性直接赋值的方式修改属性或增加属性。

Animal 类实例的输出结果：

```
kind= bird number= 53
kind= bird number= 38
```

2.3.2　类的继承

编写的类以另一个已有的类为基础，可使用继承。一个类继承另一个类时，它将自动获得另一个类的所有属性和方法；原有的类称为父类，而新类称为子类。子类继承了父类的所有属性和方法，同时还可以定义自己的属性和方法。

例：Pigeon 类（文件名：animal.py）。

```
class Animal(object):
    def __init__(self,kind,number):
        self.kind=kind
        self.number=number
    def printAnimal(self):
        print("kind=",self.kind,"number=",self.number)
class Pigeon (Animal):
    def __init__(self,kind,number,weight,color):
        super(Pigeon,self).__init__(kind,number)
        self.weight=weight
        self.color=color
    def printCharacter(self):
        print("weight=",self.weight,"color=",self.color)
a= Pigeon ("Pigeon",23,1.2, "write")
a.printAnimal()
a.printCharacter()
```

Pigeon 类说明：

（1）创建子类。定义子类时，必须在括号内指定父类的名称。

（2）super() 是一个特殊函数，帮助 Python 将父类和子类关联起来。这行代码让 Python 调用 Pigeon 父类（Animal）的方法 __init__()，让 Pigeon 实例包含父类的所有属性。父类也称为超类（superclass），名称 super 因此而得名。方法 __init__() 定义中包含 5 个形式参数：self、kind、number、weight 和 color。其中，形式参数 self 必不可少。由于 Animal 类在构造函数中创建了 kind 和 number 属性，Pigeon 类将继承父类这两个属性。父类中不包含的属性由子类在构造函数中创建。

（3）子类继承了父类方法 printAnimal()，可以直接调用。

程序运行结果为：

```
kind=Pigeon number=23
weight=1.2 color=write
```

2.4 文件和异常

文件的主要作用是存储数据。文件存储在磁盘或其他辅助存储设备上，是可读可写的。磁盘存储数据的基本单位是字节（8 位二进制数），因此读写文件的基本单位是字节。文件中存储的内容是 ASCII 字符或文字，这类文件称为文本文件。文件中存储的数据是整型（包括其他表示成无符号整数的数据类型，如图像、音频或视频）、浮点型或其他数据结构，这类文件称为二进制文件。应用程序在处理文件时，可以根据文件存储的内容决定读写方式。

读写文件主要有两种方式：

（1）顺序读写：每个数据（字符、整数或其他类型数据）必须按顺序从头到尾一个接一个地进行读写。进行顺序读写时，Python 会设置一个变量，用于存储当前要读写数据的位置，每次读写完成后，变量会自动增加，指向下一个数据位置。

（2）随机读写：读写文件中任意位置的数据时，可以直接定位到该位置进行读写。

2.4.1　文本文件读写

在 Python 中，操作文件需要先创建或者打开指定文件并创建文件对象，可以通过 open() 函数实现。open() 函数包含两个参数，分别为文件名和文件打开模式，其中文件打开模式为可选参数。

注意：如果不指定路径，Python 将在当前执行的文件所在的目录中查找文件。函数 open() 返回一个表示文件的对象。

1. 读文本文件

在读取文本文件之前，首先在 D 盘创建一个名为"poem.txt"的文本文件。在 Python 中，常用的读取文本文件的方式主要有以下两种。

（1）读取整个文本文件。读取文件的全部内容，调用 read() 方法即可实现。

例：读取整个文本文件。

```
with open("D:\poem.txt")  as  f:
    content=f.read()
    print(content)
```

上述例子中，with 表示在不需要访问文件时将其关闭。在 with 结构中，只调用了 open() 打开文件，并没有调用 close()，Python 会在合适的时候自动将文件关闭。

（2）逐行读取。在使用 read() 方法读取文件时，如果文件过大，一次性读取全部内容到内存，容易造成内存不足，所以通常会采用逐行读取。文件对象提供了 readline() 方法用于每次读取一行数据。

例：逐行读取文件。

```
with open("D:\poem.txt") as f:
    for line in f:
        print(line)
```

for 语句对文件对象执行循环，遍历文件中的每行。在循环过程中，line 取值为文本文件一行的内容（包括换行符）。

程序输出结果与上例相比，各行间多出一个空白行。因为在文本文件中，每行的末尾都有一个看不见的换行符，而 print 语句也会加上一个换行符，因此每行末尾都有两个换行符：一个来自文件，另一个来自 print 语句。要消除这些多余的空白行，可以使用字符串对象的 rstrip() 方法将 line 右端的空白符去掉，如：print(line.rstrip())。

此外，文件对象中还提供了 readlines() 方法用于逐行读取文件内容。

例：逐行读取文件内容。

```
with open("D:\poem.txt") as f:
    lines = f.readlines()
    print(lines)
```

2. 写文本文件

Python 的文件对象提供了 write() 方法可以向文件中写入内容，常用的写入方式分别为以写入模式写文本文件和以附加模式写文本文件。

（1）以写入模式写文本文件。要将文本写入文件，在调用 open() 时需要提供另一个实际参数，操作文件的模式告诉 Python 要写入打开的文件。

例：以写入模式写文本文件。

```
with open("D:\poem.txt","w") as f:
    f.write("      相见欢")
    f.write("无言独上西楼，月如钩。")
    f.write("寂寞梧桐深院锁清秋。")
    f.write("剪不断，理还乱，是离愁，  ")
    f.write("别是一般滋味在心头。")
```

上述代码中，调用 open() 时提供了两个实际参数，第一个实际参数也是要打开文件的名称，第二个实际参数"w" 表示以写入模式打开这个文件。打开文件时，可指定读取模式"r"、写入模式"w"、附加模式"a"，或读取和写入的模式"r+""w+"。如果省略了模式实际参数，Python 将以默认的只读模式打开文件。

如果写入的文件不存在，函数 open() 将自动创建文件。如果指定的文件已经存在，Python 将在返回文件对象前清空该文件。

文件对象的方法 write() 将一个字符串写入文件。由于是顺序读写模式，连续的 3 个写方法将 3 个字符串写到文本文件中。在写文件的过程中，并没有写入换行符，因此文件的内容在文本编辑器中只显示一行。如果想要分行写文件，可以加入换行符"\n"，如：f.write(" 相见欢 \n")。

（2）以附加模式写文本文件。附加模式是指打开一个文件用于追加。如果该文件已存在，新的内容将会被写入已有内容之后。如果该文件不存在，创建新文件进行写入。

例：以附加模式写入文本文件。

```
with open("D:\poem.txt","w") as f:
    f.write("        浣溪沙\n")
  f.write("一曲新酒就一杯，去年天气旧亭台\n")
  f.write("夕阳西下几时回？\n")
  with open("D:\poem.txt","a") as f:
  f.write("无可奈何花落去，似曾相识燕归来。\n")
  f.write("小园香径独徘徊。\n")
```

2.4.2　二进制文件读写

与文本文件的读写一样，在读写二进制格式的文件时也需要先打开文件，再进行文件读写。打开二进制文件时，可指定读取模式"rb"、写入模式"wb"、附加模式"ab"，或读取和写入的模式"rb+""wb+"。

由于 Python 中的整数、浮点数等类型的数据都是对象，并不是真正写入文件的内容，因此在写入二进制文件之前，需要先利用 struct 模块的 pack() 方法对整数等类型数据作格式转换，转换方法为：

struct.pack(fmt,values)

pack() 方法中 fmt 参数定义如表 2.6 所示。

表 2.6　fmt 参数定义

格式	C	Python	格式	C	Python
c	char	string of length 1	l	long	integer
b	signedchar	integer	L	unsignedlong	long
B	unsignedchar	integer	f	float	float
h	short	integer	d	double	float
i	int	integer	s	char[]	string
I	unsignedint	integer or long			

例如：写二进制文件。

```
import struct
numbers = [0,1,2,3,4,5,6,7,8,9]
filename="D:\list_number.dat"
with open(filename,"wb") as f:
    for number in numbers:
        d=struct.pack("i",number)
        f.write(d)
d=struct.pack("i",number)
```

语句 struct.pack("i",number) 将整数转换成 C 语言的整型格式：占 4 字节，低位在前，列表 numbers 的整数都按这种格式写入文件。

Python 读二进制文件时，从文件中读到一组字节序列，需要使用 struct.unpack() 方法将其转换成 Python 的数据类型。

例：读二进制文件。

```
import struct
filename="D:\list_number.dat"
sum=0
with open(filename,"rb") as fr:
    for i  in range(0,10):
        b=fr.read(4)
        d=struct.unpack("i",b)
        sum=sum + d[0]
print('sum=',sum)
```

程序读取的二进制文件为上例生成文件。文件对象的 read() 方法不指定参数时，读取的是文件的全部内容；指定数值时，读取指定数量的字节。由于文件中用 4 字节存储一个整数，因此 read 方法指定的参数为 4。unpack() 方法将长度为 4 的字符（节）转换成列表，列表的第 1 个元素即为读取的整数。

2.4.3　异常

Python 程序执行期间发生错误时，程序将停止，并显示一个 traceback，其中包含有关异常的报告。Python 使用"异常"对象来管理程序执行期间发生的错误。在产生错误时，Python 会创建一个异常对象。如果编写了处理该异常的代码，程序将继续运行。

异常是使用 try-except 代码块处理的。try-except 代码块让 Python 执行指定的操作，同时告诉 Python 发生异常时怎样处理。使用了 try-except 代码块时，即使出现异常，程序也将继续运行。

在编写程序的过程中，经常会使用各种运算符，特别在进行除法运算时，除数不能为 0，这时就需要进行异常处理。

例：除数为 0 的异常处理。

```
try :
    a = int(input("除 数: "))
    b = int(input("被除数: "))
    print(a/b)
except:
    print("You can't divide by zero !")
```

except 代码块在出错时会执行。Python 细分了多种不同类型的错误，如 IOError、ZeroDivisionError 等。如果进一步限定出错情况，在 except 关键字后面可以使用具体的错误类型。如上例中使用 except ZeroDivisionError 更确切。

此外，对文件进行操作时，常会遇到找不到文件的问题，如要查找的文件可能在其他地方、文件名可能不正确或者这个文件根本就不存在。对于所有这些情形，都可使用 try-except 代码块以直观的方式进行处理。

```
filename = "animal.txt"
try:
    with open(filename) as f:
        content=f.read()
        print(content)
except IOError:
    print("the file "+filename +" does not  exist.")
```

## 第 3 章

ROS 使用概述

Roban 机器人基于 ROS 构建，以 ROS 平台为基础提供了 Roban 的应用 API，因此有必要在介绍机器人的使用之前，先对 ROS 做一个简单介绍。

3.1 ROS 简介

ROS 的官方定义如下：

ROS 是面向机器人的开源的元操作系统（meta-operating system）。它能够提供类似传统操作系统的诸多功能，如硬件抽象、底层设备控制、常用功能实现、进程间消息传递和程序包管理等。此外，它还提供相关工具和库，用于获取、编译、编辑代码，以及在多个计算机之间运行程序，完成分布式计算。

这个官方定义强调的是 ROS 的特殊性，但是没有指出 ROS 可以给机器人软件开发带来哪些便利。下面将简要说明 ROS 在机器人软件系统中可以发挥的作用。

1. 分布式计算

在现在的机器人系统中，往往需要多个进程协同工作。例如，在实际机器人的使用过程中，传感器的数据处理和执行器的控制数据发送往往是被分开的。而在比较复杂的机器人系统中，甚至会出现需要多台计算机在一个机器人上协同完成同一个机器人的控制任务的情况。例如，一台视觉处理计算机专门用于处理物体识别的问题，需要消耗比较大的算力，而另外一台用于实时控制的计算机对应程序运行的实时性要求很高，此时就需要两台计算机协同工作，进行进程间通信来满足实际需要。再比如，在机器人使用的过程中常常还需要涉及人机交互的问题，在人机交互的过程中，往往需要通过笔记本计算机或者其他移动设备发送指令来控制机器人运动。这种人机交互接口也被认为是机器人软件的一部分。

ROS 中为了解决单台计算机或者多台计算机之间的多进程通信问题，提供了两种相对简单但完备的机制，在后文中将详细讨论。

2. 软件复用问题

随着机器人研究的发展，出现了许多针对导航、路径规划、建图等通用任务的算法。当然，任何一种算法能得到良好实用的前提是其可用于新的领域且具有良好的可复用性。在不同系统下确保同一种机器人算法的正确运行也不是一个容易满足的问题，ROS 通过两种方法来试图解决这个问题，一方面 ROS 标准包提供许多可复用的机器人算法实现供机器人开发者使用，另一方面得益于 ROS 良好的生态，也有许多开发者基于 ROS 的接口实现了很多开源算法与软件，以避免开发者为了集成不同算法而进行的重复工作。

3. 快速测试

因为机器人开发软件比开发其他通用软件的复杂度高，主要是因为调试过程复杂。还因为硬件维修、经费有限等因素，不一定随时有充足的机器人可供使用。为了方便调试，ROS 提供了不同的方式来解决调试问题。一方面具有良好设计的 ROS 可以将底层控制框架和顶层的数据处理部分进行分离，从而可以使用模拟器或者仿真软件来替代实际的底层硬件模块，进而可以方便地独立测试算法，提高测试效率。Roban 机器人的开发也采用了模块化的方式进行了分离，从而可以单独开发上层部分，利用 V-REP 仿真环境对所开发代码的有效性进行验证，使得程序的开发不需要依赖实体机器人，也不用担心对实体机器人造成损坏。此外，ROS 还提供了名为 ROS_Bag 的调试工具用于对开发和使用过程中的数据进行记录，并且可以按照时间戳进行回访，从而可以获取更多的机器人测试数据，并可以在这个过程中测试不同的数据处理算法对比效果。此外，ROS 还提供了多种机制用于机器人的调试，如 rqt_graph 和 rqt_plot 等，这些工具都可以有力地提高开发效率。

3.2 程序包与节点

ROS 中，所有软件都被组织为软件包的形式，称为 ROS 软件包或功能包，有时也简称为包。ROS 软件包是一组用于实现特定功能的相关文件的集合，包括可执行文件和其他支持文件。比如 Roban 机器人中的 BodyHub 节点与 SensorHub 节点就是典型的功能包。

3.2.1 程序包与节点介绍

ROS 可以使用一些特定的指令来和指令包进行交互。例如，使用下列指令可以获取所有已安装的软件包清单。

```
rospack list
```

在 Roban 机器人中运行这条指令可以得到很多软件包，这里截取一部分：

```
ctexecpackage /home/lemon/robot_ros_application/catkin_ws/src/actexecpackage
actionlib /opt/ros/kinetic/share/actionlib
```

```
actionlib_msgs /opt/ros/kinetic/share/actionlib_msgs
actionlib_tutorials /opt/ros/kinetic/share/actionlib_tutorials
angles /opt/ros/kinetic/share/angles
async_web_server_cpp /home/lemon/robot_ros_application/catkin_ws/src/async_web_server
    _cpp
beginner_tutorials /home/lemon/robot_ros_application/catkin_ws/src/beginner_tutorials
bodyhub /home/lemon/robot_ros_application/catkin_ws/src/bodyhub
bond /opt/ros/kinetic/share/bond
bondcpp /opt/ros/kinetic/share/bondcpp
bondpy /opt/ros/kinetic/share/bondpy
camera_calibration /opt/ros/kinetic/share/camera_calibration
camera_calibration_parsers /opt/ros/kinetic/share/camera_calibration_parsers
camera_info_manager /opt/ros/kinetic/share/camera_info_manager
catkin /opt/ros/kinetic/share/catkin
class_loader /opt/ros/kinetic/share/class_loader
...
```

要找到一个软件包的目录，使用 rospack find 命令：

```
rospack find package-name
```

在记不住 ROS 包的完整名称时，可以使用 rospack fine 命令，因为该命令支持 tab 命令补全，可以方便地找到所需 ROS 包的路径。

查看软件包：要查看软件包目录下的文件，使用如下命令：

```
rosls package-name
```

3.2.2　节点的编译与运行

ROS 的一个基本目标是使开发者设计的很多称为节点（node）的几乎相对独立的小程序能够同时运行。为此，这些节点必须能够彼此通信。ROS 中实现通信的关键部分就是 ROS 节点管理器。要启动节点管理器（roscore），使用如下命令：

```
roscore
```

在 Roban 机器人中，默认情况下该管理器是一直在运行的。下文中也会介绍一个名为 roslaunch 的工具，它可以一次启动几个相关的节点并完成配置。这个工具如果发现不存在已启动的 roscore，会自动启动一个供节点使用。

在启动了 roscore 之后就可以运行 ROS 的程序了，在 Roban 机器人中每个 ROS 的功能包中可能会包含一个或者多个节点，特别需要注意的是如果同一个程序需要同时运行多个副本，则需要保证每个副本的节点名称不同。

1. 启动节点

启动节点的基本命令是 rosrun，启动器使用方法如下：

```
rosrun package-name executable-name
```

rosrun 命令有两个参数，第一个参数是功能包的名称；第二个参数是该软件包中的可执行文件的名称。rosrun 本质上是通过 ROS 的文件结构，找到对应包的可执行文件并执行，与直接指定路径执行可执行文件没有什么特殊的区别。

查看节点列表。ROS 提供了一些方法来获取任意时间运行节点的信息。要获得运行节点列表，使用如下命令：

```
rosnode list
```

可以得到当前正在运行的节点列表。例如，在 Roban 机器人启动后打开一个终端运行该指令即可得到如下列表，得知机器人中当前正在运行的程序。

```
/ActExecPackageNode
/BodyHubNode
/SensorHubNode
/camera/realsense2_camera
/camera/realsense2_camera_manager
/joystick_handle_node
/ros_broadcast_node
/ros_color_node
/ros_gesture_node
/ros_mic_arrays
/ros_msg_node
/ros_socket_node
/ros_speech_node
/ros_vision_node
/rosout
/usb_cam
/web_video_server
```

查看节点：要获得特定节点的信息，使用如下命令：

```
rosnode info node-name
```

这个命令的输出包括话题列表——节点是这些话题的发布者（publisher）或订阅者（sub-scriber），关于话题请参考 2.7.2 节；服务列表——这些服务是该节点提供的，关于服务请参考第 8 章；其 Linux 进程标识符（process identifier，PID）；以及和与其他节点的所有连接。

2. 终止节点

要终止节点，使用如下命令：

```
rosnode kill node-name
```

通常，也可以使用 Ctrl+C 组合键来终止一个节点的运行，但使用这种方法时可能不会在节点管理器中注销该节点，因此会导致已终止的节点仍然在 rosnode 列表中。

3.3　话题与服务

在 Roban 机器人的使用过程中，各个节点之间需要以某种方式进行通信，而 ROS 的最重要和基础的特性就是提供了这种机制。这种通信方式可以极大地方便 ROS 中不同进程和可执行程序之间的通信。

ROS 节点之间进行通信所利用的最重要的机制就是消息传递。在 ROS 中，消息有组织地存放在话题里。消息传递的理念是：当一个节点想要分享信息时，它就会发布（publish）消息到对应的一个或者多个话题；当一个节点想要接收信息时，它就会订阅（subscribe）所需要的一个或者多个话题。ROS 节点管理器负责确保发布节点和订阅节点能找到对方；而且消息是直接地从发布节点传递到订阅节点，中间并不经过节点管理器转交。

由于消息机制是一种单向传输的机制，在消息发出后不存在响应，甚至也不能保证系统中有其他节点订阅了这个消息，而且同一个话题（topic）可能同时出现许多发布者和订阅者的情况，会搞不清数据来源。因此，为了解决这个问题，ROS 还会提供另外一个称为服务（service）的通信机制用于通信。服务机制和通常互联网的服务机制很相似，即一个节点可以向另一个节点发送请求并且等待响应。

3.3.1　ROS 话题

要查看节点之间的连接关系，将其表示为图形是最便于查看的。在 ROS 中查看节点之间的发布-订阅关系，最简单的方式就是在终端输入如下命令：

```
rqt_graph
```

在这个命令中，r 代表 ROS；qt 指的是用来实现这个可视化程序的 Qt 图形用户界面（GUI）工具包。输入该命令之后，将会显示一个图形界面，其中大部分区域用于展示当前系统中的节点。通常情况下，将会显示一个表达节点之间连接关系的关系图，在该图中，椭圆形表示节点，有向边表示其两端节点间的发布--订阅关系。可能会注意到，我们发现的 rosout 节点并不在此图中。这是因为，在默认情况下，rqt_graph 隐藏了其认为只在调试过程中使用的节点。可以通过取消"Hide debug"选项来禁止这个特性。

rqt_graph 还有其他一些选项用于微调显示的计算图。通常，可以将下拉选项中的 Nodes only 改为 Nodes/Topics(all)，并取消除"Hide debug"以外的所有复选框。这种设置的好处在于能用矩形框显示所有 rqt_graph 工具，尤其是按照上述进行设置，能帮助发现自己的程序可以用哪些话题来和现有节点进行通信。

3.3.2　ROS 消息与消息类型

截至目前，我们已经了解了这些节点能相互传递消息，但这些消息里到底包含了什么信息，我们对此还是一无所知。下面，我们将深入探讨话题和消息。

1. 话题列表

为了获取当前活跃的话题，使用如下命令：

```
rostopic list
```

在 Roban 机器人中将列出很多话题，这里摘录如下：

```
/ActRunner/DeviceList
/BodyHub/SensorControl
/Finish
/LFootZ
/MediumSize/ActPackageExec/Status
/MediumSize/BodyHub/HeadPosition
/MediumSize/BodyHub/MotoPosition
/MediumSize/BodyHub/SensorRaw
/MediumSize/BodyHub/ServoPositions
/MediumSize/BodyHub/Status
/MediumSize/BodyHub/WalkingStatus
/MediumSize/SensorHub/BatteryState
/MediumSize/SensorHub/Humidity
/MediumSize/SensorHub/Illuminance
/MediumSize/SensorHub/Imu
```

```
/MediumSize/SensorHub/MagneticField
/MediumSize/SensorHub/Range
/MediumSize/SensorHub/Temperature
/MediumSize/SensorHub/sensor_CF1
/RFootZ
/VirtualPanel
/camera/color/camera_info
/camera/color/image_raw
```

2. 打印消息内容

为了查看某个话题上发布的消息，可以利用 rostopic 命令，形式如下：

```
rostopic echo topic-name
```

3. 测量发布频率

有两个命令可以用来测量消息发布的频率，以及这些消息所占用的带宽：

```
rostopic hz topic-name
rostopic bw topic-name
```

这些命令用于订阅指定的话题，并且输出一些统计量。其中，第一条命令输出每秒发布的消息数量；第二条命令输出每秒发布消息所占的字节量。

注意，有时我们不关心这个特定的频率，但是这些命令对调试很有帮助，因为它们提供了一种简单的方法来验证这些消息确实有规律地在向这些特定的话题发布。

4. 查看话题

利用 rostopic info 命令，可以获取更多关于话题的信息：

```
rostopic info topic-name
```

以视觉图像为例，利用 rostopic info 命令同样可以获取一些信息：

```
rostopic info /camera/color/image_raw
```

在 Roban 机器人中使用上述指令查看视觉图像的原始消息，可以得到类似下面的输出：

```
Type: sensor_msgs/Image

Publishers:
    * /camera/realsense2_camera_manager (http://lemon-NUC8i3BEH:43755/)
```

```
Subscribers:
    * /ros_gesture_node (http://lemon-NUC8i3BEH:40575/)
    * /ros_vision_node (http://lemon-NUC8i3BEH:41331/)
```

输出中最重要的部分是第一行，给出了该话题的消息类型。因此，在/camera/color/image_raw 话题中发布--订阅的消息类型是 sensor_msgs/Image。Type 之后的文本输出表示数据类型。理解数据类型很重要，因为它决定了消息的内容。也就是说，一个话题的消息类型能告诉你该话题中每个消息携带了哪些信息，以及这些消息是如何组织的。而后面的数据代表了与这个消息的发布者和订阅者相关的信息，比如可以发现这个消息是由 camera/realsense2_camera_manager 所发布出来的，而这个消息分别被 ros_gesture_node 节点和 ros_vision_node 节点所订阅并分别用于手势识别的处理和视觉图像识别处理。

5. 查看消息类型

要想查看某种消息类型的详情，使用类似下面的命令：

```
rosmsg show message-type-name
```

对上面用到的/sensor_msgs/Image 消息类型使用以下这个命令：

```
rosmsg show sensor_msgs/Image
```

其结果为

```
std_msgs/Header header
    uint32 seq
    time stamp
    string frame_id
uint32 height
uint32 width
string encoding
uint8 is_bigendian
uint32 step
uint8[] data
```

上述输出的格式是域（field）的列表，每行一个元素。每个域由基本数据类型（例如 int8、bool，或者 string）以及域名称定义。从上述输出中可以看出消息为图像数据类型。注意，其中包含了两部分，一部分为包头，用于发布图像的序列号、id 以及时间戳等信息；另外一部分为实际的凸显内容，用于发布图像的长宽、编码形式、大小端，以及图像中每个像素的实际数据等信息。而 Header 部分就是一个典型的复合域，其中包含了不同的消息数据信息，值得注意的是，这个包头在不同的消息类型中经常会出现。

一般来说，一个复合域是由简单的一个或者多个子域组合而成，其中的每个子域可能是另一个复合域或者独立的域，而且它们一般也都由基本数据类型组成。同样的思想也出现在 C++ 以及其他面向对象的编程语言中，即对象的数据成员可能是其他对象。

消息类型同样可以包含固定或可变长度的数组（用中括号 [] 表示）和常量（一般用来解析其他非常量的域）。例如，在图像类型中有 uint8[] data 就是一个可变长度的数组类型。

3.3.3 ROS 服务

下面介绍 ROS 服务的基本信息流。服务调用的基本原理如图 3.1 所示。

图 3.1 服务调用基本原理图

其过程是一个客户端（client）节点发送一些称为请求（request）的数据到一个服务器（server）节点，并且等待回应。服务器节点接收到请求后，采取一些行动（计算、配置软件或硬件、改变自身行为等），然后发送一些称为响应（response）的数据给客户端节点。

请求和响应数据携带的特定内容由服务数据类型决定，它与决定消息内容的消息类型是类似的。与消息类型一样，服务数据类型也是由一系列域构成的。唯一的区别就在于服务数据类型分为两部分，分别表示请求（客户端节点提供给服务节点）和响应（服务节点反馈给客户端节点）。

尽管服务通常由节点内部的代码调用，但是也确实存在一些命令行工具来与之交互。利用这些工具开展实验，能够帮助我们更容易地理解服务调用的工作原理。

1. 列出所有服务

通过下面这条指令，可以获取目前活跃的所有服务：

```
rosservice list
```

在 Roban 机器人上运行这条指令，可以获取目前活跃的所有服务。在 Roban 机器人上运行这条指令获得的服务列表截取部分如下：

```
/ActExecPackageNode/get_loggers
/ActExecPackageNode/set_logger_level
/BodyHubNode/get_loggers
```

```
/BodyHubNode/set_logger_level
/MediumSize/ActPackageExec/EndingExec
/MediumSize/ActPackageExec/GetStatus
/MediumSize/ActPackageExec/StateJump
/MediumSize/ActPackageExec/actNameString
/MediumSize/BodyHub/DeleteSensor
/MediumSize/BodyHub/DirectMethod/GetServoLockStateAll
/MediumSize/BodyHub/DirectMethod/GetServoPositionAll
/MediumSize/BodyHub/DirectMethod/GetServoPositionValAll
/MediumSize/BodyHub/DirectMethod/InstRead
/MediumSize/BodyHub/DirectMethod/InstReadVal
/MediumSize/BodyHub/DirectMethod/InstWrite
/MediumSize/BodyHub/DirectMethod/InstWriteVal
/MediumSize/BodyHub/DirectMethod/SetServoLockState
/MediumSize/BodyHub/DirectMethod/SetServoLockStateAll
/MediumSize/BodyHub/DirectMethod/SetServoTarPosition
/MediumSize/BodyHub/DirectMethod/SetServoTarPositionAll
/MediumSize/BodyHub/DirectMethod/SetServoTarPositionVal
/MediumSize/BodyHub/DirectMethod/SetServoTarPositionValAll
/color_recognition
...
```

　　可以看到，在一个实际机器人的运行过程中需要用到很多各种各样的服务。每行都表示一个当前可以调用的服务名。服务名是计算图源名称，与其他资源名称一样，可以划分为全局的、相对的或者私有的名称。rosservice list 命令的输出是所有服务的全局名称。

　　本例中的服务以及很多 ROS 服务总的来讲可以划分为两个基本类型：

　　一些服务，例如服务列表中 get_loggers 和 set_logger_level 服务，是用来从特定的节点获取或者向其传递信息的。这类服务通常将节点名用作命名空间来防止命名冲突，并且允许节点通过私有名称来提供服务，例如 get_loggers 或者 set_logger_level。

　　其他服务表示更一般的不针对某些特定节点的服务。例如，名为/color_recognition 的服务用于对颜色识别进行配置，是由 turtlesim 节点提供的。但是在不同的系统中，这个服务完全可能由其他节点提供；当调用/color_recognition 时，我们只关心对颜色识别的配置，而不关心具体哪个节点在起作用。服务列表列出的所有服务，除了 get_loggers 和 set_logger_level，都可以归入此类。这类服务都有特定的名称来描述它们的功能，却不会涉及任何特定节点。

2. 查看服务类型和服务的数据类型

（1）查看某个节点的服务类型。要查看一个特定节点所提供的服务，使用 rosnode info 命令：

```
rosnode info node-name
```

使用这条命令可以得到/ActExecPackageNode 节点所提供的相应服务如下：

```
Publications:
* /MediumSize/ActPackageExec/Status [std_msgs/UInt16]
* /rosout [rosgraph_msgs/Log]

Subscriptions: None

Services:
* /ActExecPackageNode/get_loggers
* /ActExecPackageNode/set_logger_level
* /MediumSize/ActPackageExec/GetStatus
* /MediumSize/ActPackageExec/StateJump
* /MediumSize/ActPackageExec/actNameString
```

可以看到 ActExecPackageNode 功能包提供了状态跳转所需的相关服务以及按动作名称运行的服务。

（2）查看服务的数据类型。当服务的数据类型已知时，可以使用 rossrv 指令来获得此服务数据类型的详情：

```
rossrv show service-data-type-name
```

例如：

```
rossrv show actexecpackage/SrvActScript
```

可以得到：

```
string actNameReq
---
string actResultRes
```

在这里，短横线 "---" 之前的数据是请求项，这是客户节点发送到服务节点的信息。短横线之后的所有字段是响应项，或者说是服务节点完成请求后发送回请求节点的信息，通过以上信息可以得知在这里的请求本质上是发送一个机器人动作文件的路径，然后使得机器人可以自行运行这个路径。

有一点要引起注意，服务数据类型中的请求或响应字段可以为空，甚至两个字段可以同时为空，即请求和响应字段均为空。这一点大致和 C++ 中的函数可以接收空的参数并返回 void 类似。虽然没有信息进出，但仍然可能有用（比如该服务请求只是代表一个特定状态的变更）。

3.4　launch 文件与参数

ROS 提供了一个同时启动节点管理器（master）和多个节点的途径，即使用 launch 文件（启动文件）。事实上，在 ROS 功能包中，启动文件的使用是非常普遍的。任何包含两个或两个以上节点的系统都可以利用启动文件来指定和配置需要使用的节点。本章将对启动文件和运行启动文件的 roslaunch 工具进行介绍。

3.4.1　launch 文件介绍

首先，我们来看 roslaunch 的定义。其基本思想是在一个 XML 格式的文件内将需要启动的节点和对应的参数罗列出来。下面以 Roban 机器人中的一个 launch 文件为例，对于 launch 文件中的元素进行讲解。

```
<launch>
    <group>
        <arg name = "sim" default = "false" />
        <param name = "poseOffsetPath"  value = "(findbodyhub)/config/offset.yaml" />
        <paramname = "poseInitPath" value = "(find bodyhub)/config/dxlInitPose.yaml"/>
        <param name = "SimulationInitPosePath" value = "(findbodyhub)/config/
            SimulationInitPose.yaml" />
        <paramname = "sensorNameIDPath" value = "(find bodyhub)/config/sensorNameID.
            yaml" />
        <param unless="(argsim)" name="simenable" value="false" />
        <paramif="(arg sim)" name="simenable" value="false" />
        <!-- BodyHubNode -->
        <node pkg="bodyhub" type="BodyHubNode" name="BodyHubNode" output="screen" />
    </group>
</launch>
```

执行 launch 文件：

　　想要运行一个 launch 文件，可以像下面这样使用 roslaunch 命令：

```
roslaunch package-name launch-file-name
```

例如，如果要执行上述的 launch 文件，可以执行以下命令：

```
roslaunch bodyhub bodyhub.launch
```

该指令正常运行之后，机器人会读取当前各关节位置，并加锁，然后缓缓恢复到站立状态。

　　与其他 ROS 文件一样，每个 launch 文件都应该和一个特定的功能包关联起来。通常的命名方案是以.launch 作为 launch 文件的扩展名。最简单的方法是把 launch 文件直接存储在功能包的根目录中。当查找 launch 文件时，roslaunch 工具会同时搜索每个功能包目录的子目录。包括 ROS 核心包在内的很多功能包都是利用这一特性，将所有 launch 文件统一存放在一个子目录中，该子目录通常取名为 launch。比如上述作为例子的 Bodyhub.launch 就放在 /bodyhub/launch 路径下。

　　最简单的 launch 文件由一个包含若干节点元素（node elements）的根元素（root element）组成。插入根元素 launch 文件是 XML 格式文件，每个 XML 格式文件都必须要包含一个根元素。对于 ROS launch 文件，根元素由一对 launch 标签定义：

```
<launch>
...
/<launch>
```

　　任何 launch 文件的核心都是一系列的节点元素，每个节点元素指向一个需要启动的节点。
　　节点元素的形式为：

```
pkg="package-name"
type="executable-name"
name="node-name"
```

每个节点元素有如下 3 个必需的属性：

　　pkg 和 type 属性定义了 ROS 应该运行哪个程序来启动这个节点。这些和 rosrun 的两个命令行参数的作用是一致的，即给出功能包名和可执行文件的名称。name 属性给节点指派了名称，它将覆盖任何通过调用 ros::int 来赋予节点的名称，通过这种方式的使用使得节点副本运行。

　　查看节点日志文件使用 roslaunch 启动一组节点与使用 rosrun 单独启动每个节点的一个重要不同点是，在默认状态下，从 launch 文件启动节点的标准输出被重定向到一个日志文件中，而不是在控制台显示。该日志文件的名称是：

```
~/.ros/log/run_id/node_name-number-stout.log
```

其中，run_id 是节点管理器启动时生成的一个唯一标示符。

在控制台中输出信息对于某个单独的节点，只需在节点元素中配置 output 属性就可以达到该目的：

```
output="screen"
```

配置了该属性的节点会将标准输出显示在屏幕上而不是记录到之前讨论的日志文档，在以上例子中的 bodyhub 节点就是这样。示例程序对 subpose 节点配置了该属性，这就是为什么该节点的 INFO 信息会出现在控制台中，同时也说明了为什么该节点没有出现在之前提到的日志文件列表中。除了影响单个节点输出信息的 output 属性之外，还可以使用 _screen 命令行选项来令 roslaunch 在控制台中显示所有节点的输出：

```
roslaunch _screen package-name launch-file-name
```

如果想在 launch 文件中包含其他 launch 文件的内容（包括所有的节点和参数），可以使用包含（include）元素：<include file="path-to-launch-file">，此处 file 属性的值应该是期望包含文件的完整路径。由于直接输入路径信息烦琐且容易出错，大多数包含元素都使用查找（find）命令搜索功能包的位置来替代直接输入路径：

```
<include file="$(find package-name)/launch-file-name">
```

如果给定的功能包存在，则上面小括号中的 find 及其参数将展开为这个功能包的路径，比在这个路径下找到想要的 launch 文件要容易得多。例如，上面所分析的例子中就包含了 $(find bodyhub)，该例子中使用这个路径指向了 bodyhub 功能包的路径。

为了声明一个参数，可以使用 arg 元素。

```
arg name="agr-name">
```

对于参数的声明不是必需的，但是这样能使 launch 文件的使用者更加清楚 launch 文件需要哪些参数。赋值有很多种方法，例如可以像下面在 roslaunch 命令行中提供该值：

```
roslaunch package-name launch-file-name arg-name:=arg-value
```

除此之外，也可以使用以下两种语法，将参数值作为 arg 声明的一部分：

```
<arg name="arg-name" default="arg-value"/>
<arg name="arg-name" value="arg-value"/>
```

两者的唯一区别在于命令行参数可以 default，但是不能覆盖 value。获取的参数值一旦被声明并且被赋值，就可以利用下面的 arg 替换（arg substitution）语法来使用该参数值了：

```
$(arg arg-name)
```

在每个该替换出现的地方，roslaunch 都将它替换成参数值。

对于我们分析的 launch 文件的实例中，例如 poseOffsetPath 就是指定了机器人零点文件的路径，另外还要一个运行 launch 时指定的参数 $(arg sim)，用于指定当前 node 是用于仿真的情况还是实物使用的情况。

3.4.2　机器人实践

通过 launch 配置机器人初始动作文件。

接下来我们举一个例子来说明 launch 文件参数的作用，例如在项目的 cong 文件夹中有一个 dxlInitPose.yaml 配置文件用于定义机器人的启动动作，launch 文件中和其相关的内容如下：

```
<param name = "poseInitPath"     value = "$(find bodyhub)/config/dxlInitPose.yaml" />
```

这个文件的内容是 Roban 机器人启动动作的各关节的角度。

```
#ANGLE -180 ～ +180
InitPose:
    ID1: 0
    ID2: 1.46268
    ID3: 16.4558
    ID4: -34.0578
    ID5: -17.6019
    ID6: -1.46268
    ID7: 0
    ID8: 1.46268
    ID9: -16.4558
    ID10: 34.0578
```

```
    ID11: 17.6019
    ID12: 1.46268
    ID13: 0
    ID14: -50
    ID15: -30
    ID16: 0
    ID17: 50
    ID18: 30
    ID19: 0
    ID20: 0
    ID21: 0
    ID22: 0
```

　　假如我们在启动时希望机器人手臂部分呈现一个不同的启动动作，那么就需要新增一个这种文件。例如，将 ID 为 17 和 14 的舵机弯曲角度减少到 40°，那么需要对应地修改配置文件如下：

```
#ANGLE -180 ～ +180
InitPose:
    ID1: 0
    ID2: 1.46268
    ID3: 16.4558
    ID4: -34.0578
    ID5: -17.6019
    ID6: -1.46268
    ID7: 0
    ID8: 1.46268
    ID9: -16.4558
    ID10: 34.0578
    ID11: 17.6019
    ID12: 1.46268
    ID13: 0
    ID14: -40
    ID15: -30
    ID16: 0
    ID17: 40
```

```
ID18: 30
ID19: 0
ID20: 0
ID21: 0
ID22: 0
```

将这个修改过的文件保存到 cong 文件夹中，并将其命名为 dxlInitPoseNew.yaml。这样就可以通过修改配置文件路径的形式修改指定新的配置文件路径。通过这样的修改，可以使得机器人在启动时特定的两个关节的弯曲角度变为新指定配置文件中的角度。当然，在需要的情况下也可以放多个启动动作的配置文件，在不同的情况下使用 launch 文件指定不同的启动动作文件。

```
<param name = "poseInitPath"     value = "$(find bodyhub)/config/dxlInitPoseNew.yaml"
    />
```

3.5　常用调试工具 rqt

在 ROS 的使用过程中，常常需要对机器人的程序进行一些调试，也需要对传感器的数据进行一些监控，因此需要使用一些可视化的工具对数据进行监控。rqt 是一个基于 qt 开发的 ROS 可视化工具，拥有扩展性好、灵活易用、跨平台等特点，主要作用与 RViz 一致，都是可视化的，但是与 RViz 相比，rqt 的每个工具都具有比较专一的功能，但是使用效果较好。

3.5.1　rqt_plot

直接在终端调用 rqt_plot 语句，即可实现将一些参数，尤其是动态参数以曲线的形式绘制出来。当我们在开发时查看机器人的原始数据，就能利用 rqt_plot 将这些原始数据用曲线绘制出来，而且非常直观，利于我们分析数据。下面以 Roban 机器人的步态行走过程为例说明 rqt_plot 的使用。如图 3.2 所示，单击界面中的加号可以添加所需要监听的 Topic，此处选取了真实机器人质心位置的控制值和实际值。通过观察可以发现，在双足支撑期间质心的跟踪效果较好，但是在单足支撑期间跟踪效果较差，这也是符合实际的物理规律的。

3.5.2　rqt_img_View

rqt_img_View 是一个专用于视觉传感器图像调试的调试工具，通过选择需要订阅的话题来选取需要观察的话题。如图 3.3 所示，可以看到当前视觉传感器所采集到的原始图像，也可以看到视觉传感器处理过后的图像，方便对机器人进行调试，在输入窗的左上角可以看到视频采集到的 topic，可以通过更改 topic 的名称来得到当前使用的 topic 的图像。

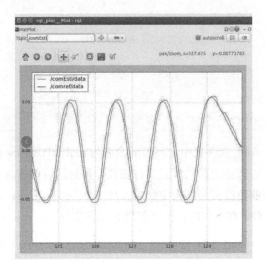

图 3.2　rqt_plot 界面

图 3.3　rqt_img_View 界面

3.5.3　rqt_graph

rqt_graph 用来显示通信架构，也就是之前提到的节点、主题等，例如当前有哪些 Node 和 topic 在运行，消息的流向是怎样的，都能通过这个语句显示出来。此命令由于能显示系统的全貌，所以非常实用，可以方便地分析各节点之间的关系。从图 3.4 中可以看出，手柄的处理节点会将数据发送给步态节点用于执行步态数据，也有节点会使用从网络得到的数据，即将数据转发给对应的舵机驱动部分，而视频流节点会将数据发送给脸部识别节点和视觉识别节点，用于脸部识别和手势识别。

图 3.4 rqt_graph 界面

3.6 ROS 配置实践

3.6.1 ROS 编译环境搭建与测试

首先打开 http://wiki.ros.org/，如图 3.5 所示。

选择 install 进入，然后选择 ROS Kinetic Kame 这个版本进行下载，如图 3.6 所示。

图 3.5　http://wiki.ros.org/

图 3.6　http://wiki.ros.org/ROS/Installation

随后选择系统平台，这里我们选择 Ubuntu，如图 3.7 所示。

图 3.7 http://wiki.ros.org/kinetic/Installation

然后进行安装，如图 3.8 所示。

图 3.8 http://wiki.ros.org/kinetic/Installation/Ubuntu

具体步骤如下：

（1）配置 Ubuntu 存储库以允许"restricted""universe""multiverse"，如图 3.9 所示。

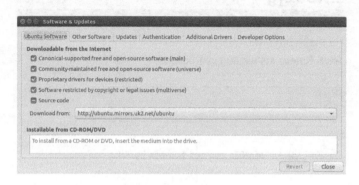

图 3.9 配置 Ubuntu 存储库

（2）设置 sources.list，使得计算机接受来自 package.ros.org 的软件。

```
sudo sh -c 'echo "deb http://packages.ros.org/ros/ubuntu $(lsb_release -sc) main" > /
    etc/apt/sources.list.d/ros-latest.list'
```

（3）设置密钥。

```
sudo apt-key adv --keyserver 'hkp://keyserver.ubuntu.com:80' --recv-key C1CF6E31E6
    BADE8868B172B4F42ED6FBAB17C654
```

如果在连接 keyserver 时遇到问题，可以尝试在前面的命令中替换 hkp://pgp.mit.edu:80 或 hkp://keyserver.ubuntu.com:80。

如果在代理服务器后面，可以使用 curl 代替 apt-key 命令，这将很有帮助：

```
curl -sSL 'http://keyserver.ubuntu.com/pks/lookup?op=get&search=0xC1CF6E31E6BADE8868B
    172B4F42ED6FBAB17C654' | sudo apt-key add -
```

（4）安装。

首先，确保 Debian 软件包索引是最新的：

```
sudo apt-get update
```

ROS 中有许多不同的库和工具，官方提供了 4 种默认配置的安装，这里选择 Desktop-Full 版本（这个版本的库和工具比较全）：

```
    sudo apt-get install ros-kinetic-desktop-full
```

（5）环境设置。

每次启动新的 shell 时，如果将 ROS 环境变量自动添加到 bash 会话中，将很方便：

```
echo "source /opt/ros/kinetic/setup.bash" >> ~/.bashrc
source ~/.bashrc
```

如果安装了多个 ROS 发行版，则 ~/.bashrc 必须仅为当前使用的版本提供 setup.bash。

如果只想更改当前 shell 环境，则可以输入以下内容而不是上面的内容：

```
source /opt/ros/kinetic/setup.bash
```

如果使用 zsh 而不是 bash，则需要运行以下命令来设置 shell 环境：

```
echo "source /opt/ros/kinetic/setup.zsh" >> ~/.zshrc
source ~/.zshrc
```

（6）构建软件包的依赖关系。

到目前为止，已经安装了运行核心 ROS 软件包所需的软件。为了创建和管理自己的 ROS 工作区，需要安装各种工具和分发的需求。例如，rosinstall 是一个常用的命令行工具，使您可以使用一个命令轻松下载 ROS 的许多软件包。

要安装此工具和其他依赖关系以构建 ROS 软件包，请运行：

```
sudo apt install python-rosdep python-rosinstall python-rosinstall-generator python-
    wstool build-essential
```

（7）初始化 rosdep。

在使用多个 ROS 工具之前，需要初始化 rosdep。rosdep 使您能够轻松地为要编译的源安装系统依赖性，并且是运行 ROS 中某些核心组件所必需的。如果尚未安装 rosdep，请执行以下操作：

```
sudo apt install python-rosdep
```

使用以下命令，可以初始化 rosdep：

```
sudo rosdep init
rosdep update
```

（8）验证是否安装成功。

在终端输入 roscore，出现如图 3.10 所示的信息则说明安装成功。

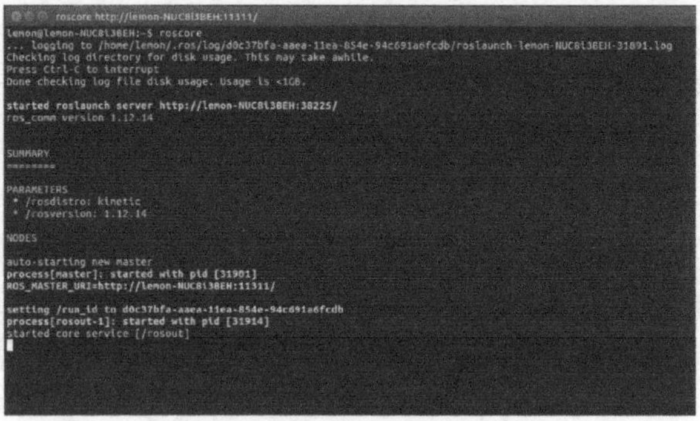

图 3.10 安装成功验证界面

1. ROS 命令

程序代码分布在众多的 **ROS** 软件包中，当使用命令行工具（如 ls 和 cd）来浏览时会非常烦琐，因此 ROS 提供了专门的命令工具来简化这些操作。

利用 rospack 获取软件包的有关信息。

```
$ rospack find [包名称]
```

roscd 允许直接切换（cd）工作目录到某个软件包或者软件包集中。

```
$ roscd [本地包名称[/子目录]]
```

rosls 允许直接按软件包的名称而不是绝对路径执行 ls 命令。

```
$ rosls [本地包名称[/子目录]]
```

Tab 自动补全。

当要输入一个完整的软件包名称时会变得比较烦琐，可用 TAB 补全的功能。

2. 创建 ROS 包

Packages 软件包是 **ROS** 应用程序代码的组织单元，每个软件包都可以包含程序库、可执行文件、脚本或者其他手动创建的东西。

首先创建一个工作空间：

```
$ mkdir -p ~/catkin_ws/src
$ cd ~/catkin_ws/
$ catkin_make
```

然后使用 catkin_create_pkg 创建一个名为"beginner_tutorials"的 ROS 包，依赖于 std_msgs、rospy 和 roscpp。

```
$ cd ~/catkin_ws/src
$ catkin_create_pkg beginner_tutorials std_msgs rospy roscpp
```

这将创建一个 beginner_tutorials ROS 包，其中包含 package.xml 和 CMakeLists.txt，其中填充了你给 catkin_create_pkg 的信息。

catkin_create_pkg 要求给它一个 package_name 以及可选的软件包依赖关系的列表：

```
$ catkin_create_pkg <package_name> [depend1] [depend2] [depend3]
```

然后需要在工作空间中编译这个新建的 ROS 包，并将工作空间添加到 ROS 环境中。

```
$ cd ~/catkin_ws
$ catkin_make
$ . ~/catkin_ws/devel/setup.bash
```

3. 编写 ROS 节点

一个节点其实是 ROS 程序包中的一个可执行文件。ROS 节点可以使用 ROS 客户库与其他节点通信。节点可以发布或接收一个话题，也可以提供或使用某种服务。

节点是 ROS 中非常重要的一个概念，为了帮助初学者理解这个概念，这里举一个通俗的例子：例如，我们有一个机器人和一个遥控器，那么这个机器人和遥控器开始工作后，就是两个节点。遥控器起到了下达指令的作用；机器人负责监听遥控器下达的指令，完成相应动作。从这里我们可以看出，节点是一个能执行特定工作任务的工作单元，并且能够相互通信，从而实现一个机器人系统整体的功能。这里，我们把遥控器和机器人简单定义为两个节点，实际上在机器人中根据控制器、传感器、执行机构等不同组成模块，还可以将其进一步细分为更多的节点，这个是根据用户编写的程序来定义的。

下面在 beginner_tutorials 中创建一个节点，输出"hello world"，首先在 beginner_tutorials 下的 src 文件夹下新建一个 ros_tutorial.py 文件，然后输入下面的代码：

```
#!/usr/bin/env Python
import rospy
rospy.init_node("ros_tutorial")
rospy.loginfo("hello world")
```

然后将 ros_tutorial.py 设置为可执行的：

```
chmod +x ros_tutorial.py
```

然后在工作空间下执行：

```
rosrun beginner_tutorials ros_tutorial.py
```

将会输出日志消息"hello world"。

代码解析：

```
#!/usr/bin/env Python # 让系统知道当前是可执行的Python脚本
import rospy           # 导入rospy包，rospy是ROS的Python客户端
rospy.init_node("ros_tutorial") # 初始化一个名为 "ros_tutorial" 的 ROS 节点
rospy.loginfo("hello world")  # 输出日志信息 "hello world"
```

3.6.2　ROS 话题

ROS 节点之间可通过 messages 来传递消息，话题是用于识别消息的名称，节点可以发布消息到话题，也可以订阅话题以接收消息。一个话题可能对应许多节点作为话题发布者和话题订阅者，当然，一个节点可以发布和订阅许多话题。一个节点对某一类型的数据感兴趣，它只需订阅相关话题即可。一般来说。话题发布者和话题订阅者不知道对方的存在。发布者将信息发布在一个全局的工作区内，当订阅者发现该信息是它所订阅的，就可以接收到这个信息。

发布者：

生成信息，通过 ROS 话题与其他节点进行通信，通常用于处理原始的传感器信息，如相机、编码器等。

订阅者：

接收信息，通过 ROS 话题接收来自其他节点的信息，并通过回调函数处理，通常用于监测系统状态。

1. 编写一个简单的发布者和订阅者

首先创建一个发布者节点 talker，该节点将不断发布消息，来到之前建立的 beginner_tutorials 目录下：

```
$ roscd beginner_tutorials
```

然后创建一个 scripts 目录来存放我们的 Python 脚本文件：

```
$ mkdir scripts
$ cd scripts
```

然后在 scripts 目录下新建一个 talker.py 文件，创建我们的发布者，代码如下：

```
#!/usr/bin/env Python
import rospy
```

```
from std_msgs.msg import String
def talker():
    pub = rospy.Publisher('chatter', String, queue_size=10)
    rospy.init_node('talker', anonymous=True)
    rate = rospy.Rate(10) # 10hz
    while not rospy.is_shutdown():
        hello_str = "hello world %s" % rospy.get_time()
        rospy.loginfo(hello_str)
        pub.publish(hello_str)
        rate.sleep()


if __name__ == '__main__':
    try:
        talker()
    except rospy.ROSInterruptException:
        pass
```

代码解析:

```
#!/usr/bin/env Python # 确保您的脚本作为Python脚本执行
import rospy            # 导入rospy包
from std_msgs.msg import String # 使用 std_msgs/String 消息类型

pub = rospy.Publisher('chatter', String) # 建立一个发布者，往名为 chatter 的 Topic 中
                                          # 发布 String 类型的消息
rospy.init_node('talker', anonymous=True) # 初始化一个名为 talker 的节点
r = rospy.Rate(10) # 设置发布频率为 10Hz
while not rospy.is_shutdown():
    hello_str = "hello world %s" % rospy.get_time()
    rospy.loginfo(hello_str)
    pub.publish(hello_str)
    rate.sleep()
# 此循环是标准的 rospy 结构：检查rospy.is_shutdown()标志，然后进行工作。 必须检查
# is_shutdown()以检查程序是否应该退出（例如，是否存在Ctrl+C组合键或其他）。pub.publish
# ()使用新创建的 String 消息发布到我们的 chatter 话题。 循环调用 rate.sleep()保持所需的
    # 速率
```

现在，需要写一个订阅者节点去接收发布的消息。同样在 scripts 目录下新建一个 listener.py 文件，创建订阅者，代码如下：

```python
#!/usr/bin/env Python
import rospy
from std_msgs.msg import String
def callback(data):
    rospy.loginfo(rospy.get_caller_id() + "I heard %s", data.data)

def listener():
    rospy.init_node('listener', anonymous=True)
    rospy.Subscriber("chatter", String, callback)
    rospy.spin()

if __name__ == '__main__':
    listener()
```

代码解析：

```
rospy.init_node('listener', anonymous=True) # 初始化一个名为 listener 的节点,
rospy.Subscriber("chatter", String, callback) # 声明节点订阅类型为 std_msgs.msgs.
    # String 的 chatter 话题。 收到新消息时，将以消息作为第一个参数来调用回调
rospy.spin() # 使节点无法退出，直到该节点已关闭
# Anonymous = True 标志告诉rospy为该节点生成一个唯一的名称，以便可以让多个listener.py节
# 点轻松运行
```

然后来到工作空间目录下，编译生成节点，并运行代码：

```
$ cd ~/catkin_ws
$ catkin_make
```

运行节点前需设置为可执行的，同时需要启动 roscore，roscore 是节点和程序的集合，是基于 ROS 的先决条件，必须运行 roscore，才能使 ROS 节点进行通信。打开一个新的 shell，然后输入 roscore。图 3.11 所示为 roscore 运行界面。

然后运行我们编写的 talker 节点和 listener 节点，在一个新的 shell 中输入：

```
$ rosrun beginner_tutorials talker.py
```

将会看到发布者打印的一些"hello world"的日志信息，如图 3.12 所示。

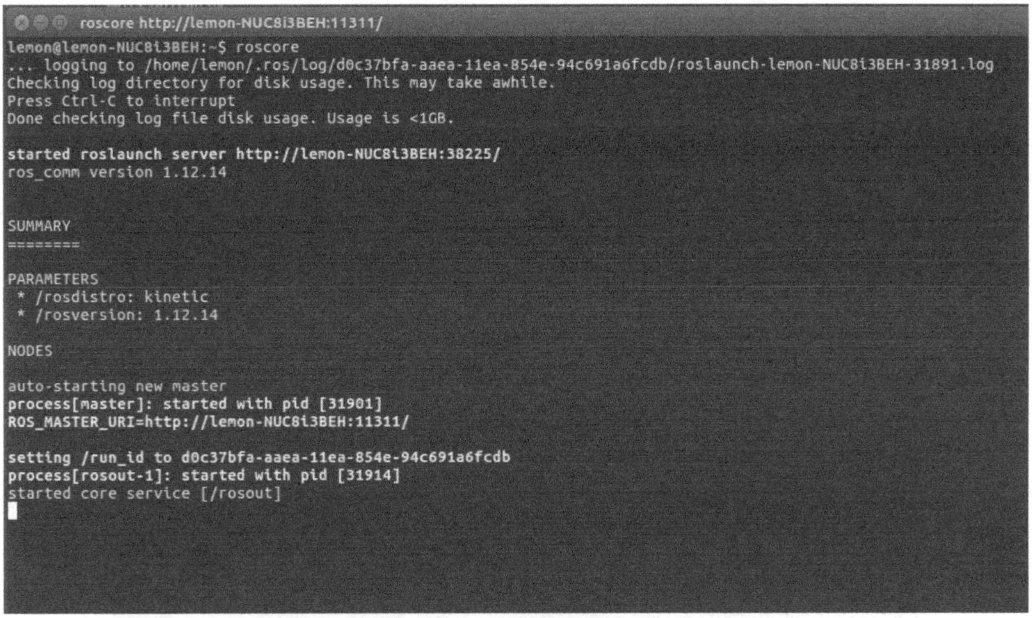

图 3.11　roscore 运行界面

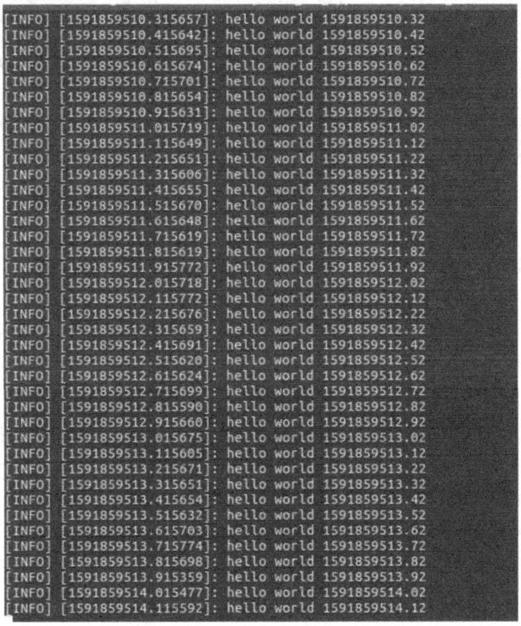

图 3.12　程序运行日志信息

随后，在另一个新的 shell 中输入：

```
$ rosrun beginner_tutorials listener.py
```

将会看到订阅者收到来自发布者的消息，如图 3.13 所示。

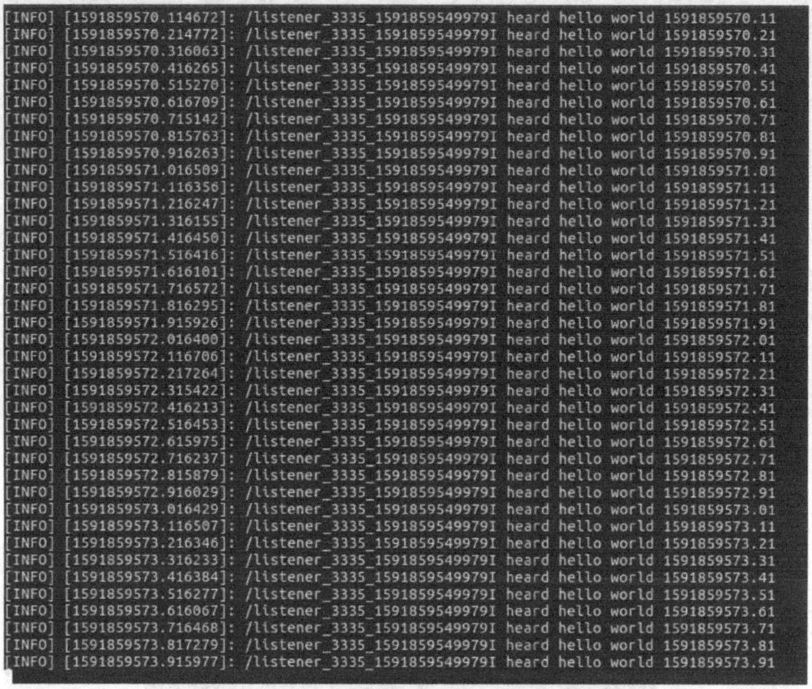

```
[INFO] [1591859570.114672]: /listener_3335_1591859549979I heard hello world 1591859570.11
[INFO] [1591859570.214772]: /listener_3335_1591859549979I heard hello world 1591859570.21
[INFO] [1591859570.316063]: /listener_3335_1591859549979I heard hello world 1591859570.31
[INFO] [1591859570.416265]: /listener_3335_1591859549979I heard hello world 1591859570.41
[INFO] [1591859570.515270]: /listener_3335_1591859549979I heard hello world 1591859570.51
[INFO] [1591859570.616709]: /listener_3335_1591859549979I heard hello world 1591859570.61
[INFO] [1591859570.715142]: /listener_3335_1591859549979I heard hello world 1591859570.71
[INFO] [1591859570.815763]: /listener_3335_1591859549979I heard hello world 1591859570.81
[INFO] [1591859570.916263]: /listener_3335_1591859549979I heard hello world 1591859570.91
[INFO] [1591859571.016509]: /listener_3335_1591859549979I heard hello world 1591859571.01
[INFO] [1591859571.116356]: /listener_3335_1591859549979I heard hello world 1591859571.11
[INFO] [1591859571.216247]: /listener_3335_1591859549979I heard hello world 1591859571.21
[INFO] [1591859571.316155]: /listener_3335_1591859549979I heard hello world 1591859571.31
[INFO] [1591859571.416450]: /listener_3335_1591859549979I heard hello world 1591859571.41
[INFO] [1591859571.516416]: /listener_3335_1591859549979I heard hello world 1591859571.51
[INFO] [1591859571.616101]: /listener_3335_1591859549979I heard hello world 1591859571.61
[INFO] [1591859571.716572]: /listener_3335_1591859549979I heard hello world 1591859571.71
[INFO] [1591859571.816295]: /listener_3335_1591859549979I heard hello world 1591859571.81
[INFO] [1591859571.915926]: /listener_3335_1591859549979I heard hello world 1591859571.91
[INFO] [1591859572.016400]: /listener_3335_1591859549979I heard hello world 1591859572.01
[INFO] [1591859572.116706]: /listener_3335_1591859549979I heard hello world 1591859572.11
[INFO] [1591859572.217264]: /listener_3335_1591859549979I heard hello world 1591859572.21
[INFO] [1591859572.315422]: /listener_3335_1591859549979I heard hello world 1591859572.31
[INFO] [1591859572.416213]: /listener_3335_1591859549979I heard hello world 1591859572.41
[INFO] [1591859572.516453]: /listener_3335_1591859549979I heard hello world 1591859572.51
[INFO] [1591859572.615975]: /listener_3335_1591859549979I heard hello world 1591859572.61
[INFO] [1591859572.716237]: /listener_3335_1591859549979I heard hello world 1591859572.71
[INFO] [1591859572.815879]: /listener_3335_1591859549979I heard hello world 1591859572.81
[INFO] [1591859572.916029]: /listener_3335_1591859549979I heard hello world 1591859572.91
[INFO] [1591859573.016429]: /listener_3335_1591859549979I heard hello world 1591859573.01
[INFO] [1591859573.116507]: /listener_3335_1591859549979I heard hello world 1591859573.11
[INFO] [1591859573.216346]: /listener_3335_1591859549979I heard hello world 1591859573.21
[INFO] [1591859573.316233]: /listener_3335_1591859549979I heard hello world 1591859573.31
[INFO] [1591859573.416384]: /listener_3335_1591859549979I heard hello world 1591859573.41
[INFO] [1591859573.516277]: /listener_3335_1591859549979I heard hello world 1591859573.51
[INFO] [1591859573.616067]: /listener_3335_1591859549979I heard hello world 1591859573.61
[INFO] [1591859573.716468]: /listener_3335_1591859549979I heard hello world 1591859573.71
[INFO] [1591859573.817279]: /listener_3335_1591859549979I heard hello world 1591859573.81
[INFO] [1591859573.915977]: /listener_3335_1591859549979I heard hello world 1591859573.91
```

图 3.13 订阅者收到来自发布者的消息

2. 控制 turtlesim 运行

首先确保 roscore 已经运行，打开一个新的终端：

```
$ roscore
```

如果没有退出在上面教程中运行的 roscore，那么可能会看到下面的错误信息：

```
roscore cannot run as another roscore/master is already running.
Please kill other roscore/master processes before relaunching
```

这是正常的，因为只需要有一个 roscore 在运行就够了。

在本书中，我们也会使用到 turtlesim，请在一个新的终端中运行：

```
$ rosrun turtlesim turtlesim_node
```

通过键盘远程控制 turtle，我们也需要通过键盘来控制 turtle 的运动，请在一个新的终端中运行：

```
$ rosrun turtlesim turtle_teleop_key
```

```
[INFO] 1254264546.878445000: Started node [/teleop_turtle], pid [5528], bound on
[aqy], xmlrpc port [43918], tcpros port [55936], logging to [~/ros/ros/log/teleop_
    turtle_5528.log], using [real] time
Reading from keyboard
---------------------------
Use arrow keys to move the turtle.
```

现在可以使用键盘上的方向键来控制 turtle 运动了。如果不能控制，请选中 turtle_teleop_key 所在的终端窗口以确保您的按键输入能够被捕获。图 3.14 所示为使用键盘控制目标移动。

图 3.14　键盘控制目标移动

现在可以控制 turtle 运动了。turtlesim_node 节点和 turtle_teleop_key 节点之间是通过一个 ROS 话题来互相通信的。turtle_teleop_key 在一个话题上发布按键输入消息，而 turtlesim 则订阅该话题以接收该消息。

使用 rqt_graph：rqt_graph 能够创建一个显示当前系统运行情况的动态图形。rqt_graph 是 rqt 程序包中的一部分。如果还没有安装，请通过以下命令来安装：

```
$ sudo apt-get install ros-<distro>-rqt
$ sudo apt-get install ros-<distro>-rqt-common-plugins
请使用你的ROS版本名称（比如fuerte、groovy、hydro等）来替换掉<distro>。
```

在一个新终端中运行：

```
$ rosrun rqt_graph rqt_graph
```

就会看到类似图 3.15 所示的图形。

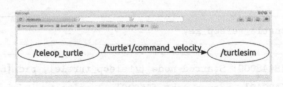

图 3.15 系统运行情况动态图形

如果将鼠标放在/turtle1/command_velocity 上方，相应的 ROS 节点（蓝色和绿色）和话题（红色）就会高亮显示。正如您所看到的，turtlesim_node 和 turtle_teleop_key 节点正通过一个名为/turtle1/command_velocity 的话题来互相通信，如图 3.16 所示。

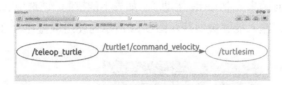

图 3.16 ROS 节点和话题

话题之间的通信是通过在节点之间发送 ROS 消息实现的。对于发布者（turtle_teleop_key）和订阅者（turtulesim_node）之间的通信，发布者和订阅者之间必须发送和接收相同类型的消息。这意味着话题的类型是由发布在它上面的消息类型决定的。

使用 rostopic type 命令可以查看发布在某个话题上的消息类型。

用法：rostopic type [topic]

```
$ rostopic type /turtle1/cmd_vel
```

你应该会看到：

```
geometry_msgs/Twist
```

使用 rosmsg 命令可以查看消息的详细情况：

```
$ rosmsg show geometry_msgs/Twist
geometry_msgs/Vector3 linear
float64 x
float64 y
float64 z
geometry_msgs/Vector3 angular
```

```
float64 x
float64 y
float64 z
```

现在我们已经知道了 turtlesim 节点所期望的消息类型，接下来就可以给 turtle 发布命令了，见图 3.17。

使用 rostopic pub 命令可以把数据发布到当前某个正在广播的话题上。

图 3.17　通过消息控制目标

用法：rostopic pub [topic] [msg_type] [args]

```
$ rostopic pub -1 /turtle1/cmd_vel geometry_msgs/Twist -- '[2.0, 0.0, 0.0]' '[0.0,
    0.0, 1.8]'
```

以上命令会发送一条消息给 turtlesim，告诉它以 2.0 大小的线速度和 1.8 大小的角速度开始移动。

这是一个非常复杂的例子，因此让我们来详细分析其中的每个参数。

rostopic pub 这条命令将会发布消息到某个给定的话题。

 -1 （单个半字线）这个参数选项使rostopic发布一条消息后马上退出。

/turtle1/command_velocity 这是消息所发布到的话题名称。

turtlesim/Velocity 这是所发布消息的类型。

-- （双半字线）这会告诉命令选项解析器接下来的参数部分都不是命令选项。这在参数里面包含有
　　 半字线-（比如负号）时是必须要添加的。

2.0 1.8 正如之前提到的，在一个turtlesim/Velocity消息里面包含有两个浮点型元素：linear和
　　 angular。在本例中，2.0是线速度的值，1.8是角速度的值

让 turtle 走一个如图 3.18 所示的圆形的轨迹。

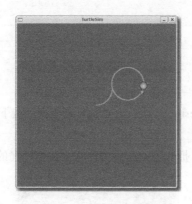

图3.18 消息控制目标

您可能注意到turtle已经停止移动了。这是因为turtle需要一个稳定的频率为1Hz的命令流来保持移动状态。我们可以使用rostopic pub -r命令来发布一个稳定的命令流。

```
$ rostopic pub /turtle1/cmd_vel geometry_msgs/Twist -r 1 -- '[2.0, 0.0, 0.0]' '[0.0,
    0.0, 1.8]'
```

这条命令以1Hz的频率发布速度命令到速度话题上。

我们会看到turtle会一直走一个圆形的轨迹。

3.6.3　ROS服务

服务是节点相互通信的另一种方式，服务允许节点发送请求并接收响应。服务通信实现的是一对一的同步通信方式，服务包含Client与Server两部分，Client发布请求后会在原地等待reply，直到服务处理完了请求并且完成了reply，Client才会继续执行。

1. 编写简单的service和client

首先建立一个服务消息类型，用于相互通信，让我们使用刚刚创建的包来创建srv：

```
$ roscd beginner_tutorials
$ mkdir srv
```

我们从另一个软件包中复制一个现有的srv定义。roscp是一个有用的命令行工具，用于将文件从一个软件包复制到另一个软件包。

```
$ roscp [package_name] [file_to_copy_path] [copy_path]
```

现在我们可以从rospy_tutorials包中复制服务：

```
$ roscp rospy_tutorials AddTwoInts.srv srv/AddTwoInts.srv
```

然后打开 package.xml，并确保其中两行都没有注释：

```
<build_depend>message_generation</build_depend>
<exec_depend>message_runtime</exec_depend>
```

然后添加 message_generation 依赖项以在 CMakeLists.txt 中生成消息：

```
find_package(catkin REQUIRED COMPONENTS
    roscpp
    rospy
    std_msgs
    message_generation
)
```

此外，需要对服务的 package.xml 和消息进行相同的更改：

```
add_service_files(
    FILES
    AddTwoInts.srv
)
```

现在来到工作空间，将 catkin_make 编译一下，就可以根据服务定义生成服务消息了。随后，让我们确认一下 ROS 可以使用 rossrv show 命令看到它。

```
$ rossrv show beginner_tutorials/AddTwoInts
```

你将看到：

```
int64 a
int64 b
---
int64 sum
```

在这里，我们将创建一个服务节点 add_two_ints_server。该节点将接收两个 int 类型数据并返回它们的和。

将目录更改为 beginner_tutorials 包：

```
$ roscd beginner_tutorials
```

在 scripts 目录下，创建一个 add_two_ints_server.py 文件，输入以下内容：

```
#!/usr/bin/env Python
from beginner_tutorials.srv import *
import rospy
def handle_add_two_ints(req):
    print "Returning [%s + %s = %s]"%(req.a, req.b, (req.a + req.b))
    return req.a + req.b

def add_two_ints_server():
    rospy.init_node('add_two_ints_server')
    s = rospy.Service('add_two_ints', AddTwoInts, handle_add_two_ints)
    print "Ready to add two ints."
    rospy.spin()

if __name__ == "__main__":
    add_two_ints_server()
```

不要忘记使节点可执行：

```
chmod +x add_two_ints_server.py
```

代码解析：

我们使用 init_node() 声明节点，然后声明我们的服务：

```
s = rospy.Service('add_two_ints', AddTwoInts, handle_add_two_ints)
```

这将声明一个具有 AddTwoInts 服务类型的名为 add_two_ints 的服务。所有请求都传递给 handle_add_two_ints 函数。handle_add_two_ints 会将请求的两个数相加并返回。rospy.spin() 可以防止代码退出，直到服务关闭。

现在建立一个 client 节点：

来到 beginner_tutorials 包，在 scripts 目录下创建一个 add_two_ints_client.py 文件，输入以下内容：

```
#!/usr/bin/env Python
import sys
import rospy
from beginner_tutorials.srv import *
def add_two_ints_client(x, y):
    rospy.wait_for_service('add_two_ints')
```

```
    try:
        add_two_ints = rospy.ServiceProxy('add_two_ints', AddTwoInts)
        resp1 = add_two_ints(x, y)
        return resp1.sum
    except rospy.ServiceException, e:
        print "Service call failed: %s"%e

def usage():
    return "%s [x y]"%sys.argv[0]


if __name__ == "__main__":
    if len(sys.argv) == 3:
        x = int(sys.argv[1])
        y = int(sys.argv[2])
    else:
        print usage()
        sys.exit(1)
    print "Requesting %s+%s"%(x, y)
    print "%s + %s = %s"%(x, y, add_two_ints_client(x, y))
```

不要忘记使节点可执行：

```
chmod +x add_two_ints_client.py
```

代码解析：

对于 client，不必调用 init_node()，首先调用：

```
rospy.wait_for_service('add_two_ints')
```

它会阻塞直到 add_two_ints 服务可用为止，接下来，我们创建一个用于调用服务的句柄：

```
add_two_ints = rospy.ServiceProxy('add_two_ints', AddTwoInts)
```

我们可以像普通函数一样使用此句柄并调用它：

```
resp1 = add_two_ints(x, y)
return resp1.sum
```

上面将 int 类型的两个数 x 和 y 上传请求服务，并返回它们的和。

编译节点。

来到工作空间，并执行 catkin_make：

```
$ cd ~/catkin_ws
$ catkin_make
```

运行 service，打开一个新的终端，执行：

```
$ rosrun beginner_tutorials add_two_ints_server.py
```

将会看到：

```
Ready to add two ints.
```

运行 client，打开一个新的终端，执行：

```
$ rosrun beginner_tutorials add_two_ints_client.py
```

将会看到类似如下的使用消息：

```
/home/user/catkin_ws/src/beginner_tutorials/scripts/add_two_ints_client.py [x y]
```

提示我们输入两个数，重新输入执行：

```
$ rosrun beginner_tutorials add_two_ints_client.py 4 5
```

将会看到：

```
Requesting 4+5
4 + 5 = 9
```

同时 service 将会输出：

```
Returning [4 + 5 = 9]
```

2. turtlesim 提供的服务

首先运行 roscore，然后在一个新的终端中运行 turtlesim_node：

```
$ rosrun turtlesim turtlesim_node
```

下面介绍 turtlesim 提供的服务。

rosservice 有许多可用于服务的命令，如下所示：

```
rosservice list    # 显示正在运行的服务的信息
rosservice call    # 调用服务可附加参数
rosservice type    # 显示服务类型
rosservice find    # 按服务类型查找服务
```

　　rosservice list：

```
$ rosservice list
```

该列表命令向我们表明，turtlesim 节点提供以下服务：

```
/clear
/kill
/reset
/rosout/get_loggers
/rosout/set_logger_level
/spawn
/teleop_turtle/get_loggers
/teleop_turtle/set_logger_level
/turtle1/set_pen
/turtle1/teleport_absolute
/turtle1/teleport_relative
/turtlesim/get_loggers
/turtlesim/set_logger_level
```

其中有两个与单独的 rosout 节点相关的服务：/rosout/get_loggers 和/rosout/set_logger_level。

　　rosservice type：

　　使用 rosservice type 来看看 /clear 服务：

```
$ rosservice type /clear
std_srvs/Empty
```

此服务为空，这意味着在进行服务调用时，它不接收任何参数（即，在发出请求时不发送任何
数据，在接收响应时不接收任何数据）。

　　现在通过键盘来控制 turtle 运动，在一个新的终端中运行：

```
$ rosrun turtlesim turtle_teleop_key
```

　　程序运行结果如图 3.19 所示。

rosservice call：

使用 rosservice call 调用/clear 服务：

```
$ rosservice call /clear
```

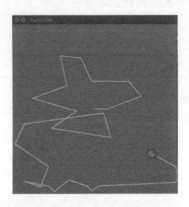

图 3.19　通过键盘来控制目标运动

它清除了 turtlesim_node 的背景，结果如图 3.20 所示。

图 3.20　清除节点

接下来查看/spawn 服务具有参数的情况：

```
$ rosservice type /spawn | rossrv show
float32 x
float32 y
float32 theta
string name
```

```
---
string name
```

该服务使我们可以在给定的位置和方向上生成新的 turtle。名称字段是可选的，缺省时 turtlesim 为我们创建一个 turtle2，依次递增。

```
$ rosservice call /spawn 2 2 0.2 ""
```

服务调用返回新创建的 turtle 的名称，并且会在窗口中生成新的 turtle，结果如图 3.21 所示。

```
name: turtle2
```

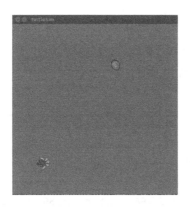

图 3.21　创建新目标

3. 控制 Roban 头部运动

控制机器人实质是控制机器人的舵机。在 Roban 机器人中有一个动作执行的状态机，状态转换结构是为了确保当前阶段只能有一个节点对这个动作执行节点进行占用。

首先启动 Roban 机器人，然后通过服务占用动作节点：

```
rosservice call /MediumSize/BodyHub/StateJump 2 setStatus
```

然后通过 rostopic pub 设置 positions 为 [60,0] 让头部舵机转向 60°：

```
rostopic pub /MediumSize/BodyHub/HeadPosition bodyhub/JointCorolPoint "positions:
    [60,0]
    velocities: [0]
    accelerations: [0]
    effort: [0]
    time_from_start: {secs: 0, nsecs: 0}
```

```
mainControlID: 2"
```

随后可以看见，Roban 机器人头部舵机向右转向了 60°。

3.7　主从机配置

ROS 主从机配置即为 ROS 计算机分布式主从通信，是需要安装 ROS 环境之后才能配置。ROS 主从机通信是 ROS 主机和从机通过订阅话题和服务实现的，其使用的前提是主机的 ROS 必须启动。

ROS 的主从环境其实是一种分布式通信方式。这里讲述 ROS 主从环境的配置步骤。

3.7.1　获取 IP 地址和 Hostname

启动机器人后，使用 HDMI 线、键盘、鼠标连接机器人，并设置好对应的 WiFi 后，使用如下命令来获取 Roban 和计算机的 IP 地址：

```
$ ifconfig | grep "inet"
```

结果如下：

```
inet addr:127.0.0.1 Mask:255.0.0.0
inet6 addr: ::1/128 Scope:Host
inet addr:192.168.2.18 Bcast:192.168.2.255 Mask:255.255.255.0
inet6 addr: fe80::404f:d268:cf4a:d799/64 Scope:Link
```

这里显示我们有两个 IP 地址，即 127.0.0.1 和 192.168.2.18。127.0.0.1 是本地回路的 IP 地址，而 192.168.2.18 是我们当前机器人的局域网 IP 地址。

接下来，我们使用下面的指令来分别获取机器人和计算机的 hostname：

```
$ hostname
```

lemon-NUC8i3BEH 为 Roban 机器人的 hostname，也可以直接查看终端标题栏"@"后面的内容来获得当前的 hostname。说明：不同的机器人可能设置存在差异，请按照查询得到的 hostname 进行设置。

以上，已获取到了我们所需要的 4 个参数：

1. 计算机的 IP 地址：　　　192.168.2.3
2. 计算机的 hostname：　　 ak-pc
3. Roban 的 IP 地址：　　　192.168.2.18
4. Roban 的 hostname：　　 lemon-NUC8i3BEH

3.7.2　修改对应的 hosts

hosts 文件位于 etc 文件夹下,修改 hosts 文件的目的是将两台计算机的 IP 地址和主机名绑定,使两台计算机通过 hostname 就能很方便地找到对方。在修改 host 文件之前,直接 ping 对方主机名,是无法解析的。当然,即便不配置,也可以直接 ping 对方的 IP 地址。但是为了后期的数据识别和操作,还是需要将 IP 地址和 hostname 绑定起来。在我们的计算机终端中输入(输入完成后可能需要输入密码,请注意输入的密码在终端并不会显示):

```
$ sudo gedit /etc/hosts
```

显示如下:

```
127.0.0.1 localhost
127.0.1.1 ak-pc

# The following lines are desirable for IPv6 capable hosts
::1     ip6-localhost ip6-loopback
fe00::0 ip6-localnet
ff00::0 ip6-mcastprefix
ff02::1 ip6-allnodes
ff02::2 ip6-allrouters
```

可以看到,在 hosts 文件内的开头两行已经绑定了两个 IP 地址,插入刚刚查到的 Roban 机器人的 IP 地址和 hostname。应注意,IP 地址与 hostname 中间要用 Tab 键隔开,而不能使用空格。

```
192.168.2.18 lemon-NUC8i3BEH
```

在 Roban 机器人执行同样的命令,输入以下内容:

```
192.168.2.3 ak-pc
```

保存修改后,退出 hosts 文件,使用如下命令重启网络:

```
$ sudo /etc/init.d/networking restart
```

注:以上实际输入内容请以实际记录的为准。

3.7.3　配置主从关系

以下设置中,将 Roban 机器人设置为主机,计算机端设置为从机。

在双方的 ~/.bashrc 中加入以下信息:

```
export ROS_IP='hostname -I | awk '{print $1}"
export ROS_HOSTNAME='hostname -I | awk '{print $1}"
export ROS_MASTER_URI=http://lemon-NUC8i3BEH:11311
```

对于 Roban 机器人而言，我们已经预设了如下设置：

```
export ROS_IP='hostname -I | awk '{print $1}"
export ROS_HOSTNAME='hostname -I | awk '{print $1}"
export ROS_MASTER_URI=http://localhost:11311
```

修改完成后，让其配置生效，使用如下命令：

```
source ~/.bashrc
```

此时，主从关系就已经全部配置完成了。Roban 机器人在启动的时候会自动打开 ROS 节点，所以此时只要在计算机端使用 rosnode list 即可看到所有在 Roban 机器人上的 ROS 节点，说明已经配置成功。

3.8 ROS CvBridge 实践

ROS 以其自己的 sensor_msgs/Image 消息格式传递图像，但是我们需要使用 OpenCV 来处理图片数据，此时就需要利用 CvBridge 提供的 ROS 和 OpenCV 的转换接口。

3.8.1 将 ROS 图像消息转换为 OpenCV 的图像

```
from cv_bridge import CvBridge
bridge = CvBridge()
cv_image = bridge.imgmsg_to_cv2(image_message, desired_encoding='bgr8')
```

3.8.2 将 OpenCV 图像转换为 ROS 图像消息

```
from cv_bridge import CvBridge
bridge = CvBridge()
image_message = bridge.cv2_to_imgmsg(cv_image, encoding="bgr8")
```

3.8.3　在计算机上显示 **Roban** 机器人摄像头数据

运行以下代码已经默认计算机中做好了主从机配置，且安装好了完整版的 ROS 环境。

```python
#!/usr/bin/Python
import rospy
from cv_bridge import CvBridge
import cv2
from sensor_msgs.msg import Image

def callback(image):
    cv_image = bridge.imgmsg_to_cv2(image, "bgr8")
    cv2.imshow("image", cv_image)
    cv2.waitKey(1)

if __name__ == "__main__":
    rospy.init_node('pc_image_view')
    camera_topic = "/camera/color/image_raw"
    bridge = CvBridge()
    rospy.Subscriber(camera_topic, Image, callback)
    rospy.spin()
```

以上代码位于：

```
~/robot_ros_application/catkin_ws/src/ros_host_node/scripts/pc_images_view.py
```

将 ros_host_node 这个 package 复制到主机的工作空间中，并使用 catkin_make 编译程序后，执行如下命令即可运行：

```
$ rosrun ros_host_node pc_images_view.py
```

## 第 4 章

同步定位与地图构建

本章主要讲述和 SLAM 相关的内容。SLAM 是一个可移动机器人能够绘制环境的地图并且同时使用该地图进行自我定位的过程。近十年来，随着 SLAM 方法的许多令人信服的应用，在处理 SLAM 问题方面取得了迅速且令人兴奋的进步。本章开头部分为 SLAM 简介，然后主要讲述 SLAM 的基本解决方法和重要的实现，后面的部分比较详细地介绍 Roban 机器人中 SLAM 的实现过程，将按照接收图像、发布点云数据、生成八叉树图、生成二维地图、计算路径以及最终实现行走的顺序逐一介绍。

4.1 SLAM 简介

同步定位与地图构建（Simultaneous Localization and Mapping，SLAM）问题可以描述为：机器人在未知环境中从一个未知位置开始移动，在移动过程中根据位置估计和地图进行自身定位，同时在自身定位的基础上建造增量式地图，实现机器人的自主定位和导航。一个 SLAM 问题的解决方案已经成为可移动机器人的"金钥匙"，可让机器人真正实现自主行走。

为了四处走动，机器人需要像人一样从地图上获得信息。但就像人类一样，机器人也不能总是依靠 GPS，尤其是在室内运行时。并且要想安全地移动需要 10cm 左右的安全距离，GPS 也没有足够的精度来支持在户外的运行。相反，如果机器人可以依靠同步的本地化地图和 SLAM 来探测与绘制周围环境，导航和定位便将精确得多。借助 SLAM，机器人可以随时随地构建自己的地图。通过将它们收集的传感器数据与它们已经收集的任何传感器数据对齐，以建立导航地图，让它们知道自己的位置。这听起来很容易，但这实际上是一个多阶段的过程，包含着基于强大并行处理能力的 GPU 的复杂算法的处理器数据对齐。

SLAM 最早由 Smith、Self 和 Cheeseman 于 1988 年提出，至今已有三十多年的发展历史。Hugh F. Durrant-Whyte 研究小组在 20 世纪 90 年代初期进行了该领域的其他开拓性工作。这表明 SLAM 的解决方案存在于无限数据限制中。该发现激励了对在计算上易处理并取近似解的算法的搜索。由 Sebastian Thrun 领导的自动驾驶 STANLEY 和 JUNIOR 汽车赢得了 DARPA 大挑
战赛，并在 2000 年的 DARPA 城市挑战赛中获得第二名，其中就使用了 SLAM 系统。这使得
SLAM 引起了全世界的关注。现在 SLAM 实现已经趋于大众化，即便在消费型机器人吸尘器中
都能找到 SLAM 的影子。

就本章而言，我们将重点介绍其在 Roban 中用于机器人构图和导航技术的应用。

4.2　图像的接收和发布

在 Roban 机器人中，搭载了 Intel 公司在 2018 年 1 月推出的 RealsenseD435 深度相机。为
此我们安装了 Intel Realsense SDK2.0 作为 D435 相机的驱动。包 img_publisher 实现了图像接
收和发布的主要功能。先通过 D435 接收相机数据，然后将深度图和 RGB 图像对齐，之后使用
cv::bridge 将图像转换为 ROS 消息，同时生成当前相机坐标系下的点云数据。最终建立节点并发
送消息到话题中。

4.2.1　初始化和配置

在主要功能实现之前，我们进行了函数、变量的初始化、相机的配置，以及和 ROS 相关的
配置。

1. 函数、参数的声明及初始化

在进入 main() 函数之前，声明函数、初始化变量；定义常量；定义点云类型。

```
// 相机图像接收频率
#define FPS 30


typedef pcl::PointXYZRGB PointT;
typedef pcl::PointCloud<PointT> PointCloud;


// 获取深度像素对应长度单位转换
float get_depth_scale(rs2::device dev);


// 检查摄像头数据管道设置是否改变
bool profile_changed(const std::vector<rs2::stream_profile>& current, const std::
    vector<rs2::stream_profile>& prev);


float m_invalid_depth_value_ = 0.0;
float m_max_z_ = 8.0;
```

2. 相机管道配置以及深度图像向 RGB 图像的对齐

在 Realsense SDK2.0 中，通过管道获取相机的 RGB 帧和深度帧。所以初始化时，我们配置了两个数据流——16 位单通道的深度数据流和 8 位三通道的 RGB 数据流，以 30Hz 的接收频率接收数据。

```
// 创建一个管道以及管道的参数变量
rs2::pipeline pipe;
rs2::config p_config;

// 配置管道以及启动相机
p_config.enable_stream(RS2_STREAM_DEPTH, 640, 480, RS2_FORMAT_Z16, FPS);
p_config.enable_stream(RS2_STREAM_COLOR, 640, 480, RS2_FORMAT_RGB8, FPS);
rs2::pipeline_profile profile = pipe.start(p_config);
```

因为每个深度相机的深度像素单位可能不同，因此我们在这里获取它：

```
// 使用数据管道的profile获取深度图像像素对应于长度单位（米）的转换比例
float depth_scale = get_depth_scale(profile.get_device());
```

在此，需要声明一个能够实现深度图向其他图像对齐的 rs2::align 类型的变量 align，在后续的代码中，将通过此变量实现深度帧的对齐。

```
// "align_to"是用深度图像对齐的图像流
// 选择RGB图像数据流作为对齐对象
rs2_stream align_to = RS2_STREAM_COLOR;
//rs2::align 允许实现深度图像对齐的其他图像
rs2::align align(align_to);
```

3. 相机内参、外参的获取

在 Realsense SDK2.0 中，有直接获取相机内参、外参的接口：

```
// 声明数据流
auto depth_stream = profile.get_stream(RS2_STREAM_DEPTH).as<rs2::video_stream_profile
    >();
auto color_stream = profile.get_stream(RS2_STREAM_COLOR).as<rs2::video_stream_profile
    >();

// 获取深度相机内参
rs2_intrinsics m_depth_intrinsics_ = depth_stream.get_intrinsics();
```

```
// 获取RGB相机内参
rs2_intrinsics m_color_intrinsics_ = color_stream.get_intrinsics();
// 获取深度相机相对于RGB相机的外参，即变换矩阵
rs2_extrinsics m_depth_2_color_extrinsics_ = depth_stream.get_extrinsics_to
(color_stream);
// 获取RGB帧的长宽
auto color_width_ = m_color_intrinsics_.width;
auto color_height_ = m_color_intrinsics_.height;
```

4. ROS 相关的配置

```
ros::init(argc, argv, "image_publisher");

// ROS节点声明
ros::NodeHandle nh;
image_transport::ImageTransport it(nh);
image_transport::Publisher rgbPub = it.advertise("camera/rgb/image_raw", 1);
image_transport::Publisher depthPub=it.advertise("camera/depth_registered/image_raw",
    1);
ros::Publisher pointcloud_publisher_ = nh.advertise<sensor_msgs::PointCloud2>
("cloud_in", 1);

// 图像消息声明
sensor_msgs::ImagePtr rgbMsg, depthMsg;
std_msgs::Header imgHeader = std_msgs::Header();
// 点云消息声明
PointCloud::Ptr pointcloud_ = boost::make_shared< PointCloud >( );
sensor_msgs::PointCloud2 msg_pointcloud;
```

4.2.2　主要功能实现

由于需要实时持续获取相机数据，我们将主要功能代码写在 while 循环中，只有当节点关闭时跳出循环。

1. 帧的获取以及深度帧的对齐

当有图像帧被接收时，wait_for_frames() 函数返回图像帧到 frameset 变量中，之后我们分别获取 RGB 图像帧和深度图像帧。在判断过摄像头数据管道设置没有改变之后，利用 align 将

深度图像对齐到 RGB 图像上面并且得到对齐之后的 processed 变量。

```
rs2::frameset frameset = pipe.wait_for_frames();
注意，如果此时加上apply\_filter(rs2::colorizer c)色彩滤波器，在RVIZ中可以直接看到彩色的
    深度图像，
但是如果将此图像作为ROS消息传送到RGB-D后，无法得到理想的点云图。
const rs2::frame &color_frame = frameset.get_color_frame();
const rs2::frame &depth_frame = frameset.get_depth_frame();

auto color_format_ = color_frame.as<rs2::video_frame>().get_profile().format();
auto swap_rgb_ = color_format_ == RS2_FORMAT_BGR8 || color_format_ ==
    RS2_FORMAT_BGRA8;
auto nb_color_pixel_ = (color_format_ == RS2_FORMAT_RGB8 || color_format_ ==
    RS2_FORMAT_BGR8) ? 3 : 4;

因为rs2::align 正在对齐深度图像到其他图像流，要确保对齐的图像流不发生改变
if (profile_changed(pipe.get_active_profile().get_streams(), profile.get_streams()))
{
    std::cout<<"changed?"<<std::endl;
    //如果profile发生改变，则更新align对象，重新获取深度图像像素到长度单位的转换比例
    profile = pipe.get_active_profile();
    align = rs2::align(align_to);
    depth_scale = get_depth_scale(profile.get_device());
}

// 获取对齐后的帧
rs2::frameset processed = align.process(frameset);

// 尝试获取对齐后的深度图像帧和其他帧
rs2::frame aligned_color_frame = processed.get_color_frame();
rs2::frame aligned_depth_frame = processed.get_depth_frame(); // apply_filter(c)

// 获取图像的宽和高
const int depth_w = aligned_depth_frame.as<rs2::video_frame>().get_width();
const int depth_h = aligned_depth_frame.as<rs2::video_frame>().get_height();
```

```
const int color_w = aligned_color_frame.as<rs2::video_frame>().get_width();
const int color_h = aligned_color_frame.as<rs2::video_frame>().get_height();
```

2. RGB、深度图像消息发布

发布时，RGB 图像为 8 位 3 通道（CV_8UC3），名为 rgb8；深度图像为 16 位单通道（CV_16UC1），名为 16UC1。

```
// 获取时间戳
imgHeader.stamp = ros::Time::now();

// RGB图像
cv::Mat aligned_color_image(cv::Size(color_w,color_h), CV_8UC3, (void*)
    aligned_color_frame.get_data(), cv::Mat::AUTO_STEP);
rgbMsg = cv_bridge::CvImage(imgHeader, "rgb8", aligned_color_image).toImageMsg();
rgbPub.publish(rgbMsg);

// 深度图像
cv::Mat aligned_depth_image(cv::Size(depth_w,depth_h), CV_16UC1, (void*)
    aligned_depth_frame.get_data(), cv::Mat::AUTO_STEP);
depthMsg = cv_bridge::CvImage(imgHeader, "16UC1", aligned_depth_image).toImageMsg();
depthPub.publish(depthMsg);
```

图 4.1 是 RGB 图和深度图示例。

3. 点云图像发布

点云图像是基于函数 rs2_deproject_pixel_to_point() 生成的。其中运用了针孔相机成像的转换矩阵。在位置坐标赋值之后，又将相对应的颜色坐标赋值到对应的点上，从而能够得到彩色的点云图。

```
...
// Get the depth value of the current pixel
auto pixels_distance = depth_scale *p_depth_frame[depth_pixel_index];
float depth_point[3];
const float pixel[] = {(float)j, (float)i};
rs2_deproject_pixel_to_point(depth_point, &m_depth_intrinsics_, pixel,
    pixels_distance);
```

```
...
float color_point[3];
rs2_transform_point_to_point(color_point, &m_depth_2_color_extrinsics_, depth_point);
float color_pixel[2];
rs2_project_point_to_pixel(color_pixel, &m_color_intrinsics_, color_point);
...
```

图 4.1　RGB 图和深度图示例

图 4.2 是点云图示例。

图 4.2　点云图示例

至此，我们可以通过 img_package 包来发布 RGB 图、深度图以及点云图的消息了。此时的 rqt_graph 界面如图 4.3 所示。

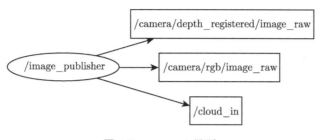

图 4.3　rqt_graph 界面

4.3　定位和图像追踪——ORB-SLAM2

这里我们采用 ORB-SLAM2 包来实现此功能。ORB-SLAM2 是一个服务于单目、双目和 RGB-D 相机的完整的 SLAM 系统，包括地图重用、闭环和重定位的功能。该系统可在各种环境中的标准 CPU 上实时工作，从小型手持室内序列到在工业环境中飞行的无人机以及在城市周围行驶的汽车。对于一个未知区域，该系统能从视觉上进行简单的定位以及测量追踪。

4.3.1　数据接收和程序初始化

ORB-SLAM2 系统对于 RGB-D 相机的处理，采用了光束法平差方法（BA），从而实现了精确度的最大化以及深度误差的最小化，其中可执行程序代码主体位于 ros_rgbd.cc 文件中。在数据处理之前，需要调整 Realsense D435 相机在文件 rgbd.yaml 中的参数。以下是具体的参数以及获取方法（可以通过相机标定获取.yaml 文件中的对应参数）：

```
# 可以通过img_publisher获取相机内参、外参，以及图像的像素长宽
# Camera calibration and distortion parameters (OpenCV)
Camera.fx: 606.437
Camera.fy: 605.259
Camera.cx: 318.563
Camera.cy: 269.261
Camera.width: 640
Camera.height: 480


# Camera frames per second
Camera.fps: 30.0


# IR projector baseline times fx (aprox.)
```

```
Camera.bf: 40.0
# Color order of the images (0: BGR, 1: RGB. It is ignored if images are grayscale)
Camera.RGB: 1


# 通常是50, 不需要改
# Close/Far threshold. Baseline times
ThDepth: 50


# 因为在传输时相机的比例为0.001,所以此处的深度系数要选择1000
# Deptmap values factor
DepthMapFactor: 1000


# 以下不需要改动
...
```

首先创建 SLAM 系统实例并初始化所有系统进程：

```
// 创建SLAM系统实例并初始化所有的系统进程，做好处理帧的准备
ORB_SLAM2::System SLAM(argv[1],argv[2],ORB_SLAM2::System::RGBD,bUseViewer,bReuseMap);
```

ORB-SLAM2 的进程主要包括：

（1）TRACKING：通过找到各帧之间的特征来定位相机位置并实行跟踪。

（2）LOCAL MAPPING：管理本地地图并进行优化（调用本地 BA）。

（3）LOOP CLOSING：通过执行姿势图优化来检测大回路并校正累积的漂移。

在 ORB_SLAM2::System 的构造函数中，有这 3 个进程的调用：

```
//Initialize the Tracking thread
//(it will live in the main thread of execution,the one that called this constructor)
mpTracker = new Tracking(this, mpVocabulary, mpFrameDrawer, mpMapDrawer, mpMap,
    mpPointCloudMapping, mpKeyFrameDatabase, strSettingsFile, mSensor, bReuse);

//Initialize the Local Mapping thread and launch
mpLocalMapper = new LocalMapping(mpMap, mSensor==MONOCULAR);
mptLocalMapping = new thread(&ORB_SLAM2::LocalMapping::Run,mpLocalMapper);
```

```
//Initialize the Loop Closing thread and launch
mpLoopCloser = new LoopClosing(mpMap, mpKeyFrameDatabase, mpVocabulary, mSensor!=
    MONOCULAR);
mptLoopClosing = new thread(&ORB_SLAM2::LoopClosing::Run, mpLoopCloser);
```

4.3.2　点云地图创建/重用

在开始之前，需要选择创建新地图还是重新调用地图。

1. 点云地图创建

当我们到一个新的环境中时，需要获取周围环境的地图并存储为 pcd 文件，此时在执行语句的最后选择 false：

```
rosrun SLAM RGBD utils/ORBvoc.bin utils/rgbd.yaml true false
```

此时在 System 类中，将创建新的地图变量：

```
mpMap = new Map();
```

当 RGB-D 程序结束时，我们期望把所挑选出的关键帧打印成一个连续的点云地图。在打印生成的点云图像时，我们应在文件 PointCloudMapping.cc 的 generatePointCloud() 函数里面做好相应参数的调整：

```
if (d < 0.05 || d > 20)
continue;
```

还要在 PointCloudMapping 类的构造函数中适当调整树叶的大小：

```
this->resolution = 0.01;
```

若出现在相机完成闭环时段的错误，是因为在 CorrectLoop() 中使用了一个叫 KeyFrame And-Pose 的数据类型，这个数据结构中会创建 Eigen 对象，根据 Eigen 文档，调用 Eigen 对象的数据结构需要使用 Eigen 的字节对齐，所以在 LoopClosing.h 中加入此宏定义语句：

```
class LoopClosing
    {
    public:

    EIGEN_MAKE_ALIGNED_OPERATOR_NEW // 加入此语句
```

```
        typedef pair<set<KeyFrame*>,int> ConsistentGroup;
        ...
};
```

至此，我们获得了清晰可见的点云图 pointcloud.pcd。图 4.4 为办公室走廊及办公桌附近的点云图演示。

图 4.4 走廊及办公桌点云图

2. 点云地图重用（reuse）

当我们已经有了当前环境的地图，在需要调用此地图时，我们在执行语句的最后选择 true：

```
rosrun SLAM RGBD utils/ORBvoc.bin utils/rgbd.yaml true true
```

此时，在系统的构造函数中进行原有地图的加载工作：

```
LoadMap("Slam_Map.bin");

// mpKeyFrameDatabase->set_vocab(mpVocabulary);

ector<ORB_SLAM2::KeyFrame*> vpKFs = mpMap->GetAllKeyFrames();
for (vector<ORB_SLAM2::KeyFrame*>::iterator it = vpKFs.begin(); it != vpKFs.end(); ++
    it) {
    (*it)->SetKeyFrameDatabase(mpKeyFrameDatabase);
    (*it)->SetORBvocabulary(mpVocabulary);
    (*it)->SetMap(mpMap);
    (*it)->ComputeBoW();
    mpKeyFrameDatabase->add(*it);
    (*it)->SetMapPoints(mpMap->GetAllMapPoints());
    (*it)->SetSpanningTree(vpKFs);
    (*it)->SetGridParams(vpKFs);
```

```
    // Reconstruct map points Observation
}

vector<ORB_SLAM2::MapPoint*> vpMPs = mpMap->GetAllMapPoints();
for (vector<ORB_SLAM2::MapPoint*>::iterator mit = vpMPs.begin(); mit != vpMPs.end();
    ++mit) {
    (*mit)->SetMap(mpMap);
    (*mit)->SetObservations(vpKFs);
}

for (vector<ORB_SLAM2::KeyFrame*>::iterator it = vpKFs.begin(); it != vpKFs.end(); ++
    it) {
    (*it)->UpdateConnections();
}
```

我们获取并将带有时间戳的实时位置以 geometry_msgs::PoseWithCovarianceStamped 的消息
发布出去。

至此，如图 4.5 所示，我们将 image_publisher 节点发布的 RGB 图以及深度图进行处理，得
到了 PCD 地图文件以及实时发布的当前位置坐标。

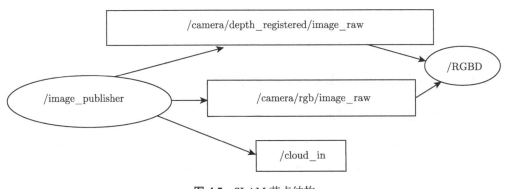

图 4.5　SLAM 节点结构

如图 4.6 所示，在 RGB 图片中，紫色的点代表原来地图上已经有的关键点；绿色的点代表
重新识别出来的关键点。

如图 4.7 所示，在点云图中，绿色的方框代表当前位置；红色的点云代表当前 RGB 图像在
点云图上的位置；黑色的点代表已经识别的点云。

图 4.6　处理后的 RGB 图

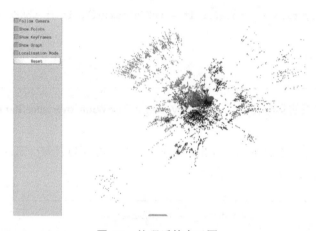

图 4.7　处理后的点云图

4.4　八叉树图层的截取以及平面地图的生成

4.4.1　八叉树图层的截取

为了方便系统存储和处理，使用八叉树的方法进行数学建模，大大减小了系统的存储空间以及缩短了处理时长。我们使用 octomap_sever 包去生成八叉树图。octomap_sever 能加载 3D 地图，并以紧凑的二进制格式将其分发到其他节点。它还允许增量构建 3D OctoMaps，并在节点 octomap_sever 中提供地图保存。

当八叉树图生成之后，需要对生成的八叉树进行截取处理，去掉地面且去掉高于 Roban 机器人身高的部分。首先借助 octomap_sever 中的静态八叉树追踪的 roslaunch，如图 4.8 所示，我们可以直接将点云的二进制文件转换成八叉树。在转换的过程中需要自行配置参数，以截取合适的图层。例如，通过考虑机器人的身高以及去除地面的影响，我们所选的 roslaunch 参数如下：

```
<param name="occupancy_max_z" value="0.11"/>
<param name="occupancy_min_z" value="-0.41"/>
```

图 4.8　截取前的八叉树图

之后，如图 4.9 所示，我们能够得到截取之后的八叉树图。

图 4.9　截取后的八叉树图

4.4.2　平面地图的生成

与此同时，我们可以在 map 主题中订阅生成的平面地图，如图 4.10 所示。

图 4.10　生成的平面图

图 4.10 中的黑色部分代表不可进入的区域；白色部分代表镜头朝向（由于加载的是静态地图，此区域不会随着当前镜头的移动而改变，是由创建地图时最后的镜头位置所决定的）；深绿色部分代表可以进入的区域。至此，如图 4.11 所示，得到了可以进行路径分析的平面地图，同时主题/map 由 octomap_talker 节点发布。

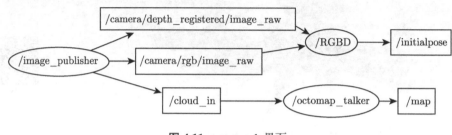

图 4.11 rqt_graph 界面

4.5 路径规划

路径规划是通过 humanoid_planner_2d 包来实现的。此 package 能订阅当前位置信息/initialpose、二维的平面图/map 以及给定的目标点/mov_base_simple/goal，然后根据这些信息将到达目标点最短的路径画出来。实现结果如图 4.12 所示。

图 4.12 路径规划

但是，在实际运行时发现，当机器人行走经过障碍物时，如果按照当前路径——只追求路径最短而太靠近障碍物，会导致机器人不能较好地躲避障碍物。所以我们希望机器人经过路径最短的前提下，尽量远离障碍物。因此，我们需要把可以经过的部分按照距离障碍物的远近计算权重，距离障碍物越近，权重就越大。以下是代码的核心部分：

```
...
const int SHADOW_RADIUS = 8;
...
```

```
//将本地地图初始化
for(unsigned int j = 0; j < mapHeight; ++j)
    for(unsigned int i = 0; i < mapWidth; ++i)
        GridLocal[i][j]=0;
//将地图划分权重
for(unsigned int j = 0; j < mapHeight; ++j){
    for(unsigned int i = 0; i < mapWidth; ++i){
        if (map_->isOccupiedAtCell(i,j)) {
            GridLocal[i][j]=OBSTACLE_COST;
            for(int k = 0; k < SHADOW_RADIUS; k++) {
                if((i-k >= 0) && (i-k < mapWidth) && (map_->isOccupiedAtCell(i-k,j))==
                    false) {
                    GridLocal[i-k][j] += (SHADOW_RADIUS-k);
                    if(GridLocal[i-k][j]>=SHADOW_RADIUS)
                            GridLocal[i-k][j]=SHADOW_RADIUS;
                }

                if((i+k >= 0) && (i+k < mapWidth) && (map_->isOccupiedAtCell(i+k,j))==
                    false) {
                    GridLocal[i+k][j]+=SHADOW_RADIUS-k;
                    if(GridLocal[i+k][j]>=SHADOW_RADIUS)
                        GridLocal[i+k][j]=SHADOW_RADIUS;
                }

                if((j-k >= 0) && (j-k < mapHeight) && (map_->isOccupiedAtCell(i,j-k))
                    ==false) {
                    GridLocal[i][j-k]+=SHADOW_RADIUS-k;
                    if(GridLocal[i][j-k]>=SHADOW_RADIUS)
                        GridLocal[i][j-k]=SHADOW_RADIUS;
                }

                if((j+k >= 0) && (j+k < mapHeight) && (map_->isOccupiedAtCell(i,j+k))
                    ==false) {
                    GridLocal[i][j+k]+=SHADOW_RADIUS-k;
                    if(GridLocal[i][j+k]>=SHADOW_RADIUS)
```

```
                    GridLocal[i][j+k]=SHADOW_RADIUS;
                }
            }
        }
    }
}
```

首先设定一个常量 SHADOW_RADIUS，代表地图障碍物所能影响到的范围。我们从地图的 $(0,0)$ 位置开始，以此对地图像素点进行分析。若此点已被占用，则给它赋值为 OBSTACLE_COST（障碍物）。如果此点未被占用，紧接着我们便从此点出发，以 SHADOW_RADIUS 的距离范围向上、下、左、右 4 个方向进行迭代，次数为设定的影子半径：若在影子范围内仍然是障碍物，则不做处理；反之，则根据距离起始点的距离设定权重——距离越近，权重越大。结果显而易见，当通过两个障碍物的过道时，必然会从中间穿过以保证机器人所经过的路径为权重最小的。图 4.13 和图 4.14 为两个实际路径规划效果图。

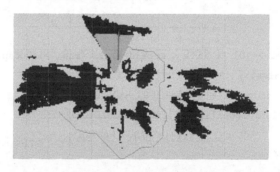

图 4.13 优化之后的路径 1

图 4.14 优化之后的路径 2

实现结果如图 4.15 所示。

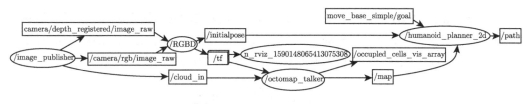

图 4.15 rqt_graph 界面

4.6　行走实现

之后，我们将获得的路径传入 path_controler 包来实现机器人的行走。此包的主要功能是进一步分析接收到的路径信息，以及向机器人发布行走的信息。

4.6.1　路径分析

首先，在接收到 nav_msgs::Path 类型的路径信息之后，我们提取出其中的数据信息，可以获得一串含有多个点的位置信息。其中每个点包含 3 个位置信息 x、y、z。其中我们只取 x 和 y 分量作为此路径点在地图上的位置：

```
req_path_controler_sub = nh.subscribe<std_msgs::Bool>("requestGaitCommand", 1,
    &path_controlerCallback);
```

同时，我们通过 startCallback 回调函数来接收来自/initialpose 话题的当前位置信息：

```
// globoal
geometry_msgs::Pose start_pose_;
...

// main
start_sub_ = nh.subscribe<geometry_msgs::PoseWithCovarianceStamped>("initialpose", 1,
    &startCallback);
...

// function startCallback
void startCallback(const geometry_msgs::PoseWithCovarianceStampedConstPtr
    &start_pose)
{
// set start:
start_pose_ = start_pose->pose.pose;
}
```

geometry_msgs::Pose 类型的全局变量 start_pose_ 代表实时的位置信息。除了可以直接接收当前的位置信息以外，变量 start_pose_ 还包含着机器人的以四元数方法表示的形态信息：x、y、z、w。根据四元数与欧拉角的转换矩阵可得，偏航角 γ 与四元数的关系式为

$$\gamma = \arctan \frac{2\left(q_0 q_3 + q_1 q_2\right)}{1 - 2\left(q_3^2 + q_2^2\right)} \tag{4.1}$$

因此，在 pathCallback 回调函数中，我们使用如下代码进行当前方向信息的提取：

```
cout << "pathcomming" << endl;
if (!walkFinish)
    return;
reachGoal = (path.poses.size() == 1) ? 1 : 0;
if (reachGoal)
    return;
cout << "pathanalysis" << endl;

double initX = path.poses[0].pose.position.x;
double initY = path.poses[0].pose.position.y;

double q0 = start_pose_.orientation.w;
double q1 = start_pose_.orientation.x;
double q2 = start_pose_.orientation.y;
double q3 = start_pose_.orientation.z;
double rotaDegree = 57.29 * atan2(2*(q0*q3+q1*q2), 1-2*(q3*q3 + q2*q2));
```

其中，变量 walkFinish 表示当前行走是否结束；变量 reachGoal 则表示是否到达路径的终点。在有了当前的位置坐标和朝向，再加上规划好的路径信息，我们便可以分析路径，获得真正符合机器人行走的线路。代码如下：

```
double tmpX1, tmpY1;
float distance, goalRota, goalRotaDegree, deltaDegree;
int stepCounter = 0;

for (int i = 0; i < 5; i++)
    stepDistance[i] = stepDegree[i] = 0;

cout << "Solution size:" << path.poses.size() << endl;
```

```cpp
for (int i = 1; i < path.poses.size() - 1; i++)
{
    tmpX1 = path.poses[i].pose.position.x;
    tmpY1 = path.poses[i].pose.position.y;

    distance = sqrt((tmpX1 - initX) * (tmpX1 - initX) + (tmpY1 - initY) * (tmpY1 -
        initY));
    goalRota = atan2(tmpY1 - initY, tmpX1 - initX);
    goalRotaDegree = (float)(goalRota * 57.29);
    deltaDegree = goalRotaDegree - rotaDegree;

    if (deltaDegree < -180)
    {
        deltaDegree += 360;
    }
        else if (deltaDegree > 180)
    {
        deltaDegree -= 360;
    }

    if (stepCounter < 5 && (distance > 0.11))
    {
        cout << "addstep -> ";
        cout << "distance: " << distance << ", "
            << "deltaDegree: " << deltaDegree << endl;
        stepDistance[stepCounter] = distance;
        stepDegree[stepCounter] = deltaDegree;
        if (++stepCounter == 5)
            break;
        initX = tmpX1;
        initY = tmpY1;
        rotaDegree = goalRotaDegree;
    }
}
walkFinish = 0;
```

我们希望将地图上的路径信息转换成可以直接作用于机器人的例如右转 40°，直行一步的信息，首先我们通过初始机器人方向以及当前为止指向第一个目标点的方向可以计算出在原地的转角，这便得到了第一个转动的角度。因为我们认为在后面的行走中，每走完一步以后的朝向是沿着上一个在路径信息的分析过程中，我们希望地图上的路径信息可以转换成简单明了的能够使机器人前进或者转弯的信息。基于这个目的，我们的路径分析过程旨在输出两个数组，一个数组是每一步所走的长度；另一个数组是每一步所旋转的角度。其中，在求初始转动的角度与其他的转角不同，需要通过当前的朝向来求。我们计算当前位置的方向与当前位置指向下一个目标点的差，作为第一次旋转的角度、另外，我们添加了每一步的步长不应该小于 0.11 的限定。首先是因为路径中的目标点过于密集，不适合将目标点直接作为行走的点；其次是因为如果步长太小，将不能忽略路径中存在的锯齿形误差，从而影响机器人正常的前进。所以，我们将满 5 次且每一次步长大于 0.11 的行走的点发送出去，作为一次行走，同时将 walkFinish 参数设置为 0 以代表开始这一次行走。

4.6.2　行走控制

行走控制直接和 Roban 机器人的步态控制挂钩，它接收来自 BodyHubeNode 节点的请求信息后，发送相应的行走信息以实现机器人行走。代码如下：

```
// main
req_path_controler_sub = nh.subscribe<std_msgs::Bool>("requestGaitCommand", 1,
& path_controlerCallback);
...

// path_controlerCallback gaitCommand
void path_controlerCallback(const std_msgs::Bool::ConstPtr &req)
{
    if (reachGoal && walkFinish)
        return;

    std_msgs::Float64MultiArray gaitComm;
    gaitComm.data.resize(3);
    if (req->data == 1)
    {
        cout << "req command" << endl;

        if (countCommand < STEP)
        {
```

```
if ((!walkFinish) && (!reachGoal))
{
    if (holdOn == 0 && FLAG == false)
    {
        if (fabs(stepDegree[countCommand]) > 20)
            holdOn = fabs(stepDegree[countCommand]) / 8;
        FLAG = true;
    }

    if (holdOn > 0)
    {
        cout << "seulement tourner " << stepDegree[countCommand] << endl;

        for (int j = 0; j < 3; j++)
        {

            if (stepDegree[countCommand] > 0)
                gaitComm.data[j] = Z_command[j];
            else
                gaitComm.data[j] = C_command[j];
        }
        path_controler_pub.publish(gaitComm);
        holdOn--;
        if (holdOn == 0)
            countCommand = 5;
    }
    else if (holdOn == 0 && stepDistance[countCommand] >= 0.1)
    {

        for (int j = 0; j < 3; j++)
        {
            gaitComm.data[j] = W_command[j];
        }

        path_controler_pub.publish(gaitComm);
```

```
                    countCommand++;
                    FLAG = false;
                }
            }
        }
        else
        {
            cout << "sleeping" << endl;
            sleep(7);
            FLAG = false;
            countCommand = 0;
            walkFinish = 1;
        }
    }
}
```

到此为止，我们可以通过 img_package 包来发布 RGB 图、深度图以及点云图的消息了。此时的 rqt_graph 界面如图 4.16 所示。

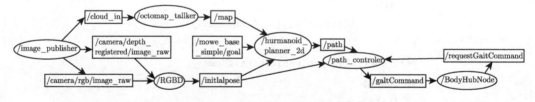

图 4.16 SLAM 算法总体结构图

V-REP 使用概述

V-REP(Virtual Robot Experimentation Platform，又称 V-REP、CoppeliaSim) 是一款由瑞士 Coppelia Robotics 公司开发的支持多平台的机器人仿真器，支持 Windows、Mac OS 和 Linux 系统。它主要定位于机器人仿真建模领域，可以利用内嵌脚本、插件、ROS 节点、远程 API（Application Programming Interface，应用程序接口）客户端或者自定义的解决方案等实现分布式的控制结构，是非常理想的机器人仿真建模工具。V-REP 提供了多种机器人模型，大大便捷了机器人仿真，特别是针对常见的工业机器人和移动机器人，V-REP 提供了许多可直接使用的仿真模型，通过专用的 API，各种不同功能可以非常容易集成并组合在一起。控制器可以采用 C/C++、Python、Java、Lua、MATLAB、Octave 或 Urbi 等语言实现。另外，V-REP 可以通过通信接口与 ROS 一起运行。该接口让我们可以通过话题和服务来控制仿真场景和机器人，完成自动化系统模拟、远程监控、硬件控制、安全性检查和控制算法开发等。

图5.1是官方提供的一些机器人模型。

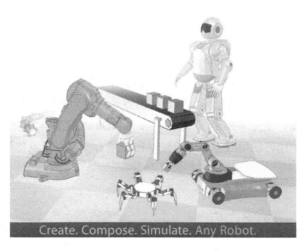

图 5.1 官方提供的机器人模型

5.1　V-REP 使用简介

V-REP(CoppeliaSim) 是机器人仿真器里的"瑞士军刀"：你不会发现一个比它拥有更多功能、特色或是更详尽应用编程接口的机器人仿真器。它具有如下功能：

（1）跨平台（Windows、Mac OS、Linux）。

（2）6 种编程方法（嵌入式脚本、插件、附加组件、ROS 节点、远程客户端应用编程接口、BlueZero 节点）。

（3）6 种编程语言（C/C++、Python、Java、Lua、MATLAB 和 Octave）。

（4）超过 400 种不同的应用编程接口函数。

（5）4 个物理引擎（ODE、Bullet、Vortex、Newton）。

（6）Integrated ray-tracer(POV-Ray)。

（7）完整的运动学解算器（对于任何机构的逆运动学和正运动学）。

（8）Mesh、OCtree、point cloud-网孔干扰检测。

（9）Mesh、OCtree、point cloud-网孔最短距离计算。

（10）路径规划（在 2~6 维中的完整约束、对于车式车辆的非完整约束）。

（11）嵌入图像处理的视觉传感器（完全可拓展）。

（12）现实的接近传感器（在检测区域中的最短距离计算）。

（13）嵌入式的定制用户接口，包括编辑器。

（14）完全集成的第四类 Reflexxes 运动库 + RRS-1 interface specifications。

（15）数据记录与可视化（时距图、X/Y 图或三维曲线）。

（16）整合图形编辑模式。

（17）支持水/气体喷射的动态颗粒仿真。

（18）带有拖放功能的模型浏览器（在仿真中依旧可行）。

（19）多层取消/重做、影像记录、油漆的仿真、详尽的文档等。

其广泛应用于机器人、机器人学、仿真器、仿真、运动学、动力学、路径规划、最短距离计算、碰撞检测、视觉传感器、图像处理、接近传感器、油漆分散仿真等领域。

本节讲解如何安装、设置 V-REP，以及如何安装 ROS 通信工具，讨论一些初级代码并了解其工作原理。还将展示如何使用服务和话题与 V-REP 进行交互，以及如何导入和连接新的机器人模型。

5.1.1　前言

在开始学习 V-REP 之前，我们首先对 V-REP 的整体有一个初步的认识，其模块化和分布式框架有助于实现复杂的场景，各种传感器和执行器可以根据自己的速率和特性同时异步地运行。

1. V-REP 框架

V-REP 是围绕着多功能框架而设计的，具有各种相对独立的功能，可以根据用户的需要来启用或禁用。

我们想象一个仿真场景，一个工业机器人要拿起盒子并将它移动到另一个地方。在这种情况下，V-REP 对抓取并握住盒子这一行为进行动力学计算，而对其他可忽略力学效应的部分进行运动学仿真。这种方法可以快速、精确地计算机器人的运动。

2. 场景对象

V-REP 中的实体包括场景对象（scene object）和集合（collection）。场景对象是 V-REP 中用于搭建仿真场景的主要元素，主要包括形状、关节、图、光、摄像机、镜子、路径、视觉传感器和力传感器等。下面简要介绍其中的几个对象及其作用。

（1）关节：用于连接两个或多个场景对象的运动低副，其至少有一个自由度。

（2）力传感器：两个对象之间的刚性连接，用于测量传递力和力矩。

（3）路径：用于定义空间中的轨迹，可以用于路径规划、机器人末端执行的引导等。

3. 计算模块

场景对象通常不会单独出现，而是有多个对象同时出现、协同作用。V-REP 拥有强大的计算功能，并作用在这些对象上。V-REP 中包含能实现快速干涉检测的冲突检测模块、用于测量两个实体间最短路径的最短距离计算模块、运动学解算模块、几何约束求解模块、路径和运动规划模块以及动力学模块。

动力学模块可用于动态地模拟对象或模型的运动来实现它们之间的相互作用（如碰撞反应、物体的抓取等），这由 V-REP 中的 4 个物理引擎（Bullet、ODE、Vortex 和 Newton）来实现。选择合适的物理引擎有助于提高仿真的速度和精度。这些计算模块使我们能够模拟真实的物理环境，为位置求解、路径设计等提供了方便。

4. 仿真控制方法

V-REP 支持多种编程方法来控制仿真，并且这些方法相互兼容，可以同时使用。

最便捷的方法是用 Lua（一种高效、小巧、可嵌入的脚本语言）编写子脚本即仿真脚本来控制给定的机器人或模型的行为。同样，也可以通过编写插件来控制机器人或仿真。第三种方法是在远程 API 的基础上编写外部应用程序。该方法轻便快捷，可以从外部应用、机器人或是另一台计算机上通过运行控制代码来进行仿真，以确保该代码和实际控制机器人的代码的同一性。目前，V-REP 支持 C/C+ +、Python、Java、MATLAB 等几种编程语言。

ROS 节点的执行机制和远程 API 类似，不过 ROS 节点可以连接多个进程，而且有大量的可兼容的库可使用。我们也可以通过编写外部应用程序来控制仿真，通过 API 或者串口等方式与V-REP 脚本或插件实现通信。

5.1.2　安装带有 ROS 的 V-REP

在开始使用 V-REP 之前，需要在系统中安装它，并且编译相关的 ROS 包来建立 ROS 和仿真场景之间的通信桥梁。V-REP 是一种跨平台的软件，可用于不同的操作系统，如 Windows、Mac OS 和 Linux。它由 Coppelia Robotics GmbH 开发，并且随附免费教育版和商业版使用许可。可以从 Coppelia Robotics 公司的下载网址，下载最新版本的 V-REP，选择 Linux 版本的 V-REP PRO EDU 软件。

下载网址：http://www.coppeliarobotics.com/downloads。

本书使用 V-REP 的 3.6.2 版本。Coppelia 公司还提供其他版本的 V-REP，截至本书完稿，最新版为 4.0.0，大家可以自行选择。

1. 下载 V-REP

首先，需要下载 V-REP，这里提供两种方式。

第一种，可以在任何文件夹中使用以下命令下载此版本：

```
$ wget https://www.coppeliarobotics.com/files/V-REP_PRO_EDU_V3_6_2_Ubuntu16_04.tar.xz
```

第二种，可以去官网下载，选择 Linux 版本，教育版，如图5.2所示。

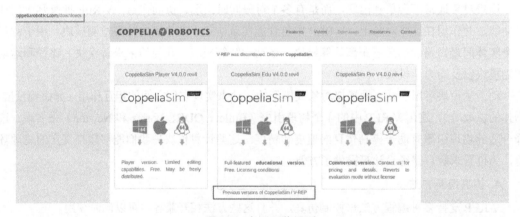

图 5.2　官网下载界面

选择 V-REP 3.6.2 的 Ubuntu 16.04 版本，并选择教育版，如图5.3所示。

2. 解压安装

下载完成后，提取存档：

```
$ tar -vxf V-REP_PRO_EDU_V3_6_2_Ubuntu16_04.tar.xz
```

为了方便访问 V-REP 资源，可以设置一个环境变量（V-REP_ROOT）指向 V-REP 的主文件夹：

```
$ echo 'export V-REP_ROOT="/HOME/V-REP_PRO_EDU_V3_6_2_Ubuntu16_04"' >> ~/.bashrc #
    it's same to V-REP3.6.2
$ source ~/.bashrc
```

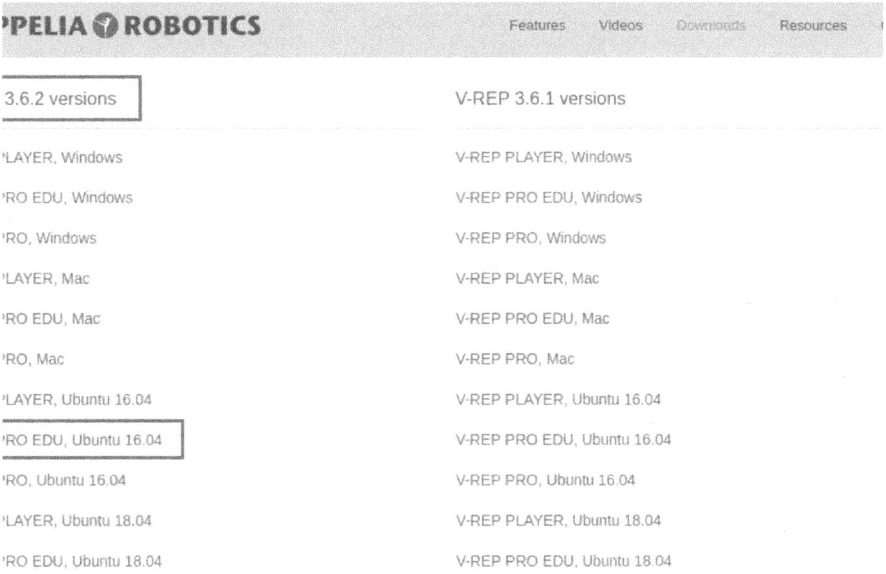

图 5.3　Ubuntu 16.04 版本下载界面

3. 启动

回到安装文件，进入文件夹，输入以下指令：

```
$ ./V-REP.sh
```

V-REP 启动，如图5.4所示，没出现问题，并且记录 log 如下。

```
Loading the V-REP library...
Done!
Launching V-REP...

V-REP PRO EDU V3.6.2. (rev. 0)
Using the default Lua library.
Loaded the video compression library.
Add-on script 'V-REPAddOnScript-addOnScriptDemo.lua' was loaded.
```

```
Add-on script 'V-REPAddOnScript-b0RemoteApiServer.lua' was loaded.
Add-on script 'V-REPAddOnScript_PyRep.lua' was loaded.
If V-REP crashes now, try to install libgl1-mesa-dev on your system:
>sudo apt install libgl1-mesa-dev
OpenGL: VMware, Inc., Renderer: SVGA3D; build: RELEASE; LLVM;, Version: 2.1 Mesa
    18.0.5
...did not crash.
Simulator launched.
Plugin 'MeshCalc': loading...
Plugin 'MeshCalc': load succeeded.
Plugin 'Assimp': loading...
Plugin 'Assimp': warning: replaced variable 'simAssimp'
Plugin 'Assimp': load succeeded.
Plugin 'BlueZero': loading...
Plugin 'BlueZero': warning: replaced variable 'simB0'
Plugin 'BlueZero': load succeeded.
Plugin 'BubbleRob': loading...
Plugin 'BubbleRob': load succeeded.
Plugin 'Bwf': loading...
Plugin 'Bwf': load succeeded.
Plugin 'CodeEditor': loading...
Plugin 'CodeEditor': load succeeded.
Plugin 'Collada': loading...
Plugin 'Collada': load succeeded.
Plugin 'ConvexDecompose': loading...
Plugin 'ConvexDecompose': load succeeded.
Plugin 'CustomUI': loading...
Plugin 'CustomUI': warning: replaced variable 'simUI'
Plugin 'CustomUI': warning: replaced function 'simUI.insertTableRow@CustomUI'
Plugin 'CustomUI': warning: replaced function 'simUI.removeTableRow@CustomUI'
Plugin 'CustomUI': warning: replaced function 'simUI.insertTableColumn@CustomUI'
Plugin 'CustomUI': warning: replaced function 'simUI.removeTableColumn@CustomUI'
Plugin 'CustomUI': warning: replaced function 'simUI.setScene3DNodeParam@CustomUI'
Plugin 'CustomUI': load succeeded.
Plugin 'DynamicsBullet-2-78': loading...
```

```
Plugin 'DynamicsBullet-2-78': load succeeded.
Plugin 'DynamicsBullet-2-83': loading...
Plugin 'DynamicsBullet-2-83': load succeeded.
Plugin 'DynamicsNewton': loading...
Plugin 'DynamicsNewton': load succeeded.
Plugin 'DynamicsOde': loading...
Plugin 'DynamicsOde': load succeeded.
Plugin 'DynamicsVortex': loading...
Plugin 'DynamicsVortex': load succeeded.
Plugin 'ExternalRenderer': loading...
Plugin 'ExternalRenderer': load succeeded.
Plugin 'ICP': loading...
Plugin 'ICP': warning: replaced variable 'simICP'
Plugin 'ICP': load succeeded.
Plugin 'Image': loading...
Error with plugin 'Image': load failed (could not load). The plugin probably couldn't
    load dependency libraries. For additional infos, modify the script
    'libLoadErrorCheck.sh', run it and inspect the output.
Plugin 'K3': loading...
Plugin 'K3': load succeeded.
Plugin 'LuaCommander': loading...
Plugin 'LuaCommander': warning: replaced variable 'simLuaCmd'
Plugin 'LuaCommander': load succeeded.
Plugin 'LuaRemoteApiClient': loading...
Plugin 'LuaRemoteApiClient': load succeeded.
Plugin 'Mtb': loading...
Plugin 'Mtb': load succeeded.
Plugin 'OMPL': loading...
Plugin 'OMPL': warning: replaced variable 'simOMPL'
Plugin 'OMPL': load succeeded.
Plugin 'OpenGL3Renderer': loading...
Plugin 'OpenGL3Renderer': load succeeded.
Plugin 'OpenMesh': loading...
Plugin 'OpenMesh': load succeeded.
Plugin 'Qhull': loading...
```

```
Plugin 'Qhull': load succeeded.
Plugin 'RRS1': loading...
Plugin 'RRS1': load succeeded.
Plugin 'ReflexxesTypeII': loading...
Plugin 'ReflexxesTypeII': load succeeded.
Plugin 'RemoteApi': loading...
Starting a remote API server on port 19997
Plugin 'RemoteApi': load succeeded.
Plugin 'RosInterface': loading...
RosInterface: ROS master is not running
Error with plugin 'RosInterface': load failed (failed initialization).
Plugin 'SDF': loading...
Plugin 'SDF': warning: replaced variable 'simSDF'
Plugin 'SDF': load succeeded.
Plugin 'SurfaceReconstruction': loading...
Plugin 'SurfaceReconstruction': warning: replaced variable 'simSurfRec'
Plugin 'SurfaceReconstruction': load succeeded.
Plugin 'Urdf': loading...
Plugin 'Urdf': load succeeded.
Plugin 'Vision': loading...
Plugin 'Vision': load succeeded.
Using the 'MeshCalc' plugin.
```

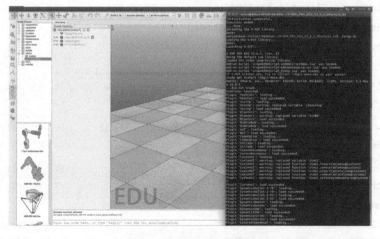

图 5.4　V-REP 启动界面

4. 与外部应用通信

V-REP 提供以下模式用于从外部应用控制仿真机器人。

Remote API：V-REP 远程 API 由若干函数组成，这些函数可以由 C/C++、Python、Lua 或者 MATLAB 开发的外部应用调用。远程 API 与 V-REP 交互使用套接字通信。为了将 ROS 和仿真场景连接起来，可以将 V-REP 远程 API 集成到 C++ 或者 Python 节点中。可以在 Coppelia Robotics 网站（`http://www.coppeliarobotics.com/helpFiles/en/remoteApiFunctions.htm`）上找到 V-REP 中所有可调用的远程 API。要使用远程 API，就必须同时准备好客户端和服务器端。

- V-REP 客户端：位于外部应用中。它可在 ROS 节点中实现，也可在由 V-REP 支持的编程语言所编写的标准程序中实现。
- V-REP 服务器端：由 V-REP 脚本实现。它允许仿真器接收外部的数据来与仿真场景进行交互。

RosPlugin：V-REP 的 ROS 插件实现了一个高级抽象，可直接将仿真物体与场景和 ROS 通信系统连接起来。使用此插件，可以自动使用订阅的消息，并发布来自场景物体的话题，从而获取信息或控制仿真机器人。

RosInterface：最新版的 V-REP 中引入了 RosInterface，在以后的版本中该接口将替换 RosPlugin。与 RosPlugin 不同，该模块复制 C++ API 函数，从而允许 ROS 与 V-REP 通信。

RosInterface 是 V-REP 官方推荐的用来跟 ROS 通信的插件。本书中，我们将讨论如何使用 RosInterface 与 V-REP 进行交互。

对于不同版本的 V-REP，启用 RosInterface 有一定区别，但是基本一致。对于低版本，可能需要使用者从源代码进行编译，生成.so 文件。对于高版本使用者需要从安装文件下 compiledRos 中的.so 文件复制到根目录下。本书选用的 3.6.2 版本，此.so 文件已放置在根目录下，无须任何操作，如图5.5所示。

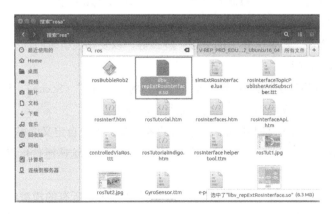

图 5.5 RosInterface 文件

至此，V-REP 的安装就告一段落了，下面让我们开始使用 V-REP 吧。

5.1.3 V-REP 的简单使用

前面，我们讲述了如何下载和安装 V-REP 计算机。本节中，我们来熟悉软件的基本使用方法。

1. 软件启动界面

软件启动界面如图 5.6 所示。

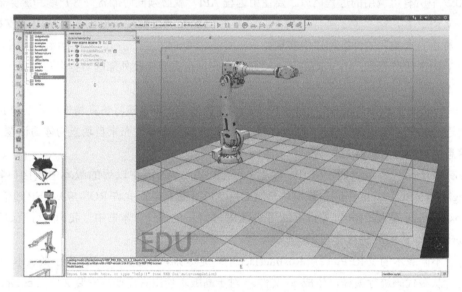

图 5.6 软件启动界面

与大多数开发软件一样，V-REP 软件的主界面分为以下几部分：

A1：顶部菜单栏和工具栏。其中，工具栏中是一些对环境和模型的基本操作过程，包括视图转换，视图放大缩小，机器人模型的平移、旋转等，以及物理引擎的选择，仿真程序的启动、暂停和加减速等基本功能。

A2：侧边栏工具栏用于展开/隐藏模型文件树和场景文件树（Scene）。Scene 是一个工程环境，新建 Scene 可新建仿真环境，在里面添加所需的模型即可。

B：模型文件树。用于管理和展示软件自带的各种模型以及自定义的模型，里面包括了各种现成的机器人模型和桌子、沙发、门等基本的模型组件，组合这些组件可以构造所需的仿真环境。

C：场景文件树（Scene）。每次执行一个仿真的任务时，所有的模型组件都被放置到这个文件目录下，在新建一个 Scene 时，软件会自带一个 Camera 和 3 个基本模型：Floor、Light 和 Camera。

- Floor 是一个放置模型的"地板"。因为 V-REP 是一个物理仿真环境，所有有质量的物体在该环境中都会受到重力的作用，如果没有 Floor，模型就会"掉下去"。大家可以试着拖动一个模型到 Floor 以外的区域，然后单击"开始"按钮试一试。
- Light 是光源。在三维场景中，如果没有光源，就无法看见物体，也没有立体的感觉，所以需要光源。更重要的，如果要在仿真环境中使用光学类传感器（如 Camera），没有光源是无法使用的。用户可以根据需要自行添加 Light，包括点状的、线性的光源等。
- Camera 是摄像机。用于在机器人仿真时，从各个角度来观察机器人的运动仿真情况，默认的 Camera 包含了从 $Oxyz$ 坐标系的各个平面进行观察的 Camera，也可以同时进行多个窗口的观察，这一点在后文会看到。

D：仿真环境的可视化。我们所有的模型在实际仿真过程中的运动都通过该区域的可视化来展示，便于直观地观察。当然，渲染复杂的三维模型需要的计算力比较多，当模型比较复杂时可以通过关闭可视化来提升仿真的速度。

E：状态栏。用于显示当前仿真环境的状态。

2. 一些基础操作

软件的工具栏可以根据自己的需求拖动放在任意位置。

在软件的场景文件树区域，右击可以选择添加 Light、Joint 等各种组件到当前的 Scene，如图 5.7 所示。

在软件的可视化区域，右击可以选择可视化的模式，例如是否显示网格线等，如图 5.8 所示。

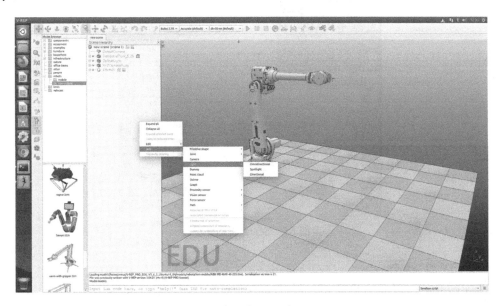

图 5.7　添加组件

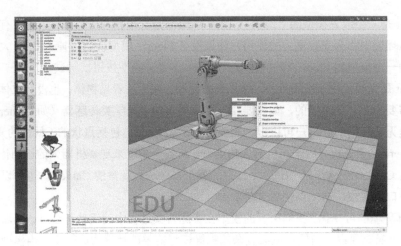

图 5.8　可视化选择

3. Scene 介绍

Scene 是一个基本的工程环境，相当于一个容器，在这个容器里面放置各种模型以进行仿真。新建、保存和关闭当前 Scene 在菜单栏可以找到，如图 5.9 所示。Scene 文件的扩展名为.ttt，名字可以自行设定，保存位置也可以自定义。所有加入仿真环境的模型和传感器等都会在 Scene 中展现，所以在实际仿真操作过程中，Scene 是一个基本操作台。

图 5.9　Scene 工程环境

4. 使用现有的模型

我们使用现有的机器人模型来熟悉软件的操作过程。在新建好 Scene 以后，从左边的模型文件树里面选择要仿真的模型，直接用鼠标左键选中并拖入右边的可视化区域即可，这里我们选择了一个移动式的多足爬行机器人（路径：robots/mobile/ant hexapod.ttm）和一个非移动式的机械臂（robots/non-mobile/ABB IRB 4600-40-255.ttm）。

我们可以通过工具栏的平移、旋转、缩放等按钮来转移可视化区域的视角，便于完整地观察机器人的模型，如图 5.10 所示。

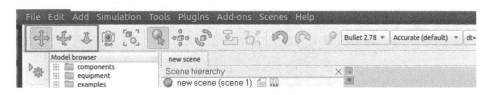

图 5.10 转移可视化区域的视角

放置好机器人模型以后，如果觉得机器人放置的位置不合适，可以通过工具栏的模型平移、旋转等操作来移动机器人模型，以确保其处于一个比较理想的位置和姿态，如图 5.11 所示。

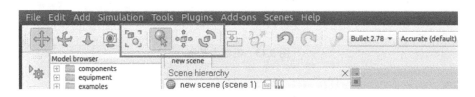

图 5.11 调整姿态

一切就绪以后，我们可以发现，在 Scene 中多出 2 个模型文件，它们分别对应我们刚刚加入的 2 个模型，如图 5.12 所示。

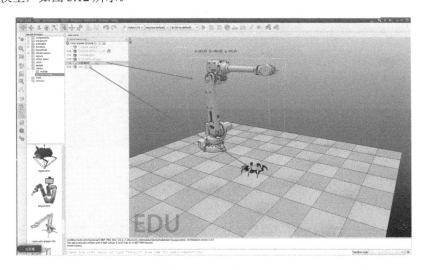

图 5.12 ABB 和 ANT

单击模型文件左边的加号，可以展开模型文件。单击模型文件中对应的部分，V-REP 软件会指示我们该部分文件对应模型的哪一部分结构，如图 5.13 和图 5.14 所示。

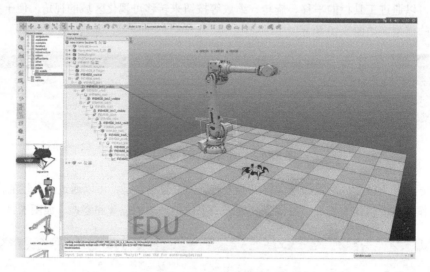

图 5.13　机器人基座

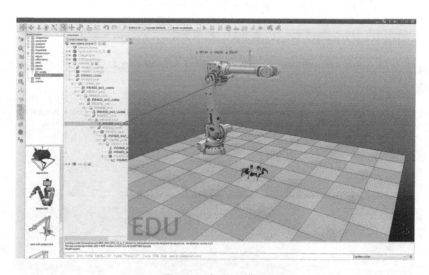

图 5.14　机器人模型

此外，双击 Scene 文件树中对应模型名称后面的那个文件符号，可以获取到该模型的控制代码，其使用 Lua 语言编写，如果想要使用 Lua 语言编写自己的控制代码，那么就可以在这里编写。这次我们先使用模型自带的代码进行一个 Demo 运行展示。图 5.15 所示为 Lua 程序。

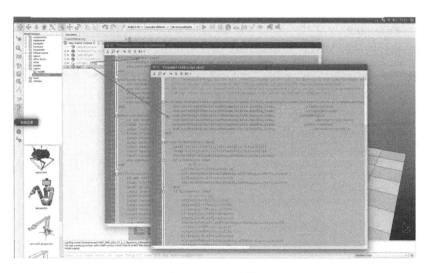

图 5.15　Lua 程序

5. 仿真过程

通过前面的步骤，我们已经新建好了自己的仿真环境，加载了对应的模型。那么，接下来就可以利用模型自带的控制代码进行仿真了。首先，我们来熟悉一下工具栏中与仿真相关的部分。图 5.16 为仿真界面。

图 5.16　仿真界面

① 物理引擎的选择。V-REP 自带 Bullet、ODE、Newton 等几种基本的物理引擎，用户可以自行选择，对于初学者来说，这几个物理引擎的差别不大，默认即可。

② 仿真精度。由于高精度的仿真计算和跟踪过程需要消耗大量的计算力，因此用户可以根据自己的需求选择合适的精度，初学者默认即可。

③ 仿真周期。即仿真循环的时间周期，不同的时间对应不同的仿真速度，初学者默认即可。

④ 开始/暂停/停止。

⑤ 加速/减速仿真过程。

⑥ 多窗口观测仿真过程。

单击仿真后，可以看到机械臂及机器人开始运动。图 5.17 所示为仿真效果。

到此为止，V-REP 软件的基本使用过程已经介绍完了，更多关于 V-REP 的使用说明，读者可以通过以下网址查看 V-REP 的官方手册：

https://www.coppeliarobotics.com/helpFiles/index.html

下面我们将开始理解 V-REP_RosInterface 插件的使用。

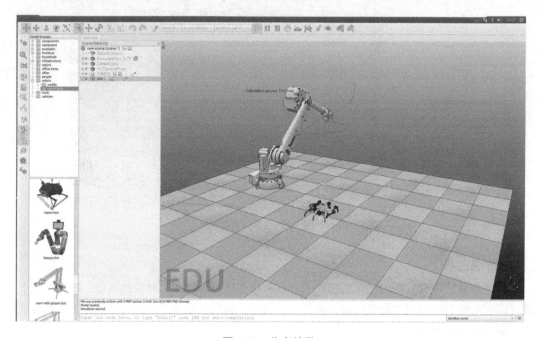

图 5.17　仿真效果

5.1.4　理解 RosInterface

RosInterface 是 V-REP API 框架的一部分，由 Federico Ferri 提供。确保不要将 RosInterface 与 RosPlugin 混淆，后者是 V-REP 已弃用的接口。RosInterface 具有很好的保真度，它复制了 C/C++ ROS API。这使其成为通过 ROS 进行灵活通信的理想选择，但可能需要更多了解各种消息和 ROS 的运行方式。

V-REP 可以充当 ROS 节点，其他节点可以通过 ROS 服务、ROS 发布者和 ROS 订阅者与之进行通信。

V-REP 中的 RosInterface 功能通过以下插件启用：libv_repExtRosInterface.so 或 libv_repExt-RosInterface.dylib。插件的代码可以在这里找到：

https://github.com/CoppeliaRobotics/v_repExtRosInterface

该插件可以轻松地适应您自己的需求。启动 V-REP 时会加载该插件，但是只有当 roscore 正在运行时，加载操作才会成功。确保检查 V-REP 的控制台窗口或终端以获取有关插件加载操作的详细信息。

如果仿真场景需要 RosInterface，但由于 roscore 没有在运行仿真器之前运行，或者 roscore 没有安装到系统上，就会弹出一个错误窗口来提示用户，如图5.18所示。

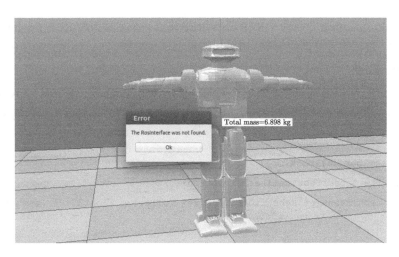

图 5.18 没有运行 roscore 的情况下使用 RosInterface 时会显示错误

如果正确配置了 V-REP，启动 ROS，再启动 V-REP，即可查看到 RosInterface 已启动，操作指令如下：

```
$ roscore
$ ./V-REP.sh
$ rosnode list
```

如图5.19所示，功能正常。

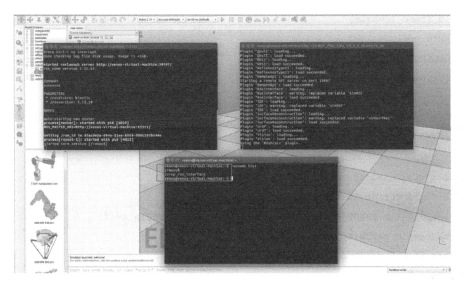

图 5.19 Interface 节点

正确加载 RosInterface 并启动 V-REP 后，V-REP 将以一个名称为/V-REP_ros_interface 的 ROS 节点方式运行。根据官方提供的案例，查看以下模拟场景模型，可以快速开始使用 RosInterface。

1. non threaded

例子：在空的 V-REP 场景中选择一个对象，然后使用 Menu bar → Add → Associated child script → non threaded 命令将非线程的子脚本附加到该对象。打开该脚本的脚本编辑器，然后将内容替换为以下内容：

```
function subscriber_callback(msg)
  -- This is the subscriber callback function
  sim.addStatusbarMessage('subscriber receiver following Float32: '..msg.data)
end


function getTransformStamped(objHandle,name,relTo,relToName)
  -- This function retrieves the stamped transform for a specific object
  t=sim.getSystemTime()
  p=sim.getObjectPosition(objHandle,relTo)
  o=sim.getObjectQuaternion(objHandle,relTo)
  return {
    header={
      stamp=t,
      frame_id=relToName
    },
    child_frame_id=name,
    transform={
      translation={x=p[1],y=p[2],z=p[3]},
      rotation={x=o[1],y=o[2],z=o[3],w=o[4]}
    }
  }
end


function sysCall_init()
  -- The child script initialization
  objectHandle=sim.getObjectAssociatedWithScript(sim.handle_self)
  objectName=sim.getObjectName(objectHandle)
  -- Check if the required RosInterface is there:
  moduleName=0
```

```lua
  index=0
  rosInterfacePresent=false
  while moduleName do
    moduleName=sim.getModuleName(index)
    if (moduleName=='RosInterface') then
      rosInterfacePresent=true
    end
    index=index+1
  end

  -- Prepare the float32 publisher and subscriber (we subscribe to the topic we
      advertise):
  if rosInterfacePresent then
    publisher=simROS.advertise('/simulationTime','std_msgs/Float32')
    subscriber=simROS.subscribe('/simulationTime','std_msgs/Float32','subscriber_
        callback')
  end
end

function sysCall_actuation()
  -- Send an updated simulation time message, and send the transform of the object
      attached to this script:
  if rosInterfacePresent then
    simROS.publish(publisher,{data=sim.getSimulationTime()})
    simROS.sendTransform(getTransformStamped(objectHandle,objectName,-1,'world'))
    -- To send several transforms at once, use simROS.sendTransforms instead
  end
end

function sysCall_cleanup()
  -- Following not really needed in a simulation script (i.e. automatically shut down
      at simulation end):
  if rosInterfacePresent then
    simROS.shutdownPublisher(publisher)
```

```
    simROS.shutdownSubscriber(subscriber)
  end
end
```

上面的脚本将发布模拟时间，并同时订阅它。它还将发布脚本附加到对象的转换，如图 5.20 所示。

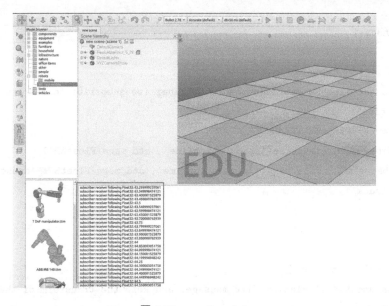

图 5.20　non threaded

在终端输入如下指令，查看话题，见图 5.21。

```
$ rostopic list
```

图 5.21　rostopic

为了查看消息的内容，可以输入：

```
$ rostopic echo /simulationTime
```

消息内容如图 5.22 所示。

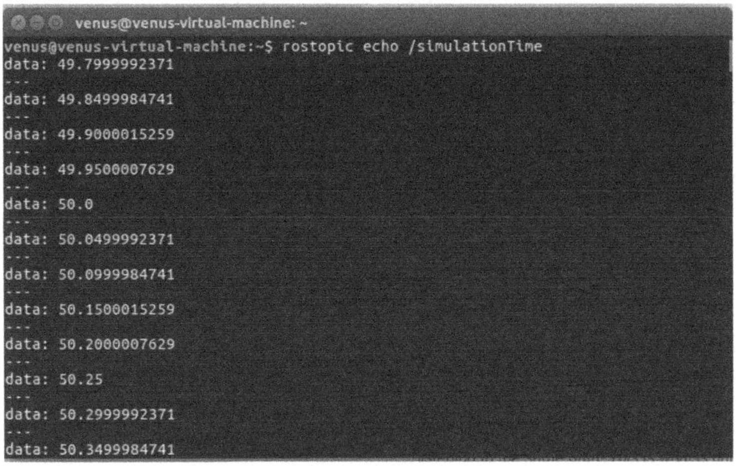

图 5.22　simulationTime

脚本中主要用到下面几个函数。

simExtRosInterface_advertise，如图 5.23 所示。

Description	Advertise a topic and create a topic publisher.
Lua synopsis	int publisherHandle=simExtRosInterface_advertise(string topicName, string topicType, int queueSize = 1, bool latch = false)
Lua parameters	**topicName**: topic name, e.g.: '/cmd_vel' **topicType**: topic type, e.g.: 'geometry_msgs::Twist' **queueSize**: (optional) queue size **latch**: (optional) latch topic
Lua return values	**publisherHandle**: a handle to the ROS publisher

图 5.23　V-REP 接口 Padvertise

simExtRosInterface_subscribe，如图 5.24 所示。

Description	Subscribe to a topic.
Lua synopsis	int subscriberHandle=simExtRosInterface_subscribe(string topicName, string topicType, string topicCallback, int queueSize = 1)
Lua parameters	**topicName**: topic name, e.g.: '/cmd_vel' **topicType**: topic type, e.g.: 'geometry_msgs::Twist' **topicCallback**: name of the callback function, which will be called with a single argument of type table containing the message payload, e.g.: {linear={x=1.5, y=0.0, z=0.0}, angular={x=0.0, y=0.0, z=-2.3}} **queueSize**: (optional) queue size
Lua return values	**subscriberHandle**: a handle to the ROS subscriber

图 5.24　V-REP 接口 subscribe

simExtRosInterface_publish，如图 5.25 所示。

Description	Publish a message on the topic associated with this publisher.
Lua synopsis	simExtRosInterface_publish(int publisherHandle, table message)
Lua parameters	**publisherHandle**: the publisher handle **message**: the message to publish
Lua return values	-

图 5.25　publish

simExtRosInterface_sendTransform，如图 5.26 所示。

Description	Publish a TF transformation between frames.
Lua synopsis	simExtRosInterface_sendTransform(table transform)
Lua parameters	**transform**: the transformation expressed as a geometry_msgs/TransformStamped message, i.e. {header={stamp=timeStamp, frame_id='...'}, child_frame_id='...', transform={translation={x=..., y=..., z=...}, rotation={x=..., y=..., z=..., w=...}}}
Lua return values	-

图 5.26　sendTransform

2. rosInterfaceTopicPublisherAndSubscriber

在 V-REP 自带的例子中，还有一个场景模型 rosInterfaceTopicPublisherAndSubscriber.ttt。在此场景中，附加到 Vision_sensor 的子脚本中的代码将使发布者能够流式传输视觉传感器的图像，还使订阅者能够收听相同的流。订阅者将读取的数据应用于被动视觉传感器时，该被动视觉传感器仅用作数据容器，即将视觉传感器捕获的图像信息发布到/image 话题上，同时会自己订阅这个信息并显示出来。图像发布与订阅案例如图 5.27 所示。

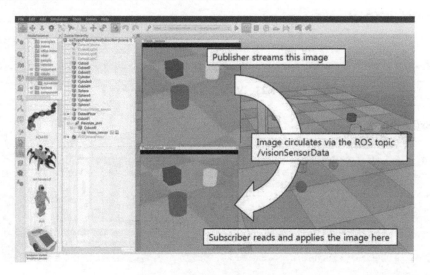

图 5.27　图像发布与订阅案例

尝试一下代码。可以使用以下命令可视化 V-REP 流式传输的图像，机器人摄像头数据流示意图。如图 5.28 所示。

```
$ rosrun image_view image_view image:=/visionSensorData
```

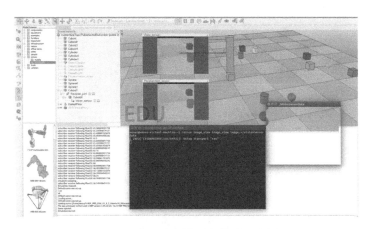

图 5.28　机器人摄像头数据流示意图

如果想传输更简单的数据，还可以通过以下方式将其可视化：

```
$ rostopic echo /visionSensorData
```

如图 5.29 所示，在终端中可以显示出机器人图像传感器中获取到的原始图像数据。

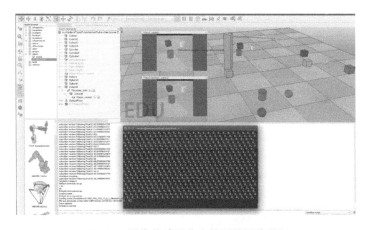

图 5.29　图像传感器获取的原始图像数据

3. controlTypeExamples

还有一个例子是 controlTypeExamples.ttt，V-REP 中的脚本负责发布接近传感器的信息以及仿真时间并订阅左右轮驱动的话题。外部的 ROS 程序 rosBubbleRob2 根据接收到的传感器信息生成左右轮速度指令，并发布出去，V-REP 中订阅后在回调函数里控制左右轮关节转动。

外部客户端应用程序通过 ROS 控制机器人如图 5.30 所示。

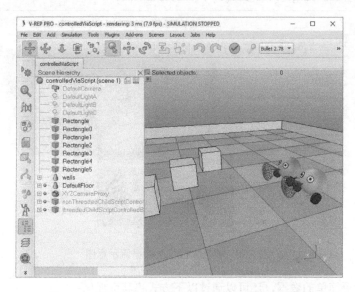

图 5.30　外部客户端应用程序通过 ROS 控制机器人

在模型浏览器的 tools 文件夹中有一个 RosInterface 的帮助工具，如图 5.31 所示，将其拖入场景中可以方便实现一些控制功能。

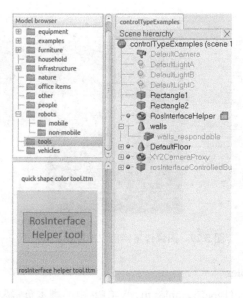

图 5.31　帮助工具

主要有下面一些功能：

- startSimulation topic: 可以通过发送一个 std_msgs::Bool 类型消息，启动仿真。
- pauseSimulation topic: 可以通过发送一个 std_msgs::Bool 类型消息，暂停仿真。
- stopSimulation topic: 可以通过发送一个 std_msgs::Bool 类型消息，停止仿真。
- enableSyncMode topic: 可以通过发送一个 std_msgs::Bool 类型消息，开关同步传真。
- triggerNextStep topic: 可通过发送一个 std_msgs::Bool 类型消息，触发下一个仿真。
- simulationStepDone topic: 一个 std_msgs::Bool 类型消息会在每个仿真结束时被发送出来。
- simulationState topic: 定期发送 std_msgs::Int32 类型消息，0 代表仿真停止，1 代表仿真正在允许，2 代表仿真被暂停了。
- simulationTime topic: 定期发送 std_msgs::Float32 类型消息，显示当前的模拟时间。

可以在终端中输入下面的一些命令进行测试。

```
$ rostopic pub /startSimulation std_msgs/Bool true --once
$ rostopic pub /pauseSimulation std_msgs/Bool true --once
$ rostopic pub /stopSimulation std_msgs/Bool true --once
$ rostopic pub /enableSyncMode std_msgs/Bool true --once
$ rostopic pub /triggerNextStep std_msgs/Bool true --once
```

比如在终端中输入 rostopic pub /startSimulation std_msgs/Bool true –once，就可以开始仿真，跟手动单击仿真按钮效果一样，如图 5.32 所示。

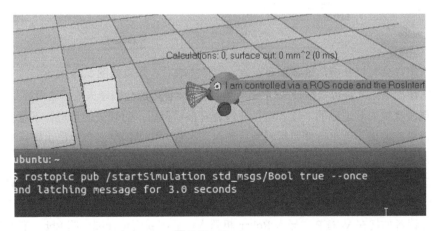

图 5.32　Bool true

至此，V-REP 与 ROS 的通信原理已经基本了解，下面开始导入 Roban 机器人进行实际的使用。

5.2　V-REP 中的 Roban 机器人

关于 V-REP 的基本使用，在 5.1 节已经进行了一定的学习，下面我们将基于 Roban 机器人完成一些 DEMO，其中涉及 V-REP 环境中的机器人感知和控制过程，包括机器人视觉的感知、机器人运动规划和控制、机器人路径规划和控制等。

5.2.1　导入 Roban 机器人

首先，根据前几章的学习，我们知道 Roban 机器人是通过 ROS 进行操作的，那么，我们需要把乐聚官方提供的 Roban-V-REP 资源包放入 ROS 的工作空间，然后进行编译。

关于资源包，读者可以通过以下网址进行获取，将资源包 git clone 下载到本地。乐聚 github 网址：

https://github.com/LejuRobotics

获得资源包之后，将其放入工作空间，根据第 3 章内容，这里我们新建一个工作空间，通过如下指令：

```
$ mkdir -p ~/rosV-REP/src
$ cd ~/rosV-REP/
```

将资源包放入 src 文件夹之后，进行编译：

```
$ catkin_make
```

第一次编译会有点儿慢，读者不要着急。编译完成后，效果如图 5.33 所示。

在正常情况下，都是可以编译成功的，但是部分读者可能会编译失败，这可能是由 ROS 的某些依赖包没有被安装造成的，读者可以通过查看报错日志，对缺失的包进行下载，放入工作空间后，再进行编译。这里可能使用到的依赖包，在官方提供的资源包中已内置，遇到具体情况可查阅官方论坛。

编译成功后，就可以开始关于 Roban-V-REP 的学习。读者可以看到 src 文件夹下有很多功能包，它们涉及 Roban 机器人的运动、步态、传感器等多个方面，本节仅对 BodyHub 进行初步的展开，引导读者如何在 V-REP 中导入 Roban 机器人。后续我们将详细介绍 Roban 的虚拟仿真。

首先，打开终端，启用 ROS：

```
$ roscore
```

图 5.34 所示为 roscore 启动。

图 5.33　编译成功

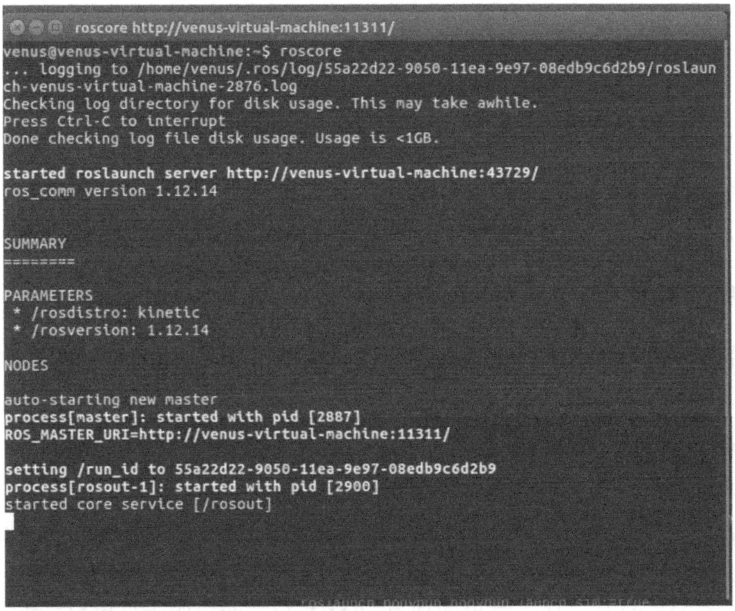

图 5.34　roscore 启动

然后，打开 V-REP 仿真软件，并用软件打开 */bodyhub/V-REP/Roban.ttt 场景文件。

```
$ ./V-REP.sh
```

图 5.35 所示为 V-REP 导入 Roban 机器人。

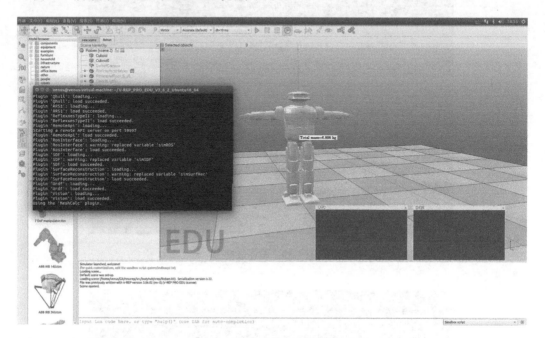

图 5.35　V-REP 导入 Roban 机器人

至此，Roban 机器人就已经导入 V-REP 中了。读者想要控制 Roban 模型，需要结合第 3 章 ROS 的相关知识。

5.2.2　BodyHub 简介与启动

通过前面的学习和操作，读者肯定发现了，我们编译了 BodyHub 的包，并从中导入了 Roban 模型，那么，BodyHub 包具体有什么作用呢？

BodyHub 是一个节点，是上位机其他节点与下位机通信的中间节点，机器人的所有控制指令和数据获取都通过此节点实现。图 5.36 即为 V-Rep 和 BodyHub 包正确启动后的情况。BodyHub 实现了一个状态机，用 BodyHub 统一管理下位机可确保如舵机这类设备在同一时刻只有一个上层节点控制，避免节点之间的干扰导致控制异常。这一节，我们先做一个简单介绍，后续我们将对其进行深入学习。另外，读者可以阅读 BodyHub 包下的说明文件以对其有进一步的了解。

在学习 BodyHub 节点之前，我们先了解一下状态机。状态机能够根据控制信号按照预先设定的状态进行状态转移，是协调相关信号动作，完成特定操作的控制中心。通俗地说，就是状态转移图，节点在这个图状态之间转换。

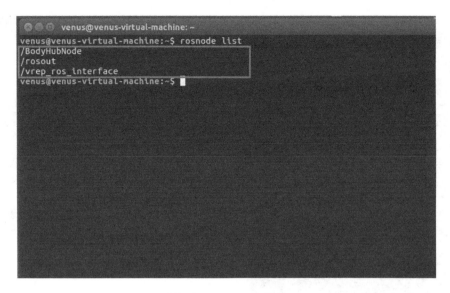

图 5.36　BodyHub 节点

BodyHub 实现了一个自定义的状态机，用来管理上层节点对其部分服务的请求。BodyHub 节点有如下功能。

（1）主要功能：根据上层节点给的数据控制机器人舵机，实现机器人运动控制。

（2）次要功能：获取机器人传感器数据，发布数据；根据上层指令，控制机器人的执行器。

BodyHub 节点的服务是独占的，同一时刻只能响应一个上层节点的请求，为避免 BodyHub 节点在处理某个请求时被其他节点的请求干扰，我们使用了状态机进行管理。

以上介绍完了 BodyHub 节点和状态机，读者可能还不是很清楚它们具体的作用。简单来说，我们想要控制 Roban 机器人，首先需要占用 BodyHub 节点，然后涉及 Roban 机器人的运动、传感器等控制，则要使用状态机使 BodyHub 节点处于对应状态。这里我们是给大家一个框架印象，接下来我们将通过实际操作来讲解如何控制 Roban 模型仿真。

1. 运行 BodyHub 节点

在已经运行 roscore 的情况下，新建一个终端，通过如下指令，进入工作空间，并将当前工作空间设置在 ROS 工作环境的最顶层：

```
$ cd ~/rosV-REP/
$ source devel/setup.bash
```

然后，在该终端下执行以下命令，以仿真模式启动节点，运行结果参考图 5.37。

```
$ roslaunch bodyhub bodyhub.launch sim:=true
```

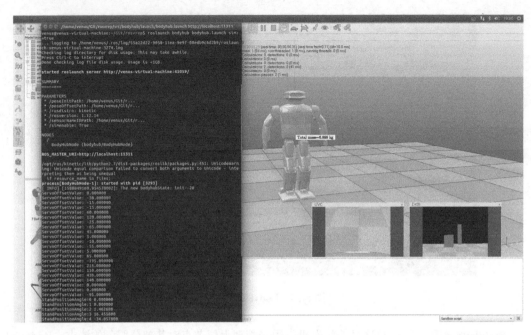

图 5.37　启动节点

2. 占用 BodyHub 节点

BodyHub 节点启动成功后，我们假设占用 ID 设置为 6，即使用 ID 为 6 的节点占用状态机，向 BodyHub 节点的/MediumSize/BodyHub/StateJump 服务发送如下请求，请求占用：

```
$ rosservice call /MediumSize/BodyHub/StateJump "masterID: 6
> stateReq: 'setStatus'"
```

或

```
$ rosservice call /MediumSize/BodyHub/StateJump 6 setStatus
```

若返回以下内容，则占用成功，如图5.38所示。

```
stateRes: 22
```

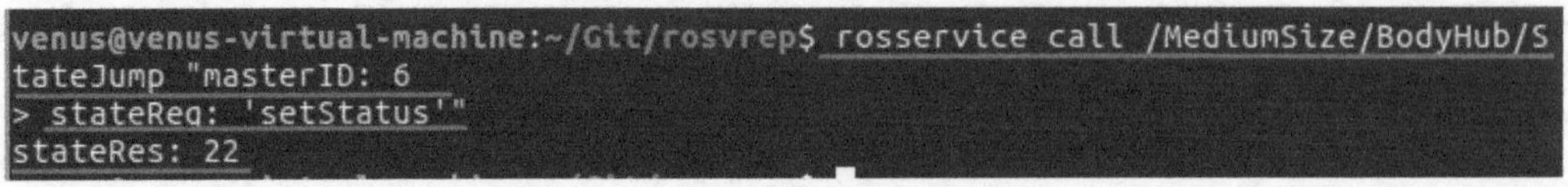

```
venus@venus-virtual-machine:~/Git/rosvrep$ rosservice call /MediumSize/BodyHub/S
tateJump "masterID: 6
> stateReq: 'setStatus'"
stateRes: 22
```

图 5.38　占用状态机

若返回其他内容，则占用失败。

另外，请注意：若 BodyHub 节点占用 ID 不为 0，则返回被占用 ID；若为 0，设置请求的占用 ID 并返回 ready 状态，此时 BodyHub 节点被占用成功。

3. 使用 BodyHub 节点

BodyHub 节点被成功占用后，就可以使用 BodyHub 节点实现我们功能所需的一些话题和服务。

1）订阅的话题

- /MediumSize/BodyHub/MotoPosition(bodyhub::JointControlPoint)

用于所有关节的控制。消息定义：

```
float64[] positions
float64[] velocities
float64[] accelerations
float64[] effort
duration time_from_start
uint16    mainControlID
```

其中，mainControlID 为占用节点的控制 ID。

- /MediumSize/BodyHub/HeadPosition(bodyhub::JointControlPoint)

用于头部关节的控制。

- /BodyHub/SensorControl(bodyhub::SensorControl)

用于外接执行器的控制。消息定义：

```
string SensorName
uint16 SetAddr
uint8[] ParamList
```

其中，SensorName 为执行器名称；SetAddr 为执行器参数地址；ParamList 为执行器参数列表。

- /simulationStepDone(std_msgs/Bool)

表示仿真的一帧执行完成。

- /simulationState(std_msgs/Int32)

表示仿真的状态。

- /sim/joint/angle(std_msgs/Float64MultiArray)

表示仿真机器人的关节角度。

- /sim/joint/velocity(std_msgs/Float64MultiArray)

表示仿真机器人的关节速度。

- /sim/forceTorque/leftFoot(std_msgs/Float64MultiArray)

仿真机器人的左脚力传感器的数值。

- /sim/forceTorque/rightFoot(std_msgs/Float64MultiArray)

仿真机器人的右脚力传感器的数值。

2）发布的话题

- /MediumSize/BodyHub/Status(std_msgs/UInt16)

节点状态机的状态。状态定义：

```
enum StateStyle {
  init = 20,
  preReady,
  ready,
  running,
  pause,
  stoping,
  error,
  directOperate,
  walking
};
```

- /MediumSize/BodyHub/ServoPositions(bodyhub::ServoPositionAngle)

机器人的关节角度。

- /jointPosTarget(std_msgs/Float64MultiArray)

机器人关节的期望角度。

- /jointPosMeasure(std_msgs/Float64MultiArray)

机器人关节的实际角度。

- /jointVelTarget(std_msgs/Float64MultiArray)

机器人关节的期望速度。

- /jointVelMeasure(std_msgs/Float64MultiArray)

机器人关节的实际速度。

- /MediumSize/BodyHub/SensorRaw(bodyhub::SensorRawData)

外接传感器的原始数据。消息定义：

```
uint8[]   sensorReadID
uint16[] sensorStartAddress
uint16[] sensorReadLength
```

```
int32[]    sensorData
uint8      sensorCount
uint8      dataLength
```

其中，sensorReadID 为外接传感器 ID 列表；sensorStartAddress 为外接传感器起始地址列表；sensorReadLength 为外接传感器数据长度列表；sensorData 为外接传感器原始数据列表；sensorCount 为外接传感器个数；dataLength 为数据总长。

- /startSimulation(std_msgs/Bool)

开始仿真。

- /stopSimulation(std_msgs/Bool)

停止仿真。

- /pauseSimulation(std_msgs/Bool)

暂停仿真。

- /enableSyncMode(std_msgs/Bool)

使能同步仿真模式。

- /triggerNextStep(std_msgs/Bool)

触发仿真运行一帧。

- /sim/joint/command(std_msgs/Float64MultiArray)

仿真机器人的关节角度指令。

3）提供的服务

- /MediumSize/BodyHub/StateJump(bodyhub::SrvState)

节点状态机跳转。服务定义：

```
uint8 masterID
string stateReq
---
int16 stateRes
```

其中，masterID 为占用节点的 ID；stateReq 为状态跳转的控制字符串；stateRes 为操作返回的状态数值。

- /MediumSize/BodyHub/GetStatus(bodyhub::SrvString)

返回节点状态机的状态；返回关节指令队列的长度。服务定义：

```
string str
---
string data
```

```
uint32 poseQueueSize
```

其中，str 为请求字符串，可任意设置，不能为空；data 为状态的字符串；poseQueueSize 为关节指令队列的长度。

- /MediumSize/BodyHub/GetMasterID(bodyhub::SrvTLSstring)

返回控制节点的 ID。服务定义：

```
string str
---
uint8 data
```

其中，str 为请求的字符串，可任意设置；data 为返回的 ID 值。

- /MediumSize/BodyHub/GetJointAngle(bodyhub::SrvServoAllRead)

返回机器人关节的当前角度。

- /MediumSize/BodyHub/DirectMethod/InstReadVal(bodyhub::SrvInstRead)

读 Dynamixel 设备寄存器。

- /MediumSize/BodyHub/DirectMethod/InstWriteVal(bodyhub::SrvInstWrite)

写 Dynamixel 设备寄存器。

- /MediumSize/BodyHub/DirectMethod/SyncWriteVal(bodyhub::SrvSyncWrite)

同步写 Dynamixel 寄存器。

- /MediumSize/BodyHub/DirectMethod/SetServoTarPositionVal(bodyhub::SrvServoWrite)

设置单个舵机目标位置的值。

- /MediumSize/BodyHub/DirectMethod/SetServoTarPositionValAll(bodyhub::SrvServoAllWrite)

设置全部舵机目标位置的值。

- /MediumSize/BodyHub/DirectMethod/GetServoPositionValAll(bodyhub::SrvServoAllRead)

获取全部舵机位置的值。

- /MediumSize/BodyHub/DirectMethod/InstRead(bodyhub::SrvInstRead)

读 Dynamixel 设备寄存器。

- /MediumSize/BodyHub/DirectMethod/InstWrite(bodyhub::SrvInstWrite)

写 Dynamixel 设备寄存器。

- /MediumSize/BodyHub/DirectMethod/SyncWrite(bodyhub::SrvSyncWrite)

同步写 Dynamixel 寄存器。

- /MediumSize/BodyHub/DirectMethod/SetServoTarPosition(bodyhub::SrvServoWrite)

设置单个舵机目标位置的角度。

- /MediumSize/BodyHub/DirectMethod/SetServoTarPositionAll(bodyhub::SrvServoAllWrite)
设置全部舵机目标位置的角度。
- /MediumSize/BodyHub/DirectMethod/GetServoPositionAll(bodyhub::SrvServoAllRead)
获取全部舵机位置的角度。
- /MediumSize/BodyHub/DirectMethod/SetServoLockState(bodyhub::SrvServoWrite)
设置单个舵机的扭矩开关。
- /MediumSize/BodyHub/DirectMethod/SetServoLockStateAll(bodyhub::SrvServoAllWrite)
设置全部舵机的扭矩开关。
- /MediumSize/BodyHub/DirectMethod/GetServoLockStateAll(bodyhub::SrvServoAllRead)
获取全部舵机的扭矩开关状态。
- /MediumSize/BodyHub/RegistSensor(bodyhub::SrvInstWrite)
注册外接传感器。服务定义：

```
string itemName
uint8 dxlID
float64 setData
---
bool complete
```

其中，itemName 为注册的传感器的名称；dxlID 为要获取的传感器数据的寄存器地址；setData
为要获取的传感器数据的地址长度；complete 为注册成功与否的结果。
- /MediumSize/BodyHub/DeleteSensor(bodyhub::SrvTLSstring)
删除注册的外接传感器。服务定义：

```
string str
---
uint8 data
```

其中，str 为要删除的传感器名称；data 为删除的结果。
4）其他参数
- poseOffsetPath(std::string, default:"")
机器人零点文件路径。
- poseInitPath(std::string, default:"")
机器人初始姿势文件路径。
- sensorNameIDPath(std::string, default:"")
机器人外接传感器的信息文件路径。

- simenable(bool, default:false)

仿真模式的控制变量。

更多内容，读者可以通过阅读 BodyHub 的说明文档来了解。

4. 释放 BodyHub 节点

释放节点的占用和占用基本一样，向 **/MediumSize/BodyHub/StateJump** 服务发送释放请求即可，操作如下：

```
$ rosservice call /MediumSize/BodyHub/StateJump "masterID: 6
> stateReq: 'reset'"
```

或

```
$ rosservice call /MediumSize/BodyHub/StateJump 6 reset
```

若返回以下内容，则释放成功，如图 5.39 所示。

```
stateRes: 21
```

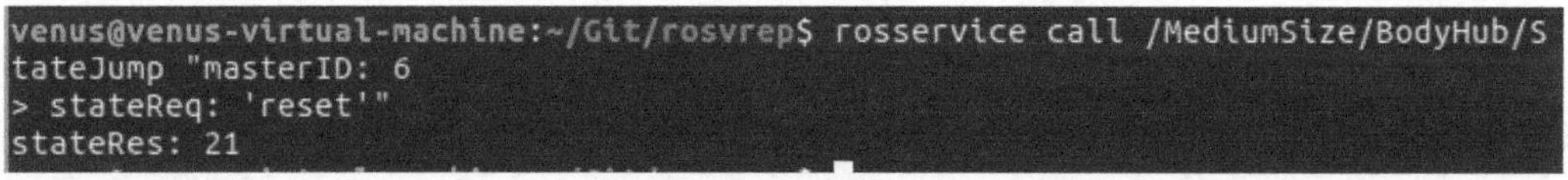

图 5.39 占用状态机

若返回其他内容，则释放失败。

至此，我们知道了如何启用 BodyHub 节点，并占用状态机，读者可能还没有理解为什么要这样做，大家现在只需要知道在其他节点对机器人进行操作之前需要先获取该节点的控制权才能进行下一步操作即可。后面我们将通过编写程序及节点状态机对仿真模型进行控制。

5.2.3 关节运动控制

机器人的基础就是运动，而人形机器人是所有机器人中运动控制最为复杂的一种，控制机器人完成特定动作之前，我们首先要学习一下如何控制机器人的关节运动。根据前面讲到的知识，读者可以想到使用 ROS 编程，通过节点进行控制，具体编程语言包括 C++、Python 等。这里我们采用 Python 作为编程语言，通过官方提供的 ActExecPackageNode 节点，完成机器人的关节运动控制。

1. ActExecPackage 简介

在进行实际操作之前，我们首先对 ActExecPackage 包进行一定的了解。

ActExcPackage 是动作执行功能包，可执行机器人自定义动作，通过 Python 实现，运行给定名称的动作包，完成机器人关节控制。

它所包含的话题，主要是发布话题：

/MediumSize/ActPackageExec/Status

当状态发生变化时，发送新的状态。

它所包含的服务有 3 个：

① /MediumSize/ActPackageExec/actNameString SrvActScript.srv。通过该服务可使用对应机器人动作名称运行对应的机器人动作文件。

② /MediumSize/ActPackageExec/StateJump 依据节点当前状态和跳转命令变换状态 SrvState.srv，跳转命令：StateEnum::setStatus 设置当前的节点占用状态；StateEnum::break 如果处于 running 状态，正在运行.py，中断当前运行脚本，并跳转至状态 pause； StateEnum::stop 如果处于 pause 状态，跳转至 ready 状态； StateEnum::reset 从节点恢复到 pre_ready 状态，直接释放控制权。

③ /MediumSize/ActPackageExec/GetStatus SrvString.srv 获取当前所处的运行状态。

话题与服务，如图 5.40 所示。

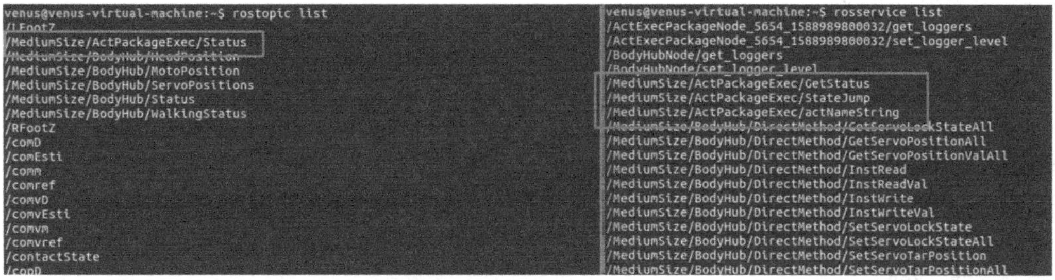

图 5.40　话题与服务

2. ActExecPackage 话题与服务

这里我们深入了解一下 ActExecPackage 的话题与服务。

1）发布的话题

• /MediumSize/ActPackageExec/Status(std_msgs/UInt16)

动作执行节点当前状态的数值。状态定义：

```
self.StateStyle = {
    'init' : 20,
    'preReady' : 21,
```

```
    'ready' : 22,
    'running' : 23,
    'pause' : 24,
    'stoping' : 25,
    'error' : 26,
}
```

2）提供的服务

- /MediumSize/ActPackageExec/GetStatus(SrvString)

返回节点状态机的状态；返回关节指令队列的长度。服务定义：

```
string str
---
string data
uint32 poseQueueSize
```

其中，str 为请求字符串，可任意设置，不能为空；data 为状态的字符串；poseQueueSize 为关节指令队列的长度。

- /MediumSize/ActPackageExec/StateJump(SrvState)

节点状态机跳转。服务定义：

```
uint8 masterID
string stateReq
---
int16 stateRes
```

其中，masterID 为占用节点的 ID；stateReq 为状态跳转的控制字符串；stateRes 为操作返回的状态数值。

- /MediumSize/ActPackageExec/actNameString(SrvActScript)

需要执行的动作指令字符。服务定义：

```
string actNameReq
---
string actResultRes
```

其中，actNameReq 为指令名称；actResultRes 为执行结果。

3. TrajectoryPlanning 类

我们了解了 ActExecPackage 的话题和服务，那么是如何通过 Python 来进行控制的呢？这里，官方提供了 TrajectoryPlanning 类。具体如下：

TrajectoryPlan.py 文件为使用自动贝塞尔做动作轨迹规划的代码。

TrajectoryPlanning 类中，若 i 为任意一个目标值，则 i-1 为初始值，i+1 为下一个目标值，i-1 和 i 值之间的轨迹为第 i 段轨迹。生成第 i 段轨迹时，需要 i-1、i、i+1 三个目标值。

1）接口简介

类构造函数：

```
def __init__(self, numberOfTra=22, daltaX=10.0)
```

参数 @numberOfTra：规划的轨迹组数（关节数）。

参数 @daltaX：轨迹插值的时间间隔，单位为 ms。

设置轨迹插值的间隔：

```
def setDaltaX(self, daltaX)
```

参数 @daltaX: 间隔时间，单位为 ms。

设置目标值之间的间隔：

```
def setInterval(self, v)
```

参数 @v：间隔时间，单位为 ms。

开始轨迹生成的准备，传入初始值和第一组目标值：

```
def planningBegin(self, firstGroupValue, secondGroupValue)
```

参数 @firstGroupValue：初始值。

参数 @secondGroupValue：第一组目标值。

传入下一组目标值 i+1，并返回上两组目标值 i-1 和 i 之间的第 i 段轨迹：

```
def planning(self, nextGroupValue)
```

参数 @nextGroupValue：下一组目标值。

返回值：list 类型，上两组目标值生成的轨迹。

生成最后一段轨迹（i 和 i+1 之间）：

```
def planningEnd(self)
```

返回值：list 类型，生成的最后一段轨迹列表。

2）示例代码

```
# 创建一个实例，规划22段曲线，轨迹点插值间隔为10ms
tpObject = TrajectoryPlanning(22,10.0)

# 设置目标点之间的时间间隔为1000ms
tpObject.setInterval(1000.0)
# 传入初始值和第一组目标值
tpObject.planningBegin(poseList[0], poseList[1])

# 修改目标点之间的时间间隔为1500ms
tpObject.setInterval(1500.0)
# 传入下一组目标值，并返回上两组目标值之间的轨迹
trajectoryPoint = tpObject.planning(poseList[2])

# 修改目标点之间的时间间隔为2000ms，若不调用此函数，目标点的间隔保持为1500ms
tpObject.setInterval(2000.0)
# 传入下一组目标值，并返回上两组目标值之间的轨迹
trajectoryPoint = tpObject.planning(poseList[3])

...

# 返回最后一段轨迹
trajectoryPoint = tpObject.planningEnd()
```

4. ActExecPackage 运行

对 ActExecPackage 有一定认识之后，我们开始启动它吧。

首先，根据 4.2.2 的内容，先启动 BodyHub 节点，这里，我们暂时不需要占用状态机，仅启动节点即可。图 5.41 所示为运行 BodyHub 节点。

机器人进入仿真状态后，我们进入终端，输入如下命令，启动 ActExcPackageNode 节点：

```
$ rosrun actexecpackage ActExecPackageNode.py
```

图 5.42 所示为运行 ActExcPackageNode 节点。

因为 ActExecPackage 自带状态机管理，所以我们使用上级节点通过/MediumSize/ActPackageExec/StateJump 服务占用启动的节点。这里我们申请 ID 为 6：

```
$ rosservice call /MediumSize/ActPackageExec/StateJump "masterID: 6
```

```
> stateReq: 'setStatus'"
```

或

```
$ rosservice call /MediumSize/ActPackageExec/StateJump 6 setStatus
```

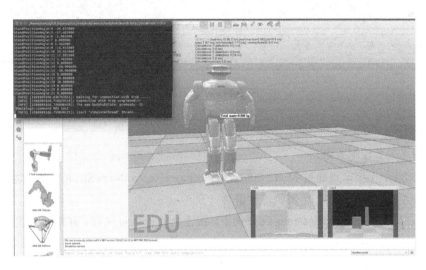

图 5.41　运行 BodyHub 节点

图 5.42　运行 ActExcPackageNode 节点

图 5.43 所示为占用节点。

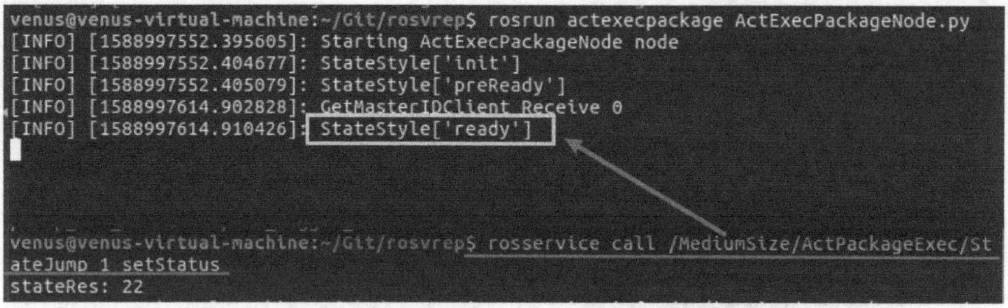

图 5.43 占用节点

与 BodyHub 同理，返回 stateRes:22 占用成功，否则占用失败。

5. 机器人关节控制实践

占用成功后，上级节点通过/MediumSize/ActPackageExec/actNameString 服务，运行机器人自定义动作，这里，我们通过一个案例进行讲解。

首先，在/src/actexecpackage/cong 文件夹下，新建一个 Python 文件，并将如下代码复制进去，命名为 TrajectoryPlanExample.py。

```python
#!/usr/bin/env Python
# -*- coding: UTF-8 -*-
import rospy
import time
from bodyhub.msg import *
from bodyhub.srv import *
from TrajectoryPlan import *
NodeControlId = 6
def GetBodyhubStatus():
    rospy.wait_for_service('MediumSize/BodyHub/GetStatus')
    client = rospy.ServiceProxy('MediumSize/BodyHub/GetStatus', SrvString)
    response = client('get')
    return response

def SetBodyhubStatus(id, status):
    rospy.wait_for_service('MediumSize/BodyHub/StateJump')
    client = rospy.ServiceProxy('MediumSize/BodyHub/StateJump', SrvState)
```

```
    client(id, status)

def GetbodyhubControlId():
    rospy.wait_for_service('MediumSize/BodyHub/GetMasterID')
    client = rospy.ServiceProxy('MediumSize/BodyHub/GetMasterID', SrvTLSstring)
    response = client('get')
    return response.data

def GetJointPosition(jointIdList):
    status = GetBodyhubStatus()
    if status.data == 'preReady':
        SetBodyhubStatus(NodeControlId, 'setStatus')
    elif status.data == 'ready' or status.data == 'running' or status.data ==
        'pause':
        if GetbodyhubControlId() != NodeControlId:
            return False
    else:
        return False
    rospy.wait_for_service('MediumSize/BodyHub/DirectMethod/GetServoPositionAll')
    client=rospy.ServiceProxy('MediumSize/BodyHub/DirectMethod/GetServoPositionAll',
        SrvServoAllRead)
    response = client(jointIdList, 0)
    SetBodyhubStatus(NodeControlId, 'reset')
    return response.getData

def ClearList(list):
    while len(list) > 0:
        list.pop()

def NumberToPoint(list,daltaX):
    xt = 0.0
    for m in range(len(list)):
        for n in range(len(list[m])):
            list[m][n] = Point(xt, list[m][n])
        xt = xt + daltaX
```

```
def SendTrajectory(pub, trajectoryPoint):
    for m in range(len(trajectoryPoint[0])):
        jointPosition = []
        for n in range(len(trajectoryPoint)):
            jointPosition.append(trajectoryPoint[n][m].y)

        pub.publish(positions=jointPosition, mainControlID=NodeControlId)

def WaitTrajectoryExecOver():
    status = GetBodyhubStatus()
    while status.poseQueueSize > 5:
        status = GetBodyhubStatus()


if __name__ == '__main__':

    poseList = [
        [0,0,0,0,0,0, 0,0,0,0,0,0, 0,-75,-10, 0,75,10, 0,0, 0,0],

        [0,0,0,0,0,0, 0,0,0,0,0,0, 0,0,0, -90,75,10, 0,0, 0,0],
        [0,0,0,0,0,0, 0,0,0,0,0,0, 0,-75,-10, 90,75,10, 0,0, 0,0],

        [0,0,0,0,0,0, 0,0,0,0,0,0, 0,0,0, -90,75,10, 0,0, 0,0],
        [0,0,0,0,0,0, 0,0,0,0,0,0, 0,-75,-10, 90,75,10, 0,0, 0,0],

        [0,0,0,0,0,0, 0,0,0,0,0,0, 0,0,0, -90,75,10, 0,0, 0,0],
        [0,0,0,0,0,0, 0,0,0,0,0,0, 0,-75,-10, 0,75,10, 0,0, 0,0],
    ]

    # idList = [1,2,3,4,5,6,7,8,9,10,11,12,13,14,15,16,17,18,19,20,21,22]
    # poseList[0] = list(GetJointPosition(idList))

    jointPositionPub = rospy.Publisher('MediumSize/BodyHub/MotoPosition',
        JointControlPoint, queue_size=500)
```

```
rospy.init_node('TrajectoryPlanExample', anonymous=True)
time.sleep(0.2)


tpObject = TrajectoryPlanning(22,10.0)


while not rospy.is_shutdown():

    status = GetBodyhubStatus()
    if status.data == 'preReady':
        SetBodyhubStatus(NodeControlId, 'setStatus')

    tpObject.setInterval(1000.0)
    tpObject.planningBegin(poseList[0], poseList[1])

    tpObject.setInterval(1500.0)
    for poseIndex in range(2, len(poseList)):
        trajectoryPoint = tpObject.planning(poseList[poseIndex])
        SendTrajectory(jointPositionPub, trajectoryPoint)
        WaitTrajectoryExecOver()

    trajectoryPoint = tpObject.planningEnd()
    SendTrajectory(jointPositionPub, trajectoryPoint)
    WaitTrajectoryExecOver()

    SetBodyhubStatus(NodeControlId, 'reset')

    rospy.signal_shutdown('over')
```

代码保存好后，我们通过如下命令，运行刚刚设计的机器人动作：

```
$ rosservice call /MediumSize/ActPackageExec/actNameString "actNameReq: 'rosrun
   actexecpackage TrajectoryPlanExample.py'"
```

　　　或

```
$ rosrun actexecpackage TrajectoryPlanExample.py
```

在 V-REP 中，机器人的手部关节开始按照程序运动起来，如图 5.44 所示。

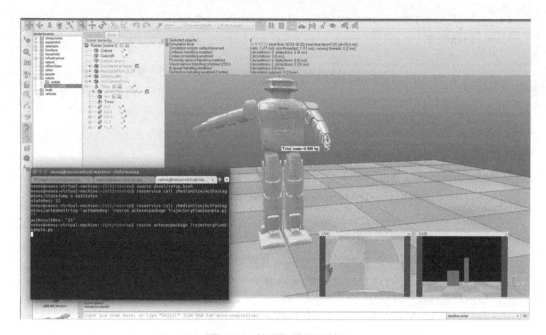

图 5.44   机器人关节控制

读者可以尝试修改 poseList 中的数据，即修改成你想要将机器人的关节转动到的角度，然后完成机器人的关节运动。这里需要注意，关节转动到的角度是相对于机器人本体，角度值是绝对值，正负代表方向。

下面，请读者自己尝试一下吧，这里我们提供了金鸡独立的代码，大家可以试一试，看看仿真效果如何。

```
poseList = [
    [0,0,0,0,0,0, 0,0,0,0,0,0, 0,-75,-10, 0,75,10, 0,0, 0,0],
    [0,0,0,0,0,0,0,0,0,0,0,0,0,0,-100,-30,0,100,30,0,0,0,0],
    [-8,8,0,0,0,15,-8,15,0,10,7,15,0,-100,-30,0,100,30,0,0,0,0],
    [-8,3,0,0,0,15,-8,6,-75,106,40,10,0,-10,0,0,10,0,0,0,0,0],
    [-8,3,0,0,0,15,-8,6,-75,106,40,10,0,40,-50,0,-40,50,0,0,0,0],
    [0,8,0,0,0,15,0,15,0,0,0,15,0,-10,0,0,10,0,0,0,0,0],
    [0,0,0,0,0,0,0,0,0,0,0,0,0,0,-100,-30,0,100,30,0,0,0,0],
]
```

5.2.4　仿真中的步态运行

人形机器人的基础功能就是行走，如何走得好是最困难的。目前，国内外的工程师们在双足人形机器人的步态算法方面，进行了大量的研究。其主要是通过测量机器人的物理参数，如关节与关节之间的距离、舵机的转速等，根据雅可比矩阵，建立机器人正、逆运动学关系矩阵求解，求解到每个舵机的参数，再把参数发送给舵机，完成机器人的运动控制。除此之外，还可以采用人类行走的数据控制机器人行走，实质是依据人类行走的关节数据来研究人形机器人的步态规划。但是由于人形机器人和人类在运动学、动力学方面存在差异性，人类行走数据不能直接利用在人形机器人上，需要根据动力学和运动学的知识，通过不同的参数优化方法来完成机器人的步态规划。

我们在 5.2.3 节已经学习了如果对机器人的关节进行控制，通过步态算法，即可实现 Roban 机器人的双足步行。由于步态算法涉及的知识较多，这里我们不再展开。读者可以根据本书第 8 章的内容，进行深入学习。

Roban 机器人的开发工程师们已经设计了其对应步态，并存储在我们之前编译的 ros 包中，直接调用就可以使 Roban 机器人运动起来。

1. gaitcommander 简介

gaitcommander 提供了一个控制机器人多方向移动的节点，可以修改步数和指令，完成机器人运动控制。

它所包含的话题，主要是发布话题：

- /gaitCommand

它所包含的服务有两个：

- /gaitCommandNode/get_loggers
- /gaitCommandNode/set_logger_level

运行此节点，使用者即可通过键盘或者编程对机器人运动进行控制。

2. 遥控案例

与调用其他节点一样，我们首先启动 BodyHub 节点，并且占用状态机。我们以状态机 ID 6 为例，然后通过以下指令，将状态机跳转到 walking，如图 5.45 所示。

```
$ rosservice call /MediumSize/BodyHub/StateJump 6 walking
```

跳转成功后，我们发现机器人进入了半蹲状态。

然后，我们启动 gaitcommander 节点，在终端中输入如下命令：

```
$ rosrun gait_command gait_command_node
```

图 5.46 所示为启动节点。

图 5.45 指令控制状态转换到 walking

图 5.46 启动节点

启动节点后，可以发现终端变成了带输入状态。这时我们就可以通过键盘对 Roban 机器人进行控制，完成仿真步态的运行，如图 5.47 所示。

具体控制指令如表 5.1 所示。

不过，这里指令和步数是固定的，读者如果需要自定义，可以修改/gaitcommander/src 文件夹下的 main.cpp 文件，然后重新编译即可。

3. 自动案例

既然我们可以通过开启 gaitcommander 节点，使用按键控制机器人运动，那么，我们是否可以通过 Python 脚本，让机器人按照我们预先设定的路径进行移动呢？

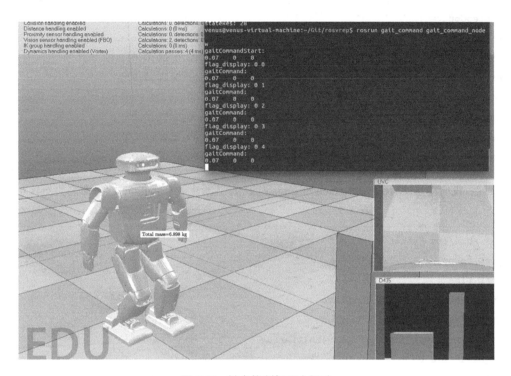

图 5.47　键盘控制机器人运动

表 5.1　控制指令表

按键	指令	动作
s	S_command	原地踏步
w	W_command	前进
a	A_command	右移
d	D_command	左移
z	Z_command	右转
c	C_command	左转
k		定制移动
q	exit(0)	退出

根据第 2 章和第 3 章的内容，这当然是可以的，那么让我们来实践一下吧。

首先，我们需要知道 gaitcommander 节点发布的消息是什么，这里我们查看 /rosV-REP/src/gaitcommander/src 下的 main.cpp 文件：

```
int stepCount=6;
bool start=true;
const Eigen::Vector3d S_command = Eigen::Vector3d(0.00,0.00,0.0);
const Eigen::Vector3d W_command = Eigen::Vector3d(0.07,0.00,0.0);
const Eigen::Vector3d A_command = Eigen::Vector3d(0.00,-0.04,0.0);
const Eigen::Vector3d D_command = Eigen::Vector3d(0.00,0.04,0.0);
const Eigen::Vector3d Z_command = Eigen::Vector3d(0.00,0.00,10.0);
const Eigen::Vector3d C_command = Eigen::Vector3d(0.00,0.00,-10.0);
```

然后，我们在 /rosV-REP/src/gaitcommander/scripts 下新建一个 Python 文件，命名为 gait_test.py，代码如下：

```python
#!/usr/bin/env Python
import rospy
import time
from bodyhub.srv import SrvState
from std_msgs.msg import Bool
from std_msgs.msg import Float64MultiArray
GAIT_RANGE = 0.05
walkingPub = rospy.Publisher('/gaitCommand', Float64MultiArray, queue_size=1)


def walking_client(walkstate):
    rospy.wait_for_service("/MediumSize/BodyHub/StateJump")
    client = rospy.ServiceProxy("/MediumSize/BodyHub/StateJump", SrvState)
    client(2, walkstate)


def slow_walk(direction, stepnum):
    """
    :param direction: "forward" or "backward"
    :param stepnum: int num
    :return:
    """
    array = [0.0, 0.0, 0.0]
```

```
    if direction == "forward":
        array[0] = GAIT_RANGE
    elif direction == "backward":
        array[0] = -1 * GAIT_RANGE
    elif direction == "leftward":
        array[1] = 1 * GAIT_RANGE
    elif direction == "rightward":
        array[1] = -1 * GAIT_RANGE
    else:
        rospy.logerr("error walk direction")
    for i in range(stepnum):
        if rospy.wait_for_message("/requestGaitCommand", Bool):
            walkingPub.publish(data=array)


def main():
    rospy.init_node("gait_test",)
    time.sleep(2)
    walking_client("setStatus")
    walking_client("walking")
    slow_walk("forward",6)
    slow_walk("leftward",12)
    slow_walk("backward",6)
    slow_walk("rightward",12)


if __name__ == '__main__':
    main()
```

对 ROS 工作空间编译后，我们进行与 5.2.3 节遥控案例相同的操作，启动 BodyHub 和 gaitCommander 节点，如图 5.48 所示。

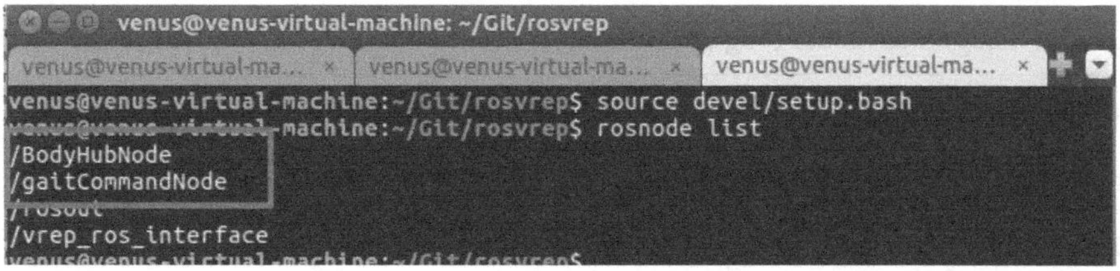

图 5.48　启动节点

然后，我们启动刚刚编写的 Python 文件，可以发现机器人开始运动了，并且运动轨迹是按照我们刚刚制定的方向和步数，如图 5.49 所示。

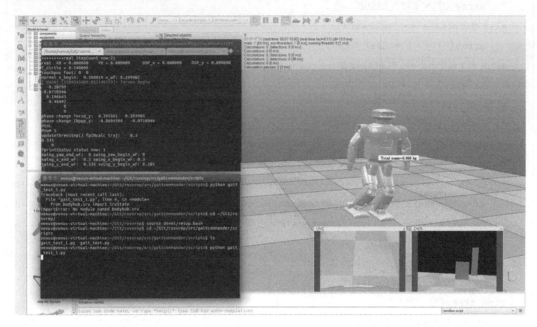

图 5.49 程序运行

```
$ python gait_test.py
```

下面，我们对刚刚的 Python 代码进行说明：

```
#!/usr/bin/env Python
import rospy
import time
from bodyhub.srv import SrvState
from std_msgs.msg import Bool
from std_msgs.msg import Float64MultiArray
GAIT_RANGE = 0.05
walkingPub = rospy.Publisher('/gaitCommand', Float64MultiArray, queue_size=1)
```

首先，我们引入所需要的包及 ros 话题和服务，并声明 GAIT_RANGE 为 0.05，对于这个数据，读者可以尝试修改，这对后面的机器人步态仿真有一定的影响。

```
def walking_client(walkstate):
    rospy.wait_for_service("/MediumSize/BodyHub/StateJump")
```

```
client = rospy.ServiceProxy("/MediumSize/BodyHub/StateJump", SrvState)
client(2, walkstate)
```

这里我们定义了状态机跳转函数。

```python
def slow_walk(direction, stepnum):
    """
    :param direction: "forward" or "backward"
    :param stepnum: int num
    :return:
    """
    array = [0.0, 0.0, 0.0]
    if direction == "forward":
        array[0] = GAIT_RANGE
    elif direction == "backward":
        array[0] = -1 * GAIT_RANGE
    elif direction == "leftward":
        array[1] = 1 * GAIT_RANGE
    elif direction == "rightward":
        array[1] = -1 * GAIT_RANGE
    else:
        rospy.logerr("error walk direction")
    for i in range(stepnum):
        if rospy.wait_for_message("/requestGaitCommand", Bool):
            walkingPub.publish(data=array)
```

这里我们定义了步态运行函数，读者需要注意的就是步态指令与参数，需要与我们之前的 .cpp 文件对应。

```python
def main():
    rospy.init_node("gait_test",)
    time.sleep(2)
    walking_client("setStatus")
    walking_client("walking")
    slow_walk("forward",6)
    slow_walk("leftward",12)
```

```
slow_walk("backward",6)
slow_walk("rightward",12)
```

最后，我们定义了主函数，这里主要是完成状态机的跳转，设定步态和步数。

至此，关于 Roban 机器人在 V-REP 的关节运动与步态运行就介绍完了，读者快动手尝试一下吧。

5.3　V-REP 传感器使用

机器人传感器在机器人的控制中起了非常重要的作用。正因为有了传感器，机器人才具备了类似人类的知觉功能和反应能力。V-REP 和 ROS 给我们提供了丰富的传感器模块和通信方式，这里我们以视觉传感器和接近传感器为例进行讲解。

5.3.1　视觉传感器

机器视觉是机器人进行物体操控和导航的一个重要内容。目前市场上有许多 2D/3D 的视觉传感器，而且大多数传感器在 ROS 中都有驱动程序。Roban 机器人提供了两个相机：一个是位于头部即 Realsense D435 RGBD 深度摄像头，除了可以得到通常的 RGB 图像之外还可获取到分辨率为 1280×720 像素的深度信息，最高可以提供 30 帧的 RGB 图像以及 90 帧的深度图像，这给机器人进行 V-SLAM 导航的可能性提供了基础；另一个是标准的 UVC 摄像头，可以提供俯视视角的图像信息。这里，我们将讨论如何通过话题订阅视觉，进行编程。

另外，如果读者对开源计算机视觉库（Open Source ComputerVision，OpenCV）和点云库（Point Cloud Library，PCL）感兴趣，可以阅读《ROS 机器人高效编程》和《精通 ROS 机器人编程》，里面有详细的介绍，这里我们不再展开。

1. Camera 简介

首先，我们启动 ROS，打开 V-REP，并运行 BodyHub 节点，可以查看到话题中已经有了摄像头话题，并且 V-REP 中提供了摄像头窗口，可以直接查看，如图 5.50 和图 5.51 所示。

除了查看获取的图像之外，通过订阅话题，可以获得图像的参数，这里我们以视觉为例，调用 D435 视觉，通过如下命令，在另一个窗口中显示图像：

```
$ rosrun image_view image_view image:=<image topic> [image transport type]
```

例如：

```
$ rosrun image_view image_view image:=/sim/camera/D435/colorImage
```

通过小窗口即可查看机器人所见情况，如图 5.52 和图 5.53 所示。

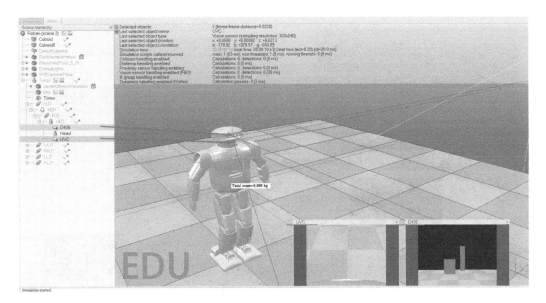

图 5.50　D435 和 UVC

```
/sim/camera/D435/colorImage
/sim/camera/D435/colorImage/compressed
/sim/camera/D435/colorImage/compressed/parameter_descriptions
/sim/camera/D435/colorImage/compressed/parameter_updates
/sim/camera/D435/colorImage/compressedDepth
/sim/camera/D435/colorImage/compressedDepth/parameter_descriptions
/sim/camera/D435/colorImage/compressedDepth/parameter_updates
/sim/camera/D435/colorImage/theora
/sim/camera/D435/colorImage/theora/parameter_descriptions
/sim/camera/D435/colorImage/theora/parameter_updates
/sim/camera/D435/depthImage
/sim/camera/UVC/rgbImage
/sim/camera/UVC/rgbImage/compressed
/sim/camera/UVC/rgbImage/compressed/parameter_descriptions
/sim/camera/UVC/rgbImage/compressed/parameter_updates
/sim/camera/UVC/rgbImage/compressedDepth
/sim/camera/UVC/rgbImage/compressedDepth/parameter_descriptions
/sim/camera/UVC/rgbImage/compressedDepth/parameter_updates
/sim/camera/UVC/rgbImage/theora
/sim/camera/UVC/rgbImage/theora/parameter_descriptions
/sim/camera/UVC/rgbImage/theora/parameter_updates
```

图 5.51　Camera_topic

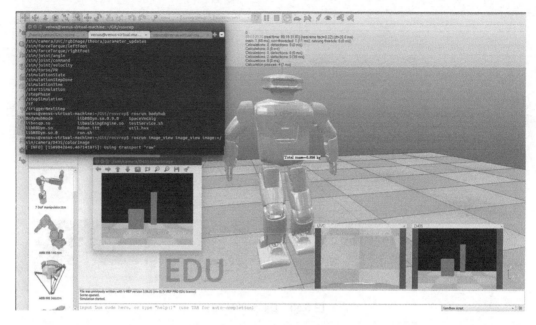

图 5.52　W_walking

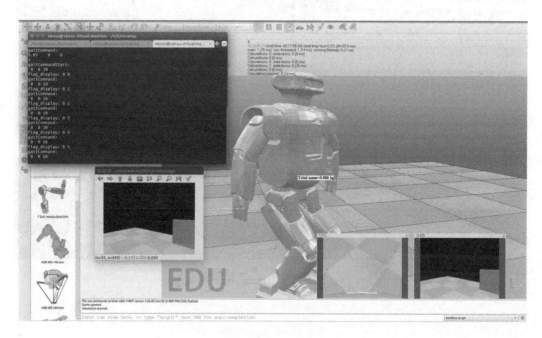

图 5.53　Z_walking

现在我们已经学会了如何从相机中获取图像，下面开始学习使用 ROS 和 OpenCV 进行图像处理。

2. 使用 cv_bridge 在 ROS 和 OpenCV 之间转换图像

下面，我们将学习如何在 ROS 图像消息（sensor_msgs/Image）和 OpenCV 图像数据（cv::Mat）之间进行图像转换。这种转换主要依赖 ROS 中的 cv_bridge 软件包，它是 vi- sion_opencv 软件包集的一部分。在 cv_bridge 软件包中，CvBridge 库用来执行这种转换。我们可以在代码中用 CvBridge 库执行这种转换。图5.54显示了如何在 ROS 和 OpenCV 之间完成转换。

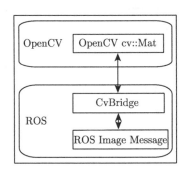

图 5.54　cv_bridge

在这里，CvBridge 库充当 ROS 消息与 OpenCV 图像互相转换的桥梁，我们将通过下面的例子讲解如何在 ROS 和 OpenCV 之间进行转换。

3. 使用 ROS 和 OpenCV 进行图像处理

本节中，我们将看到一个示例，该示例使用 cv_bridge 从相机中获取图像并且使用 OpenC-VAPI 来转换和处理图像。下面是该示例的工作流程：

（1）从相机节点的/sim/camera/D435/colorImage(sensor_msgs/Image) 话题订阅图像。

（2）用 CvBridge 将 ROS 图像转换为 OpenCV 图像类型。

（3）用 OpenCV 的 API 处理图像，找到图像的边缘。

（4）将边缘检测的 OpenCV 图像转换为 ROS 图像消息并将其发布到/edge_detector/processed_image 话题上。

下面一步一步地介绍该示例的操作步骤。

步骤 1：创建一个 ROS 软件包。

使用下面的命令创建一个新软件包：

```
$ catkin_create_pkg cv_bridge_tutorial_pkg cv_bridge image_transport roscpp sensor_
    msgs std_msgs
```

该软件包主要依赖 cv_bridge、image_transport 和 sensor_msgs。

步骤 2：创建源代码文件。

在 cv_bridge_tutorial_pkg/src 文件夹下，新建一个 C++ 文件，命名为 sample_cv_bridge_node. cpp，代码如下：

```cpp
#include <ros/ros.h>
#include <image_transport/image_transport.h>
#include <cv_bridge/cv_bridge.h>
#include <sensor_msgs/image_encodings.h>
#include <opencv2/imgproc/imgproc.hpp>
#include <opencv2/highgui/highgui.hpp>


static const std::string OPENCV_WINDOW = "Raw Image window";
static const std::string OPENCV_WINDOW_1 = "Edge Detection";


class Edge_Detector
{
  ros::NodeHandle nh_;
  image_transport::ImageTransport it_;
  image_transport::Subscriber image_sub_;
  image_transport::Publisher image_pub_;


public:
  Edge_Detector()
    : it_(nh_)
  {
    // Subscribe to input video feed and publish output video feed
    image_sub_ = it_.subscribe("/sim/camera/D435/colorImage", 1,
      &Edge_Detector::imageCb, this);
    image_pub_ = it_.advertise("/edge_detector/raw_image", 1);
    cv::namedWindow(OPENCV_WINDOW);


  }


  ~Edge_Detector()
  {
    cv::destroyWindow(OPENCV_WINDOW);
  }
```

```cpp
void imageCb(const sensor_msgs::ImageConstPtr& msg)
{

  cv_bridge::CvImagePtr cv_ptr;
  namespace enc = sensor_msgs::image_encodings;

  try
  {
    cv_ptr = cv_bridge::toCvCopy(msg, sensor_msgs::image_encodings::BGR8);
  }
  catch (cv_bridge::Exception& e)
  {
    ROS_ERROR("cv_bridge exception: %s", e.what());
    return;
  }

  // Draw an example circle on the video stream
  if (cv_ptr->image.rows > 400 && cv_ptr->image.cols > 600){

detect_edges(cv_ptr->image);
    image_pub_.publish(cv_ptr->toImageMsg());

}
}
void detect_edges(cv::Mat img)
{

  cv::Mat src, src_gray;
cv::Mat dst, detected_edges;

int edgeThresh = 1;
int lowThreshold = 200;
int highThreshold =300;
int kernel_size = 5;

img.copyTo(src);
```

```
   cv::cvtColor( img, src_gray, CV_BGR2GRAY );
        cv::blur( src_gray, detected_edges, cv::Size(5,5) );
   cv::Canny( detected_edges, detected_edges, lowThreshold, highThreshold, kernel_size
        );


     dst = cv::Scalar::all(0);
     img.copyTo( dst, detected_edges);
   dst.copyTo(img);


        cv::imshow(OPENCV_WINDOW, src);
        cv::imshow(OPENCV_WINDOW_1, dst);
        cv::waitKey(3);


   }


};


int main(int argc, char** argv)
{
  ros::init(argc, argv, "Edge_Detector");
  Edge_Detector ic;
  ros::spin();
  return 0;
}
```

步骤 3：代码说明。

下面是完整的代码解释：

```
#include <image_transport/image_transport.h>
```

此段代码用 image_transport 软件包发布和订阅 ROS 中的图像。

```
#include <cv_bridge/cv_bridge.h>
#include <sensor_msgs/image_encodings.h>
```

这两个头文件包含了 CvBridge 类以及与图像编码相关的函数。

```
#include <opencv2/imgproc/imgproc.hpp>
#include <opencv2/highgui/highgui.hpp>
```

这两个头文件包含了 OpenCV 图像处理模块和 GUI 模块，分别提供图像处理和 GUI 的 API。

```
  image_transport::ImageTransport it_;
public:
  Edge_Detector()
    : it_(nh_)
  {
    // Subscribe to input video feed and publish output video feed
    // 订阅输入视频和发布输出视频
    image_sub_ = it_.subscribe("/sim/camera/D435/colorImage", 1,
      &Edge_Detector::imageCb, this);
    image_pub_ = it_.advertise("/edge_detector/raw_image", 1);
```

我们来仔细研究这行代码 image_transport::ImageTransport it_。这行代码创建了一个 Image-Transport 对象实例，用于发布和订阅 ROS 图像。ImageTransport 的 API 信息在下面介绍。

使用 image_transport 发布和订阅图像：

ROS 图像的传输与 ROS 中发布者和订阅者非常相似，它发布和订阅图像，并且带有相机信息。虽然我们可以使用 ros::Publisher 来发布图像数据，但是使用图像传输是发送图像数据更有效的方式。

图像传输的 API 是由 image_transport 软件包提供的。使用这些 API，我们可以用不同的压缩格式来传输图像。例如，我们可以传输未压缩图像，也可以传输 JPEG/PNG 压缩格式图像；或者在单独话题中，用 Theora 压缩格式来传输图像；还可以通过插件添加其他不同的传输格式。默认情况下，我们可以看到用压缩格式和 Theora 格式的传输。

```
image_transport::ImageTransport it_;
```

在这行代码中，我们创建了一个 ImageTransport 类的实例。

```
image_transport::Subscriber image_sub_;
image_transport::Publisher image_pub_;
```

在这两行代码中，用 image_transport 对象声明了订阅者和发布者对象，用于订阅和发布图像数据。

```
image_sub_ = it_.subscribe("/sim/camera/D435/colorImage", 1,
  &Edge_Detector::imageCb, this);
image_pub_ = it_.advertise("/edge_detector/raw_image", 1);
```

上面的代码显示了如何实现订阅和发布图像数据。

```
  cv::namedWindow(OPENCV_WINDOW);
}
~Edge_Detector()
{
  cv::destroyWindow(OPENCV_WINDOW);
}
```

上面的代码中，cv::namedWindow() 是一个 OpenCV 函数，用于创建 GUI 窗口，显示图像。该函数的参数是 GUI 的窗口名。在析构函数中，根据窗口名来销毁 GUI 窗口。

使用 cv_bridge 将 OpenCV 的图像转换为 ROS 格式的图像。

imageCb() 是一个图像的回调函数，它用 CvBridge 的 API 将 ROS 图像消息转换为 OpenCV 下的 cv::Mat 类型数据。下面是在 ROS 和 OpenCV 之间进行转换的代码。

```
void imageCb(const sensor_msgs::ImageConstPtr& msg)
{

  cv_bridge::CvImagePtr cv_ptr;
  namespace enc = sensor_msgs::image_encodings;

  try
  {
    cv_ptr = cv_bridge::toCvCopy(msg, sensor_msgs::image_encodings::BGR8);
  }
  catch (cv_bridge::Exception& e)
  {
    ROS_ERROR("cv_bridge exception: %s", e.what());
    return;
  }
```

要想启动 CvBridge，首先需要创建一个 CvImage 的实例。下面的代码即创建了一个 CvImage 的指针：

```
cv_bridge::CvImagePtr cv_ptr;
```

CvImage 是由 cv_bridge 提供的一个类，由 OpenCV 图像、编码方式、ROS 消息头等信息组成。利用 CvImage，可以很方便地在 ROS 图像和 OpenCV 之间完成转换。

```
cv_ptr = cv_bridge::toCvCopy(msg, sensor_msgs::image_encodings::BGR8);
```

可以用两种方式来处理 ROS 图像消息：使用图像的副本或共享图像数据。使用图像副本时，可以处理图像。但是如果使用共享图像的指针，则不能修改图像数据。我们可以用 toCvCopy() 函数创建 ROS 图像副本，用 toCvShare() 函数得到图像指针。在这些函数中，我们需要提到 ROS 消息和编码类型。

```
   if (cv_ptr->image.rows > 400 && cv_ptr->image.cols > 600){
detect_edges(cv_ptr->image);
     image_pub_.publish(cv_ptr->toImageMsg());
}
```

这段代码从 CvImage 实例中提取图像及其属性，并从该实例中访问 cv::Mat 对象，只检查图像的行和列是否在特定范围内。如果在特定范围内，则调用另一个方法 detect_edges(cv::Mat)。该方法处理图像并显示边缘检测的结果图像。

```
     image_pub_.publish(cv_ptr->toImageMsg());
```

上面这行代码在转换为 ROS 图像消息后发布边缘检测图像。在这里，我们用 toImageMsg() 函数将 CvImage 实例转换为 ROS 图像消息。

图像边缘检测：

将 ROS 图像转换为 OpenCV 类型后，将调用 detect_edges(cv::Mat) 函数进行图像的边缘检测，具体使用下述 OpenCV 的内置函数：

```
cv::cvtColor( img, src_gray, CV_BGR2GRAY );
  cv::blur( src_gray, detected_edges, cv::Size(5,5) );
cv::Canny( detected_edges, detected_edges, lowThreshold, highThreshold,
          kernel_size );
```

这里，调用 cvtColor() 函数将 RGB 图像转换为灰色图像，调用 cv::blur() 函数对图像进行模糊处理。最后，用 Canny 边缘检测器提取图像中的边缘。

显示原始图像和边缘检测图像：

我们用 OpenCV 的 imshow() 函数显示图像数据。该函数包含窗口名称和图像名称：

```
cv::imshow(OPENCV_WINDOW, src);
cv::imshow(OPENCV_WINDOW_1, dst);
cv::waitKey(3);
```

步骤 4：编辑 CMakeLists.txt 文件。

下面是 CMakeLists.txt 文件的内容。因为本例需要 OpenCV 的支持，所以要包含 OpenCV 头文件的路径，并将源代码与 OpenCV 库路径连接起来：

```
include_directories(
  ${catkin_INCLUDE_DIRS}
  ${OpenCV_INCLUDE_DIRS}
)


add_executable(sample_cv_bridge_node src/sample_cv_bridge_node.cpp)

target_link_libraries(sample_cv_bridge_node
  ${catkin_LIBRARIES}
  ${OpenCV_LIBRARIES}
)
```

步骤 5：编译并运行示例。

使用 catkin_make 编译软件包后，就可以使用下面的命令来运行这个节点。

（1）启动 BodyHub 节点：

```
$ roslaunch bodyhub bodyhub.launch sim:=true
```

（2）运行 cv_bridge 节点：

```
$ rosrun cv_bridge_tutorial_pkg sample_cv_bridge_node
```

（3）如果一切正常，我们将看到两个窗口，如图5.55所示，第一个窗口显示原始图像；如图5.56 所示，第二个窗口显示处理后的边缘检测图像。

除了以上案例提供的 2D 图像处理，还可以使用 D435 获取的 3D 点云数据，进行更多的应用开发，读者快动手试试吧。

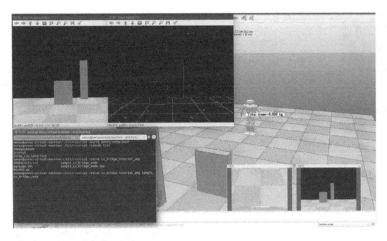

图 5.55　原始图像和边缘检测图像 1

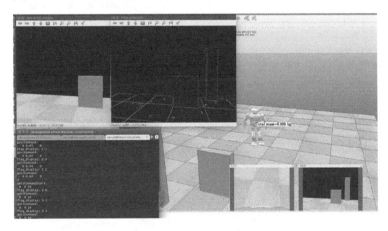

图 5.56　原始图像和边缘检测图像 2

5.3.2　接近传感器

除了 Roban 机器人本身携带的传感器，我们在 V-REP 中也可以给它添加新的传感器，这里我们以接近传感器为例。接近传感器的类型从超声波到红外线，从光线型号到圆锥型号，有很多种，这里需要根据使用场景进行选择，读者可以通过阅读官方文档进行学习，本节仅以圆锥型进行展开。

选用圆锥型的原因：大部分接近传感器是最好、最精确的模型；选择合适的精度和运行模式，其可以有更大的计算量。

具体操作如下：

（1）添加 Menu bar → Add → Proximity sensor → Cone type，如图 5.57 所示。

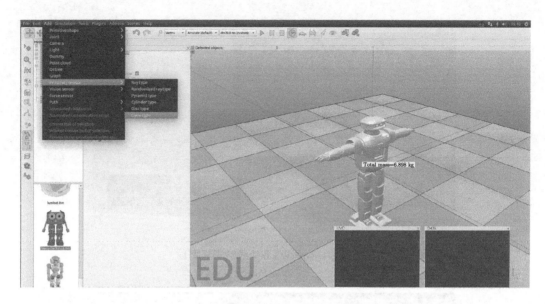

图 5.57 Cone type

（2）修改传感器的位置（即坐标）和朝向（即方向）。

修改朝向如图 5.58 所示。

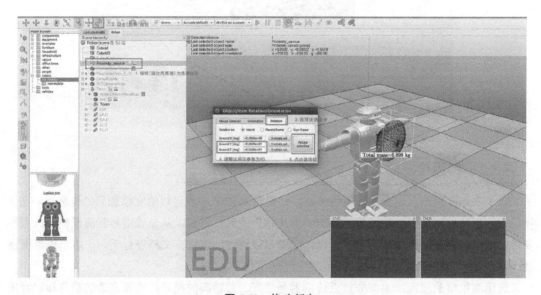

图 5.58 修改朝向

修改位置如图 5.59 所示。

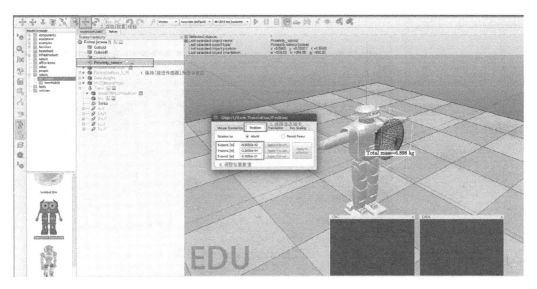

图 5.59　修改位置

（3）修改 proximity sensor（接近传感器）的参数，如图 5.60 所示。

（4）修改 proximity sensor（接近传感器）的名称，如图 5.61 所示。

（5）将对象 SensingNose 添加到 Roban 下并进行测试，如图 5.62 和图 5.63 所示。

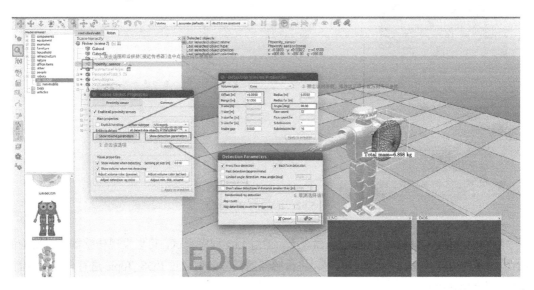

图 **5.60**　修改 proximity sensor 的参数

图 5.61 修改 proximity sensor 的名称

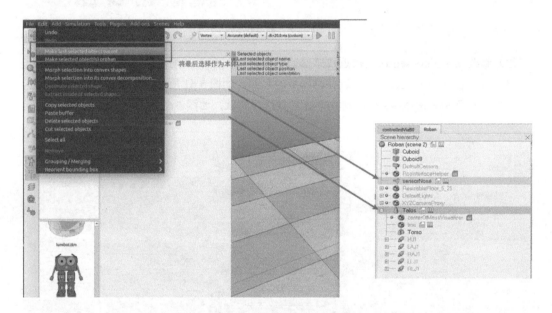

图 5.62 添加到 Roban 下

我们已经把传感器加到 Roban 机器人上，通过 Lua 程序测试，可以发现传感器是有反应的。结合 4.1.4 的内容，我们可以通过程序，将传感器的反应数值通过 ROS_Topic 进行传递，进而影响机器人运动控制。

这里涉及一定的 Lua 编程，读者需要对照 V-REP 提供的官方函数，对照练习。

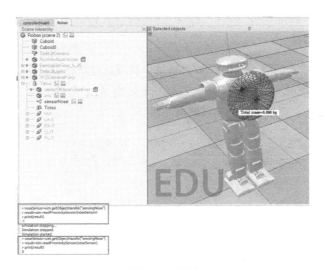

图 5.63　测试

5.4　V-REP 使用实践

根据前面几节的学习，我们已经掌握了如何在 V-REP 中控制 Roban 机器人，并完成设定的任务。这里我们以一个实例进行展示。我们以国际自主智能机器人大赛线上赛为例，对其中的赛项进行展示。

图5.64所示是比赛场地的立体示意图。在真实比赛中，任务出现的顺序以及在每个任务中路面和其他物体的颜色，都可能和图中显示的有所不同。

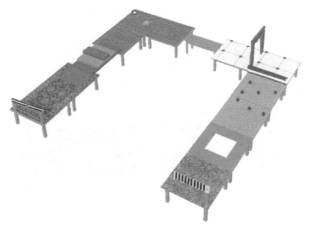

图 5.64　比赛场地

5.4.1 过坑路段

本节首先介绍机器人的第一个任务 **W** "过坑" 赛项。过坑路段路面情况：绿色路面，路宽（W）60 cm，总长 60 cm。路中央有一个方坑，长 × 宽（$L_1 \times L_2$）为 20cm×20 cm，深（H）15 cm，如图 5.65 所示。要求：直立通过有坑路段。

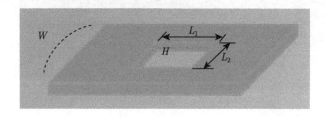

图 5.65 过坑路段

首先，在执行项目之前，需要对任务进行分析。

（1）机器人从出发点，到达过坑路段。

（2）机器人穿越过坑路段。

（3）机器人恢复主路线。

这里我们首先启动仿真环境，并打开由官方提供的仿真环境，如图5.66所示。

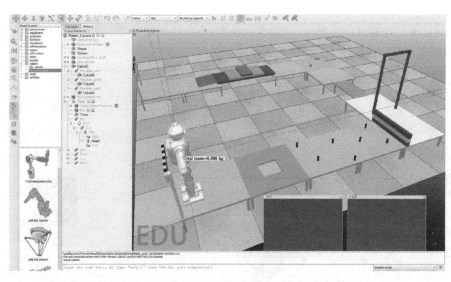

图 5.66 仿真环境

为了完成比赛，这里我们建议读者以脚本的形式启动 **BodyHub** 等节点，并调用服务完成赛项。本节因为是例程，所以仍采用前面几节介绍的分多个终端进行操作，如图 5.67 所示。

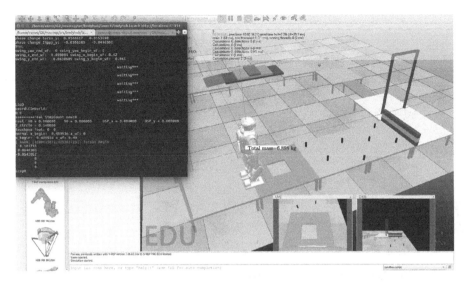

图 5.67　多终端运行

首先，机器人直行前进，然后要判断机器人是否到达过坑路段。这里，可以根据距离和机器人步态预估到达所需的步数，也可以通过视觉识别过坑路段的路面颜色，即识别绿色路面。本节以视觉传感器识别视野内绿色占比的多少来判读是否到达了绿色过坑路面。读者可以根据 UVC摄像头图像，利用 C++ 或者 Python 编程，计算出视野内的绿色占比，当绿色占比达到阈值时，机器人到达过坑路段，准备过坑。

图 5.68 所示为机器人出发；图 5.69 所示为机器人识别到过坑路段。

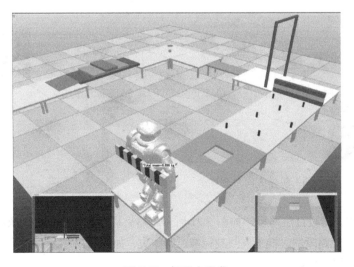

图 5.68　机器人出发

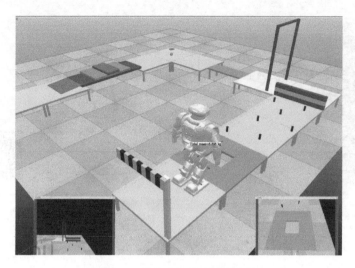

图 5.69 机器人识别到过坑路段

到达过坑路段后,机器人左移,准备过坑,如图 5.70 所示。这里读者可以通过对 UVC 摄像头图像进行边缘化处理,识别到机器人方向,左侧路径,并将机器人移动到路径中央。

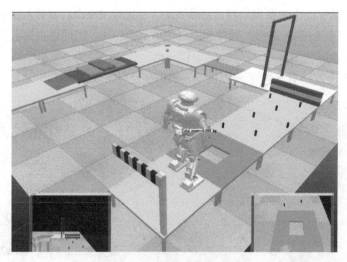

图 5.70 机器人向左侧移动

到达后,机器人前进,通过过坑路段,如图 5.71 所示。然后机器人检测到达区域边缘,如图 5.72 所示。识别到离开此路段后,机器人回到标准道路中央,如图 5.73 所示。这部分可以使用我们前面的代码,仅对相关参数进行调整。

图 5.71　机器人通过过坑路段

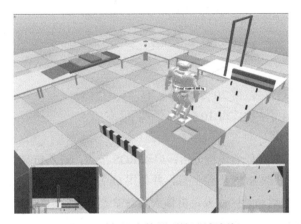

图 5.72　机器人检测到达区域边缘

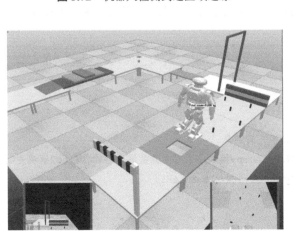

图 5.73　机器人恢复到标准路径中央

至此，机器人就完成了第一个赛项，是不是很简单呢？读者快自己尝试一下吧！

5.4.2 雷区路段

完成"过坑"赛项后，机器人进入雷区路段。路面情况：路面上随机放有 7 个黑色圆柱，代表地雷；地雷两两中心间距（W）大于或等于 30 cm。地雷直径（D）为 2 cm、高度（H）为 5 cm，如图5.74所示。

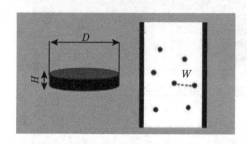

图 5.74 雷区路段

要求：

（1）直立行走通过，不触碰地雷，得 20 分。

（2）直立行走通过，触碰地雷 1 次，得 10 分。

（3）以其他形式通过，得 0 分。

首先，在执行项目之前，需要对任务进行分析：启动 ROS 节点，进入仿真状态；选定机器人视角，即选用 UVC 摄像头；获取 ROS 图像信息，并使用 OpenCV 进行图像处理，识别黑色地雷位置；设定黑色地雷导致的运动禁区；设定机器人运动参数；根据识别到的地雷位置信息和机器人运动信息，设计机器人运动，完成任务。

完成以上任务，主要注意的就是黑色地雷的识别，以及运动中的步态控制。

示例代码及解析如下：

```python
#passMinefield_node
#!/usr/bin/env Python
# -*- coding: UTF-8 -*-

# 首先导入程序所需要的库和ROS相关的消息
# 主要导入了numpy模块和cv2模块。numpy模块用于对图像数组进行操作；cv2模块是OpenCV的Python
# 包装器，用来访问OpenCV的Python应用程序接口（API）
import sys
import time
import sys, tty, termios
```

```
import rospy
import rospkg

import cv2
import numpy as np
from cv_bridge import *
from sensor_msgs.msg import *

# 调用官方提供的Roban功能包
sys.path.append(rospkg.RosPack().get_path('leju_lib_pkg'))
import motion.motionControl as mCtrl

sys.path.append(rospkg.RosPack().get_path('publiclib_pkg'))
import vision.imageProcessing as imgPrcs
import algorithm.pidAlgorithm as pidAlg

# 设置占用状态机节点
nodeControlId = 2

# 设置步长
setpLength = [0.1, 0.06, 10.0] # x, y ,theta
errorThreshold = [4.0, 2.0, 2.0]

# 设置PID参数
xPid = pidAlg.PositionPID(p=0.0014)
yPid = pidAlg.PositionPID(p=0.00115)

# 设置HSV阈值(黑色地雷以及完成区域的墙)
lowerBlack = np.array([0, 0, 0])
upperBlack = np.array([2, 2, 10])
lowerBlue = np.array([110, 192, 192])
upperBlue = np.array([130, 255, 255])

mine = imgPrcs.ColorObject(lowerBlack, upperBlack)
wall = imgPrcs.ColorObject(lowerBlue, upperBlue)
```

```
# 将ROS图像消息转换为OpenCV的图像，使用bridge.imgmsg_to_cv2(image_message, desired_
# encoding='bgr8')，具体见后续代码
bridgeObj = CvBridge()
originImage = np.zeros((640,480,3), np.uint8)
fpsTime = 0
roiW, roiH = 240, 200


# 赋值ROSTopic话题
imageTopic = '/sim/camera/UVC/colorImage'


# 定义ROS图像消息处理函数
def imageCallback(msg):
    global originImage, fpsTime
    try:
        originImage = bridgeObj.imgmsg_to_cv2(msg, 'bgr8')
        w, h = originImage.shape[1], originImage.shape[0]
        originImage = originImage[h-roiH:h-40, w/2-roiW/2:w/2+roiW/2]
    except CvBridgeError as err:
        rospy.logerr(err)


    if False:
        t0 = time.time()
        imgPrcs.putVisualization(originImage, mine.detection(originImage))
        imgPrcs.putVisualization(originImage, wall.detection(originImage))
        t1 = time.time()
        fps = 1.0/(time.time() - fpsTime)
        fpsTime = time.time()
        imgPrcs.putTextInfo(originImage,fps,(t1-t0)*1000)
        cv2.imshow("Image window", originImage)
        cv2.waitKey(1)

# 获取地雷的X坐标，并处理获得禁区数据
def GoToXOfMine(targetx):
    global errorThreshold
    while not rospy.is_shutdown():
```

```python
        result = mine.detection(originImage)
        if result['find'] == True:
            xError = targetx - result['Cy']
            if abs(xError) < errorThreshold[0]:
                break
            xLength = xPid.run(xError)
            mCtrl.WalkTheDistance(xLength, 0, 0)
            mCtrl.WaitForWalkingDone()


# 获取地雷的Y坐标，并处理获得禁区数据
def GoToYOfMine(targety):
    global errorThreshold
    while not rospy.is_shutdown():
        result = mine.detection(originImage)
        if result['find'] == True:
            w, h = originImage.shape[1], originImage.shape[0]
            if result['Cx'] > w/2:
                yError = (w-targety) - result['Cx']
            else:
                yError = targety - result['Cx']
            if abs(yError) < errorThreshold[0]:
                break
            yLength = yPid.run(yError)
            mCtrl.WalkTheDistance(0, yLength, 0)
            mCtrl.WaitForWalkingDone()


# 定义躲避地雷函数
def passMinefield():
    while not rospy.is_shutdown():
        result = wall.detection(originImage)
        if result['find'] == True:
            break
        result = mine.detection(originImage)
        if result['find'] == True:
            GoToXOfMine(115)
            GoToYOfMine(8)
```

```
            for i in range(0, 3):
                mCtrl.SendGaitCommand(0.04, 0.0, 0.0)
            mCtrl.WaitForWalkingDone()

    # 定义程序终止函数
    def rosShutdownHook():
        mCtrl.ResetBodyhub()
        rospy.signal_shutdown('node_close')


    # 定义主函数
    if __name__ == '__main__':
        rospy.init_node('passMinefield_node', anonymous=True)
        time.sleep(0.2)
        rospy.on_shutdown(rosShutdownHook)
        rospy.Subscriber(imageTopic, Image, imageCallback)
        rospy.loginfo('node runing...')

        if mCtrl.SetBodyhubTo_walking(nodeControlId) == False:
            rospy.logerr('bodyhub to wlaking fail!')
            rospy.signal_shutdown('error')
            exit(1)
        time.sleep(1)


        passMinefield()


        mCtrl.ResetBodyhub()
        rospy.signal_shutdown('exit')
```

下面，我们进行实践操作，首先启动仿真环境，并打开由官方提供的仿真环境，如图5.75所示。

然后，在该终端执行以下命令，以仿真模式启动节点：

```
$ roslaunch bodyhub bodyhub.launch sim:=true
```

启动 Bodyhub 节点后，运行我们刚刚编写的案例程序：

```
$ Python passMinefield_node.py
```

机器人开始运行，并识别黑色地雷及躲避，如图 5.76 和图 5.77 所示。

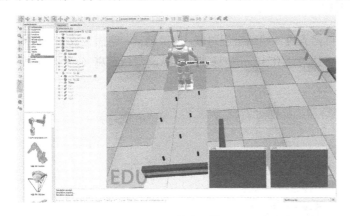

图 5.75　仿真环境

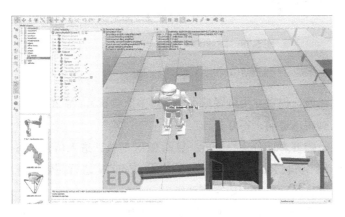

图 5.76　程序运行

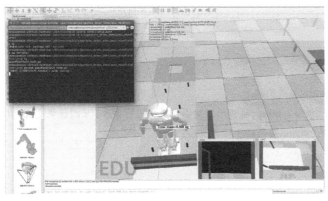

图 5.77　通过雷区路段

5.4.3 踢球进洞路段

完成"雷区"赛项后，机器人进入踢球进洞路段，路面情况：路面上放有一枚高尔夫球。球洞直径（D）为 10 cm，洞口边沿画有 1 cm 宽标识线，球洞与球距离（L）小于或等于 50 cm，如图5.78所示。

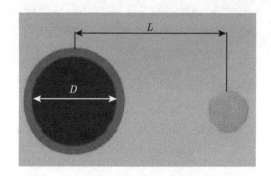

图 5.78 踢球进洞路段

要求：

（1）可以任何形式通过路段，但直立用脚踢球进洞（可多次尝试），得 20 分。

（2）通过，但未直立用脚踢球进洞，得 0 分。

首先，在执行项目之前，需要对任务进行分析：启动 ROS 节点，进入仿真状态；选定机器人视角，即选用 UVC 摄像头；获取 ROS 图像信息，并使用 OpenCV 进行图像处理，识别小球位置；根据识别信息控制机器人运动，并完成踢球动作。

完成以上任务，主要是图像处理及运动控制，这里我们使用 Python 程序进行实现，示例代码及解析如下：

```
#kickBall_node.py
#!/usr/bin/env Python
# -*- coding: UTF-8 -*-

# 首先导入程序所需要的库和ROS相关的消息
# 主要导入了numpy模块和cv2模块。numpy模块用于对图像数组进行操作；cv2模块是OpenCV的Python
# 包装器，用来访问OpenCV的Python应用程序接口（API）
import sys
import time
import sys, tty, termios
```

```python
import rospy
import rospkg

import cv2
import numpy as np
from cv_bridge import *
from sensor_msgs.msg import *

sys.path.append(rospkg.RosPack().get_path('leju_lib_pkg'))
import motion.motionControl as mCtrl

sys.path.append(rospkg.RosPack().get_path('publiclib_pkg'))
import vision.imageProcessing as imgPrcs
import algorithm.pidAlg as pidAlg

# 设定仿真模式
SIMULATION = True
nodeControlId = 2

# 根据模式选择PID控制参数
if SIMULATION:
    setpLength = [0.12, 0.08, 10.0] # x, y ,theta
    errorThreshold = [10.0, 10.0, 10.0]

    xPid = pidAlg.PositionPID(p=0.0016)
    yPid = pidAlg.PositionPID(p=0.001)
    aPid = pidAlg.PositionPID(p=0.18)
else:
    setpLength = [0.06, 0.03, 10.0] # x, y ,theta
    errorThreshold = [20.0, 20.0, 20.0]

    xPid = pidAlg.PositionPID(p=0.001)
    yPid = pidAlg.PositionPID(p=0.0003)
    aPid = pidAlg.PositionPID(p=0.09)
```

```
# 设定HSV阈值
lowerOrange = np.array([15, 100, 100])
upperOrange = np.array([25, 255, 255])
lowerCyan = np.array([80, 100, 100])
upperCyan = np.array([95, 255, 255])
lowerRed = np.array([0, 224, 96])
upperRed = np.array([16, 255, 240])


# 根据模式传递目标物信息，包括小球和球洞
if SIMULATION:
    ball = imgPrcs.ColorObject(lowerOrange, upperOrange)
else:
    ball = imgPrcs.ColorObject(lowerRed, upperRed)


hole = imgPrcs.ColorObject(lowerCyan, upperCyan)


# 将ROS图像消息转换为OpenCV的图像，使用bridge.imgmsg_to_cv2(image_message, desired_
# encoding='bgr8')，具体见后续代码
bridgeObj = CvBridge()
originImage = np.zeros((640,480,3), np.uint8)
fpsTime = 0


# 根据模式，选用对应的ROSTopic
if SIMULATION:
    imageTopic = '/sim/camera/UVC/colorImage'
else:
    imageTopic = '/chin_camera/image'


# 定义ROS图像消息处理函数
def imageCallback(msg):
    global originImage, fpsTime
    try:
        originImage = bridgeObj.imgmsg_to_cv2(msg, 'bgr8')

    except CvBridgeError as err:
```

```
            rospy.logerr(err)

        if False:
            t0 = time.time()
            imgPrcs.putVisualization(originImage, ball.detection(originImage))
            t1 = time.time()
            fps = 1.0/(time.time() - fpsTime)
            fpsTime = time.time()
            imgPrcs.putTextInfo(originImage,fps,(t1-t0)*1000)
            cv2.imshow("Image window", originImage)
            cv2.waitKey(1)


# 定义机器人运动函数，根据目标物位置信息进行控制
def GoToBall(targetx,targety,targeta):
    global errorThreshold
    while not rospy.is_shutdown():
        result = ball.detection(originImage)
        if result['find'] != False:
            xError = targetx - result['Cy']
            yError = targety - result['Cx']
            aError = targeta - result['Cx']
            if (abs(xError) < errorThreshold[0]) and (abs(yError) < errorThreshold[1]
                    and (abs(aError) < errorThreshold[2]):
                break
            xLength = xPid.run(xError)
            yLength = yPid.run(yError)
            aLength = aPid.run(aError)
            mCtrl.WalkTheDistance(xLength, yLength, aLength)
            mCtrl.WaitForWalkingDone()
        else:
            rospy.logwarn('no ball found!')
            time.sleep(0.5)


# 定义模拟准备踢球函数
def SimPrepareKickBall(targetx,targety,targeta):
```

```
    global errorThreshold
    while not rospy.is_shutdown():
        result1 = ball.detection(originImage)
        result2 = hole.detection(originImage)
        if (result1['find'] != False) and (result2['find'] != False):
            xError = targetx - result1['Cy']
            yError = targety - result1['Cx']
            aError = targeta - result2['Cx']
            if (abs(xError) < errorThreshold[0]) and (abs(yError) < errorThreshold[1])
                and (abs(aError) < errorThreshold[2]):
                break
            xLength = xPid.run(xError)
            yLength = yPid.run(yError)
            aLength = aPid.run(aError)
            mCtrl.WalkTheDistance(xLength, yLength, aLength)
            mCtrl.WaitForWalkingDone()


# 定义模拟踢球函数
def SimkickBall():
    global setpLength
    GoToBall(330.0,320.0,320.0)
    SimPrepareKickBall(360.0,280.0,285.0)
    mCtrl.SendGaitCommand(setpLength[0], 0.0, 0.0)
    mCtrl.WaitForWalkingDone()


# 定义任务完成后, 关闭节点函数
def rosShutdownHook():
    mCtrl.ResetBodyhub()
    rospy.signal_shutdown('node_close')



if __name__ == '__main__':
    # 启动节点并获取ROS图像信息
    rospy.init_node('kickBall_node', anonymous=True)
    time.sleep(0.2)
```

```
rospy.on_shutdown(rosShutdownHook)
rospy.Subscriber(imageTopic, Image, imageCallback)

rospy.loginfo('SIMULATION: %s',SIMULATION)
rospy.loginfo('node runing...')

# 判断BodyHub节点是否启动
if mCtrl.SetBodyhubTo_walking(nodeControlId) == False:
    rospy.logerr('bodyhub to wlaking fail!')
    rospy.signal_shutdown('error')
    exit(1)
time.sleep(2)
while not rospy.is_shutdown():
    if SIMULATION:
        SimkickBall()
        mCtrl.ResetBodyhub()
        rospy.signal_shutdown('exit')
    else:
        GoToBall(240.0,260.0,260.0)
        mCtrl.SendGaitCommand(0.06, 0.0, 0.0)
        mCtrl.WaitForWalkingDone()
        mCtrl.SendGaitCommand(0.12, 0.0, 0.0)
        mCtrl.WaitForWalkingDone()
```

下面，进行实践操作，首先启动仿真环境，并打开由官方提供的仿真环境，如图5.79所示。

然后，在该终端执行以下命令，以仿真模式启动节点：

```
$ roslaunch bodyhub bodyhub.launch sim:=true
```

启动 BodyHub 节点后，运行我们刚刚编写的案例程序：

```
$ python kickBall_node.py
```

机器人开始运行，并寻找目标小球及踢球进洞，如图 5.80 和图 5.81 所示。

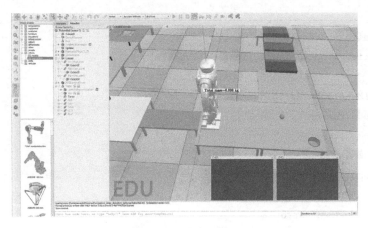

图 5.79　仿真环境

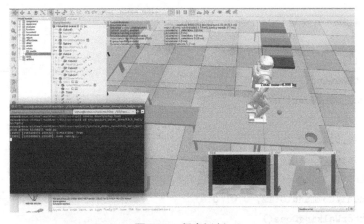

图 5.80　程序运行

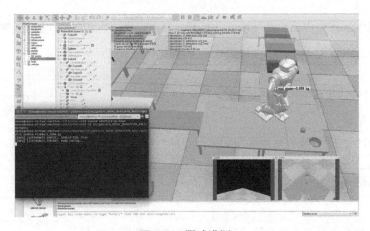

图 5.81　踢球进洞

## 第 6 章

Roban机器人运动控制基础

Roban 机器人由头、躯干、臂、手、腿、足等部件组成,连接两个部件的是关节。大多数相连部件之间可以在两个甚至三个方向上做相对运动,每个方向上的运动都是通过电机驱动机械结构完成的。本章首先介绍 Roban 的关节结构,然后介绍控制关节及运动的编程方法。

6.1 关节

Roban 机器人使用旋转集合横滚(roll)、俯仰(pitch)和偏转(yaw)表示运动姿态,分别对应绕 x、y 和 z 轴方向上的旋转。每个关节由关节 ID 代表其所处的位置,如图6.1所示。在描述关节的运动范围时,沿旋转轴顺时针方向转动为负,逆时针转动为正,单位为度或弧度。

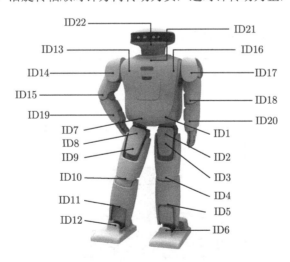

图 6.1 Roban 机器人关节

6.1.1 头部关节

头部关节包括做低头、仰头动作的 22 号关节以及做转头动作的 21 号关节。其中，低头（沿 y 轴逆时针方向）的最大幅度为 35°；仰头的最大幅度是 −24°。

头部左转（沿 z 轴逆时针方向）的最大幅度是 90°，右转的最大幅度是 90°。以弧度表示头部运动范围时，22 号关节的范围是 [−0.418, 0.6108]，21 号关节的范围是 [−1.57, 1.57]。由于头部两个关节相互耦合的影响，头部在同时做左右转动和低头动作时，动作范围会有所变化。头部关节运动情况如图6.2所示。

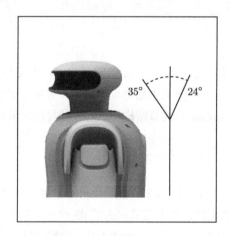

图 6.2 头部关节限位 1

头部左右运动的关节限位如图6.3所示。

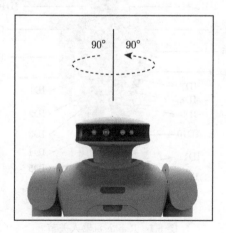

图 6.3 头部关节限位 2

6.1.2　手臂关节

臂部肢体通过肩部与躯干相连，包括肩关节、肘关节和手，臂部所有关节都是左右对称的，做绕 x 轴旋转的相同关节动作时，左右两侧旋转角度互反。臂部关节运动范围如图6.4所示。

（1）ID8 舵机肩关节，执行左右臂侧上举动作（绕 x 轴），动作幅度范围左臂为 $[0°，128°]$，右臂为 $[-128°，0°]$，弧度范围为 $[0, 2.233]$ 和 $[-2.233, 0]$。

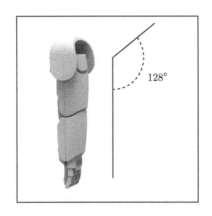

图 6.4　臂部关节限位

（2）ID7 肩关节，执行左右臂经体前前摆或后摆动作（绕 y 轴），动作幅度范围左臂为 $[180°，-90°]$，右臂为 $[90°-90°，180°]$，弧度范围为 $[3.14, -1.57]$ 和 $[1.57, -3.14]$。

（3）ElbowRoll, 肘关节，执行左右臂弯肘动作（绕 x 轴），包括 LEIbow Roll、REI bow Roll，动作幅度范围左肘为 $[-98°，5°]$，右肘为 $[5°，-98°]$ 弧度范围为 $[-1.71, 0.087]$ 和 $[-0.087, 1.71]$，参见图6.5。

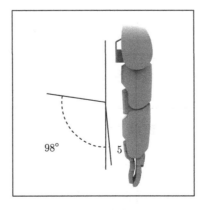

图 6.5　肘关节限位

6.1.3 髋关节

髋部连接腿部与躯干，用于控制腿部的运动。髋关节运动范围如图6.6所示。

（1）ID1 髋关节，执行左腿外转或内转动作（绕 z 轴旋转）运动幅度范围为 $[-90°, 90°]$，弧度范围为 $[-1.57, 1.57]$，如图6.6所示。

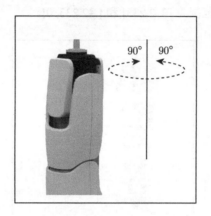

图 6.6 髋关节限位 1

（2）ID2 髋关节，执行左右侧摆动作（绕 x 轴旋转）运动幅度范围为 $[60°, -28°]$，弧度范围为 $[-1.04, 0.49]$，如图6.7所示。

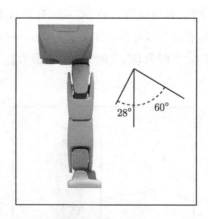

图 6.7 髋关节限位 2

6.1.4 腿部关节

腿部肢体通过髋部与躯干相连，包括髋关节、膝关节和踝关节，腿部所有关节都是左、右对称的。

（1）ID3 髋关节，执行腿部前后摆动作，用于将整条腿进行前后的摆动，运动幅度范围为 [72°，−80°]，弧度范围为 [1.256，−1.396]，如图6.8所示。

（2）ID4 膝关节，执行腿部前、后摆动作，用于将整条小腿进行前、后摆，运动幅度范围为 [6°，−100°]，弧度范围为 [0.785，−1.745]，如图6.9所示。

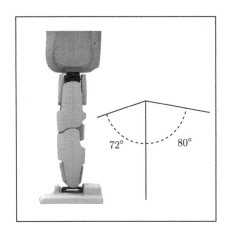

图 6.8　髋关节限位 3

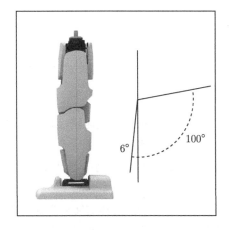

图 6.9　膝关节限位

（3）ID5 踝关节，执行脚部前后摆动作，用于将脚部前后摆，运动幅度范围为 [45°，−63°]，弧度范围为 [0.785，−1.099]，如图6.10所示。

（4）ID6 踝关节，执行脚部左右摆动作，用于将脚部左右摆，运动幅度范围为 [30°，−30°]，弧度范围为 [0.5235，−0.5235]，如图6.11所示。

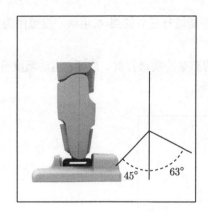

图 6.10 踝关节限位 1

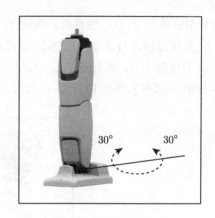

图 6.11 踝关节限位 2

6.1.5　伺服电机

Roban 为了更好地适应不同关节的需求，采用了 3 种不同类型的直流伺服电机，如表 6.1 所示。

表 6.1　多种直流伺服电机

型号	转速	堵转扭矩/N·m	额定扭矩/N·m	使用关节
LJ13B	0.23s/60°	1.6	0.5	头部，手部
LJR014	0.27s/60°	4	1	肩部，髋部
LJR006C	0.29s/60°	8	2	腿部

说明：

（1）为了增加扭力，每种伺服电机上都加有减速箱，通过与伺服电机连接的微型齿轮降低转速，对于不同类型的伺服电机，其减速比各不相同。

（2）转矩，简单地说，就是指转动的力量的大小。转矩是一种力矩，在物理学中，力矩的定义是：力矩＝力 × 力臂。

这里的力臂可以被看作伺服电机所带动的物体的转动半径。转矩的国际单位是 N·m。

堵转转矩和标称转矩反映了伺服电机在启动和正常工作状态下驱动力的大小。堵转转矩是指当电机转速为零（堵转）时的转矩，如膝关节电机在启动或维持半蹲状态时都处于堵转状态。额定转矩是电机可以长期稳定运行的转矩。

头部关节和手部关节需要带动的肢体较轻，采用转矩最小的电机。

臂关节和跨步偏转关节使用转矩中等的伺服电机。

腿部需要支撑 Roban 全身的重量，腿关节使用转矩最大的电机，同时自身的减速比也会做出一定的调整，使关节的输出扭矩可以满足机器人的使用要求。

（3）位置检测。所有的关节都是伺服控制的机构。也就是说，传输给电机的力或力矩指令都是根据检测到的关节位置与期望位置之间的差值而给定的。这就要求每个关节都要有一定的位置检测装置。Roban 的位置检测都是采用电位器实现的，电位器和减速箱的输出轴固连，根据输出轴的位置检测可以计算得到真实的关节转角，而控制系统根据实际关节转角和给定关节转角的差值，然后通过 PID 控制算法计算电压输出的信号。

（4）电流控制。机器人腿部关节的电流较大，因此腿部电机控制板上都有电流传感器。为了保护电机、电路板和关节的机械部分，每个关节都有电流限制。如果电流达到限制并持续，会触发保护机制，直接切断当前舵机的控制输出，从而达到保护机器人本体的目的。

6.2　完整动作执行

为了更加方便地执行预先定义好的动作，Roban 机器人提供了 ActExecPackage 包来对机器人动作包进行运动控制。下面将详细说明这个包的用法。首先介绍机器人动作包执行的状态机，状态转换如图6.12所示。

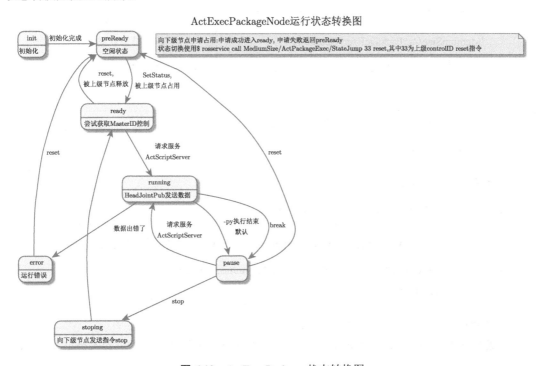

图 6.12　ActExecPackage 状态转换图

这个状态转换结构是为了确保当前阶段只能有一个节点对这个动作执行节点进行占用。下面简介示例动作文件的运行过程。

这个节点对应的 ROS 接口说明如下。

提供的话题（见表 6.2）。

表 6.2　话题

名称	说明	参数说明
/MediumSize/ActPackageExec/Status (std_msgs/UInt16)	动作执行节点当前状态的数值。	'init': 20 'preReady': 21 'ready': 22 'running': 23 'pause': 24 'stoping': 25 'error': 26

提供的服务（见表 6.3）。

表 6.3　服务

名称	说明
/MediumSize/ActPackageExec/GetStatus (SrvString)	返回节点状态机的状态；返回关节指令队列的长度
/MediumSize/ActPackageExec/StateJump (SrvState)	节点状态机跳转
/MediumSize/ActPackageExec/actNameString (SrvActScript)	需要执行的动作指令字符

在终端输入以下命令，启动节点：

```
rosrun actexecpackage ActExecPackageNode.py
```

使用上级节点通过/MediumSize/ActPackageExec/StateJump 服务占用启动的节点：

```
rosservice call /MediumSize/ActPackageExec/StateJump "masterID: 1
stateReq: 'setStatus'"
```

返回 stateRes: 22 占用成功，否则占用失败。

上级节点通过/MediumSize/ActPackageExec/actNameString 服务，运行机器人自定义动作：

```
rosservice call /MediumSize/ActPackageExec/actNameString "actNameReq: 'rosrun
   actexecpackage TrajectoryPlanExample.py'"
```

动作执行完成，使用以下命令释放动作执行节点：

```
rosservice call /MediumSize/ActPackageExec/StateJump "masterID: 1
stateReq: 'reset'"
```

以上对这个节点的操作是通过命令行所实现的，这些操作同样也可以使用对应的 ROS 接口编程进行实现。

6.3　运动控制

与机器人关节直接相关的行为在 Roban 机器人中都由 BodyHub 节点所实现，BodyHub 节点是上位机其他节点与下位机通信的中间节点，机器人的所有控制指令的发送和机器人数据的获取都通过此节点实施。BodyHub 实现了一个状态机来管理下位机，用 BodyHub 状态机管理下位机可确保如舵机这类执行器设备，在同一时刻只受一个上层节点控制，避免上层节点之间相互干扰导致控制异常，其状态机的状态跳转图如图6.13所示。

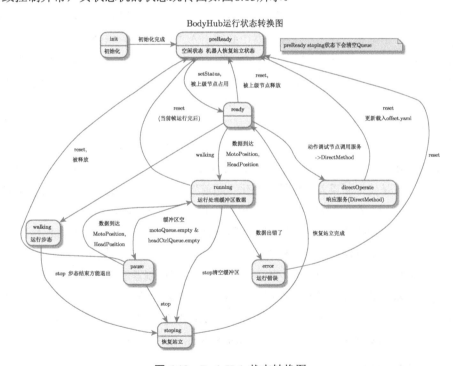

图 6.13　BodyHub 状态转换图

BodyHub 有许多不同状态，比如 ready 状态下在接收到舵机命令序列后就会切换到 running 状态，此时在缓冲区中的数据会被机器人以 10ms 的运动周期下发，在运行结束之后会自动切换到 pause 状态，通过 ROS 消息即可使得舵机按实际需要运动。此外该节点还提供 directmode，可以用于对机器人的关节参数进行配置，也可以直接操作机器人上的单个舵机运行。

6.3.1 舵机参数设置

与通常机器人关节相类似，Roban 机器人的伺服关节采用 PID 控制器对关节进行控制，PID 控制器即为比例-积分-微分控制，其对应的数学表达式为

$$u(t) = K_\mathrm{p}e(t) + K_\mathrm{i}\int_0^t e\left(t'\right)\mathrm{d}t' + K_\mathrm{d}\frac{\mathrm{d}e(t)}{\mathrm{d}t} \tag{6.1}$$

PID 控制器中有 3 个参数，通过调整这 3 个参数可以得到不同的控制效果，其具体的含义如下：

（1）比例（P）控制。比例控制是一种最简单的控制方式。其控制器的输出与输入误差信号成比例关系。当仅有比例控制时系统输出存在稳态误差。

（2）积分（I）控制。在积分控制中，控制器的输出与输入误差信号的积分成正比关系。对一个自动控制系统，如果在进入稳态后存在稳态误差，则称这个控制系统是有稳态误差的或简称有差系统。为了消除稳态误差，在控制器中必须引入"积分项"。积分项对误差取决于时间的积分，随着时间的增加，积分项会增大。这样，即便误差很小，积分项也会随着时间的增加而加大，它推动控制器的输出增大使稳态误差进一步减小，直到接近于零。因此，比例 + 积分（PI）控制器，可以使系统在进入稳态后几乎无稳态误差。

（3）微分（D）控制。在微分控制中，控制器的输出与输入误差信号的微分（即误差的变化率）成正比关系。自动控制系统在克服误差的调节过程中可能会出现振荡甚至失稳。其原因是存在有较大惯性组件（环节）或有滞后组件，具有抑制误差的作用，其变化总是落后于误差的变化。解决的办法是使抑制误差的作用的变化"超前"，即在误差接近零时，抑制误差的作用就应该是零。这就是说，在控制器中仅引入"比例"项往往是不够的，比例项的作用仅是放大误差的幅值，而需要增加的是"微分项"，它能预测误差变化的趋势，这样，具有比例 + 微分的控制器，就能够提前使抑制误差的控制作用等于零，甚至为负值，从而避免了被控量的严重超调。所以对有较大惯性或滞后的被控对象，比例 + 微分（PD）控制器能改善系统在调节过程中的动态特性。对于机器人的动作，需要根据实际的动作运行情况对于 PID 参数进行适当修改。

对于机器人的关节，可以采用 /MediumSize/BodyHub/DirectMethod/InstWriteVal （bodyhub::SrvInstWrite）的接口写入关节的 PID 参数，从而对机器人关节进行控制。

6.3.2 关节位置控制

在机器人的使用过程中，也可以采用对单舵机控制的方式对机器人的各关节进行控制，通过对于系统部分状态机跳转的控制以及通过 ROS 对应话题数据的发送即可实现对实际机器人关节的控制操作。

此处以人脸跟踪效果为例来说明关节跟踪的方式，截取人脸跟踪部分头部舵机数据发送的部分代码进行讲解。

（1）其中在初始化部分对应的头部位置发送话题为 /MediumSizeBodyHubHeadPosition。

（2）在 set_head_servo 函数中实际上就是将头部舵机对应的上下转角与左右转角进行格式化，并且发送出去。

```
 1
 2  def set_head_servo(angles):
 3      """set head servos angle
 4
 5      :param angles:[pan, tilt]
 6      :return:
 7      """
 8      angles = array.array("d", angles)
 9      Face.HeadJointPub.publish(positions=angles, mainControlID=2)
10      time.sleep(0.01)
11
12  def __init__(self):
13      self.running = True
14      self.size = 0.5
15      self.face = 0, 0, 0, 0
16      self.face_roi = 0, 0, 0, 0
17      self.face_template = None
18      self.found_face = False
19      self.template_matching_running = False
20      self.template_matching_start_time = 0
21      self.template_matching_current_time = 0
22      self.center_x = 160
23      self.center_y = 120
24      self.pan = 0
25      self.tlt = 0
26      self.error_pan = 0
27      self.error_tlt = 0
28      self.HeadJointPub = rospy.Publisher('MediumSize/BodyHub/HeadPosition',
            JointControlPoint, queue_size=100)
```

```
29
30
31  def thread_set_servos():
32      set_head_servo([Face.pan, Face.tlt])
33      step = 0.01
34      while Face.running:
35          if abs(Face.error_pan) > 15 or abs(Face.error_tlt) > 15:
36              if abs(Face.error_pan) > 15:
37                  Face.pan += step * Face.error_pan
38              if abs(Face.error_tlt) > 15:
39                  Face.tlt += step * Face.error_tlt
40              if Face.pan > 90.0:
41                  Face.pan = 90.0
42              if Face.pan < -90.0:
43                  Face.pan = -90.0
44              if Face.tlt > 45.0:
45                  Face.tlt = 45.0
46              if Face.tlt < -45.0:
47                  Face.tlt = -45.0
48              set_head_servo([Face.pan, -Face.tlt])
49          else:
50              time.sleep(0.01)
51
52
53  def main():
54  try:
55      rospy.init_node("face_tracking", anonymous=True)
56      rospy.sleep(0.2)
57      client_controller.send_video_status(True, "/camera/label/image_raw",width=640,
              height=480)
58      image_topic = "/camera/color/image_raw"
59      rospy.Subscriber(image_topic, Image, image_callback)
60      rospy.Subscriber('terminate_current_process', String, terminate)
61
62      async_do_job(detectFace)
```

```
63      async_do_job(thread_face_center)
64      async_do_job(thread_set_servos)
65      while Face.running:
66          time.sleep(0.01)
67
68  except Exception as err:
69      serror(err)
70  finally:
71      client_controller.send_video_status(False, "/camera/label/image_raw",width
            =640,height=480)
72      SERVO.HeadJointTransfer([0,0],time=1000)
73      SERVO.MotoWait()
74      finishsend()
75
76  if __name__ == '__main__':
77      main()
```

6.3.3　步态控制

　　BodyHub 节点（也可称为功能包）也可以提供用于 Roban 机器人的行走控制，给出脚印接口用于控制机器人的行走。Roban 的行走控制使用"线性倒立摆"模型，在每个周期中采集来自传感器的实际关节位置信号，与位移（即位置）和身体的倾斜角度等期望值进行比较后，利用控制算法计算出控制量，驱动电机实现对关节的实时控制。行走控制的目标是尽快达到一个平衡位置，并且没有大的振荡和过大的角度和速度，当到达期望的位置后，采用减速的办法缓缓站立。

　　每步包括双腿支撑和单腿支撑两个阶段。其中，双腿支撑时间约占 10%，每步的行走距离可调，最大可达到 8cm 。脚运动轨迹是一条平滑曲线，如图6.14所示。图中的平滑曲线，是在笛卡儿空间（包括 x、y、z 轴）中，利用初始速度和关键点，采用五次样条曲线插值方法进行规划，这样的规划可以使得脚部在沿该曲线运动时做到平滑连续，脚步运行轨迹示意如图6.14所示。

　　给定的每个落脚点的参考位置使用一个三维向量（Vector3D）来定义，3 个数值分别为 $(dx, dy, theta)$。如图6.15所示，在描述左脚位置时，以右脚为参照点 dx 和 dy 分别为左脚在 x 和 y 方向上与参考点之间的距离，$theta$ 为绕 z 轴旋转的角度，即左转或右转的角度。对于行走过程中的行走周期、最大高度, 系统会自动采用默认值执行。

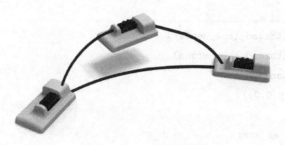

图 6.14　摆动相轨迹示意图

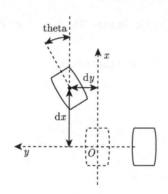

图 6.15　脚步参数定义

下面以一个具体例子来讲解如何控制机器人步态行走：

```
1   #!/usr/bin/env Python
2   import rospy
3   import time
4   from bodyhub.srv import SrvState
5   from std_msgs.msg import Bool
6   from std_msgs.msg import Float64MultiArray
7   GAIT_RANGE = 0.05
8   walkingPub = rospy.Publisher('/gaitCommand', Float64MultiArray, queue_size=1)
9
10  def walking_client(walkstate):
11      rospy.wait_for_service("/MediumSize/BodyHub/StateJump")
12      client = rospy.ServiceProxy("/MediumSize/BodyHub/StateJump", SrvState)
13      client(2, walkstate)
14
15  def slow_walk(direction, stepnum):
```

```
16      """
17      :param direction: "forward" or "backward"
18      :param stepnum: int num
19      :return:
20      """
21      array = [0.0, 0.0, 0.0]
22      if direction == "forward":
23          array[0] = GAIT_RANGE
24      elif direction == "backward":
25          array[0] = -1 * GAIT_RANGE
26      else:
27          rospy.logerr("error walk direction")
28      for i in range(stepnum):
29          if rospy.wait_for_message("/requestGaitCommand", Bool):
30              walkingPub.publish(data=array)
31
32  def main():
33      rospy.init_node("gait_test",)
34      time.sleep(2)
35      walking_client("setStatus")
36      walking_client("walking")
37      slow_walk("forward",6)
38
39  if __name__ == '__main__':
40      main()
```

例子中如第 2 行和第 3 行

```
import rospy
import time
```

分别引入的 ROS 的 Python 库用于 ROS 相关操作，也引入了 time 库用于延时。

例子中的第 4~6 行引入了步态操作所需的服务与消息：

```
from bodyhub.srv import SrvState
from std_msgs.msg import Bool
from std_msgs.msg import Float64MultiArray
```

例子中的第 8 行初始化了一个用于脚印发送的 publish：

```
walkingPub = rospy.Publisher('/gaitCommand', Float64MultiArray, queue_size=1)
```

例子中的第 10~13 行实现了一个 BodyHub 初始化函数步态状态机的控制函数，通过这个函数可以方便地控制机器人 BodyHub 节点的状态跳转。

```
def walking_client(walkstate):
    rospy.wait_for_service("/MediumSize/BodyHub/StateJump")
    client = rospy.ServiceProxy("/MediumSize/BodyHub/StateJump", SrvState)
    client(2, walkstate)
```

例子中的第 15~31 行实现了一个步态运行的函数，其包括两个参数，分别为前进与后退的指令和已经前进与后退的步数，注意到其中有对于 /requestGaitCommand 这个话题的订阅，表示只有在步态节点需要接收脚印数据时才会对脚印数据进行发送。

```
def slow_walk(direction, stepnum):
    """
    :param direction: "forward" or "backward"
    :param stepnum: int num
    :return:
    """
    array = [0.0, 0.0, 0.0]
    if direction == "forward":
        array[0] = GAIT_RANGE
    elif direction == "backward":
        array[0] = -1 * GAIT_RANGE
    else:
        rospy.logerr("error walk direction")
    for i in range(stepnum):
        if rospy.wait_for_message("/requestGaitCommand", Bool):
            walkingPub.publish(data=array)
```

最后是 main() 函数部分：在开始部分先初始化了 gait_test 这个 ROS 节点，然后为了等待节点的初始化完成延时了 2s，之后调用状态跳转相关的函数，先获取 actexec 这个包的控制权限，然后调用 slowwalk() 函数向 BodyHub 节点发布对应数据，发出指令让机器人前进 6 步。代码如下：

```
def main():
    rospy.init_node("gait_test",)
```

```
time.sleep(2)
walking_client("setStatus")
walking_client("walking")
slow_walk("forward",6)
```

几种常见的步态运动方式的参数设置如下：

前进：dx>0,dy=0,theta=0;

后退：dx<0,dy=0,theta=0;

左移：dx=0,dy>0,theta=0;

右移：dx=0,dy<0,theta=0。

6.4　运动学正解

ik_module 节点包含运动学的正逆解实现，其运行依赖 BodyHub 节点。

6.4.1　运行 IK 节点

获取 ik_module 节点，放到 ROS 工作空间中，确保工作空间中包含 BodyHub 节点，编译工作空间。

确保 BodyHub 节点正在运行，若未运行，则启动 BodyHub 节点。

打开终端运行指令 rosrun ik_module ik_module_node，启动 IK 节点。

6.4.2　计算四肢末端位置

向 MediumSize/IKmodule/GetPoses 服务发送请求，即可获得根据机器人当前关节正解得到的四肢的末端位置。

获取的末端位置如图6.16所示。

图 6.16 中的 position 为位置；orientation 为姿态，从上到下分别为机器人当前的左腿位姿、右腿位姿、左手位姿、右手位姿。

四肢姿态的获取使用了运动学正解，根据关节角度进行运动学正解的代码如下：

```
bool syncIkModlePose()
{
  Eigen::VectorXd servoValueVector; // 舵机实时关节角度
  std::vector<double_t> ikModelJoint;
  if (!getAngleOfJoint(ikModelJoint)) // 获取机器人当前关节角度
  {
```

```
  ROS_ERROR("getAngleOfJoint error!");
  return false;
}
servoValueVector.resize(ikModelJoint.size());
for (uint16_t i = 0; i < ikModelJoint.size(); i++)
{
  servoValueVector[i] = ikModelJoint[i];
}
mWalk.talosRobot.talosmbc.q = sVectorToParam(mWalk.talosRobot.talos,
    servoValueVector.segment(0, 18) * Util::TO_RADIAN);
rbd::forwardKinematics(mWalk.talosRobot.talos, mWalk.talosRobot.talosmbc); // 运动
// 学正解计算四肢末端位置

  return true;
}
```

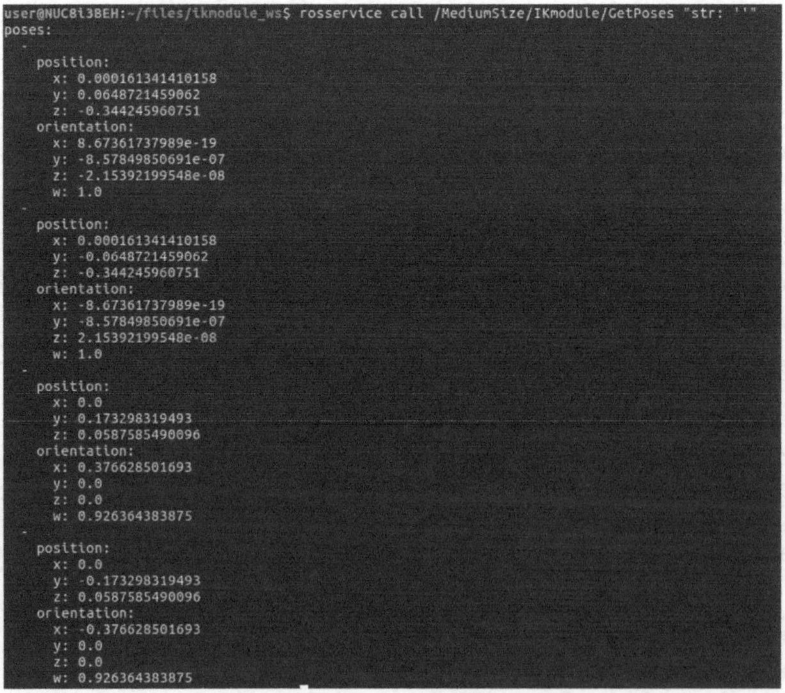

图 6.16　四肢末端位置

代码基本流程：

（1）通过 getAngleOfJoint 函数获取机器人当前关节的角度。

（2）将关节角度赋值给逆解模型。

（3）rbd::forwardKinematics 函数根据关节角度正解计算模型（即机器人）四肢末端位置。

函数可获取机器人当前关节角度并计算出位姿。

获取机器人位姿的 ROS 服务回调函数：

```
bool GetPosesCallback(ik_module::SrvPoses::Request &req,
                      ik_module::SrvPoses::Response &res)
{
  if (syncIkModlePose()) // 同步机器人位姿
  {
    geometry_msgs::Pose poseMsg;
    Eigen::Matrix4d leftFootPose, rightFootPose, leftHandPose, rightHandPose, pose;
    std::queue<Eigen::Matrix4d> poseHomogeneousQueue;
    Eigen::Matrix3d rotation;
    Eigen::Vector3d translation;
    Eigen::Quaterniond q;

    leftFootPose = sva::conversions::toHomogeneous(mWalk.talosRobot.talosmbc.bodyPosW
        [7]);
    rightFootPose = sva::conversions::toHomogeneous(mWalk.talosRobot.talosmbc.
        bodyPosW[14]);
    leftHandPose = sva::conversions::toHomogeneous(mWalk.talosRobot.talosmbc.bodyPosW
        [18]);
    rightHandPose = sva::conversions::toHomogeneous(mWalk.talosRobot.talosmbc.
        bodyPosW[22]);

    poseHomogeneousQueue.push(leftFootPose);
    poseHomogeneousQueue.push(rightFootPose);
    poseHomogeneousQueue.push(leftHandPose);
    poseHomogeneousQueue.push(rightHandPose);

    res.poses.clear();
    while (ros::ok() && !poseHomogeneousQueue.empty()) // 转换为ROS中的geometry_msgs/
// Pose格式
```

```
{
    pose = poseHomogeneousQueue.front();
    poseHomogeneousQueue.pop();
    rotation = pose.block<3, 3>(0, 0).transpose();
    translation = pose.block<3, 1>(0, 3);
    q = Eigen::Quaterniond(rotation);

    poseMsg.position.x = translation[0];
    poseMsg.position.y = translation[1];
    poseMsg.position.z = translation[2];

    poseMsg.orientation.w = q.w();
    poseMsg.orientation.x = q.x();
    poseMsg.orientation.y = q.y();
    poseMsg.orientation.z = q.z();

    res.poses.push_back(poseMsg);
  }
  return true;
}
return false;
}
```

代码基本流程：

（1）调用前面介绍的 syncIkModlePose 函数同步机器人模型位姿。

（2）将位姿信息进行坐标变换，之后将数据转换为 ROS 中的 geometry_msgs/Pose 格式。

（3）应答转换后的位姿数据。

6.5 运动学逆解

6.5.1 机器人扭腰

ik_module 功能包中包含控制机器人扭腰的示例程序，在 6.4.2 节运行 IK 节点的基础上，可直接运行机器人扭腰程序。

打开终端，执行如下命令：

```
rosrun ik_module ik_module_yawaround.py
```

之后，机器人会执行扭腰动作，如图 6.17 所示。

机器人扭腰程序如下：

```python
def main(self):
    if self.toInitPoses(): // 运行到初始位姿
        self.getposes() // 获取机器人的位姿信息
        #########################################################
        i, yawCount = 0, 0
        count = 400
        # 手臂摆动的角度,中心坐标,相对半径
        downAngle = 70*math.pi/180.0 # in radians
        yawAngle = 70*math.pi/180.0 # in radians
        centerX, centerY, centerZ = Shoulder2_X, Shoulder2_Y, Shoulder2_Z
        downRadius = Shoulder1_Y+Elbow1_Y+Wrist1_Y-1e-6
        yawRadius = downRadius*math.sin(downAngle)
        # torso parameters
        torsoHeight = -self.leftLegZ
        torsoHeightWalk = torsoHeight
        #########################################################
        # loop
        while not rospy.is_shutdown():
            i += 1
            self.PosPara_wF.Torso_x = 0.0
            self.PosPara_wF.Torso_y = 0.0
            self.PosPara_wF.Torso_z = torsoHeightWalk
            self.PosPara_wF.Lfoot_y = self.leftLegY
            self.PosPara_wF.Rfoot_y = self.rightLegY
            self.PosPara_wF.Torso_Y = math.pi/4.5*math.sin(2*math.pi*i/count)

            if yawCount==0:
                # put hands down
                self.leftArmY = centerY + downRadius*math.cos( i*downAngle/count )
                self.rightArmY = -centerY - downRadius*math.cos( i*downAngle/count )
                self.leftArmZ = centerZ - downRadius*math.sin( i*downAngle/count )
                self.rightArmZ = centerZ - downRadius*math.sin( i*downAngle/count )
                # print(yawCount,i,self.leftArmX,self.leftArmY,self.leftArmZ,self.
                    rightArmX,self.rightArmY,self.rightArmZ)
```

```
    elif yawCount==1 or yawCount==2:
        # yaw hans around
        swingAngle = yawAngle*math.sin(2*math.pi/count*i)
        self.leftArmX = yawRadius*math.sin(swingAngle)
        self.rightArmX = -yawRadius*math.sin(swingAngle)
        self.leftArmY = centerY + downRadius*math.cos(downAngle)
        self.rightArmY = -centerY - downRadius*math.cos(downAngle)
        self.leftArmZ = centerZ - yawRadius*math.cos(swingAngle)
        self.rightArmZ = centerZ - yawRadius*math.cos(swingAngle)
        # print(yawCount,i,self.leftArmX,self.leftArmY,self.leftArmZ,self.
            rightArmX,self.rightArmY,self.rightArmZ)

    elif yawCount==3:
        # put hands up
        self.leftArmY = centerY + downRadius*math.cos( (count-i)*downAngle/
            count )
        self.rightArmY = -centerY - downRadius*math.cos( (count-i)*downAngle/
            count )
        self.leftArmZ = centerZ - downRadius*math.sin( (count-i)*downAngle/
            count )
        self.rightArmZ = centerZ - downRadius*math.sin( (count-i)*downAngle/
            count )
        # print(yawCount,i,self.leftArmX,self.leftArmY,self.leftArmZ,self.
            rightArmX,self.rightArmY,self.rightArmZ)

    elif yawCount>=4:
        i, yawCount = 0, 0
        rospy.sleep(1)
        rospy.loginfo("waitPostureDone...")
        self.waitPostureDone()
        rospy.sleep(1)
        rospy.loginfo("Yaw around done.")
        self.reset()
        return True
```

```
            if i >= count:
                i = 1
                yawCount += 1

            poseArrayMsg = PoseArray()
            # Left Leg
            leftLegPosMsg = self.getleftlegPosMsg()
            poseArrayMsg.poses.append(leftLegPosMsg)
            # Right Leg
            rightLegPosMsg = self.getrightlegPosMsg()
            poseArrayMsg.poses.append(rightLegPosMsg)
            # Left Arm
            leftArmPosMsg = self.getleftarmPosMsg()
            poseArrayMsg.poses.append(leftArmPosMsg)
            # Right Arm
            rightArmPosMsg = self.getrightarmPosMsg()
            poseArrayMsg.poses.append(rightArmPosMsg)
            # Publish target Poses
            poseArrayMsg.controlId = 6
            self.targetPosesPub.publish(poseArrayMsg)
            poseArrayMsg.poses=[]
```

其中，yawCount 为 0、3 时，给定机器人放下手、抬起手的位置；yawCount 为 1、2 时，给定机器人前、后摆手的位置；yawCount 为 4 时，等待扭腰结束后复位机器人。

放下手、抬起手以及摆手都属于圆弧运动，根据手臂摆动的角度、中心坐标和相对半径决定。坐标和半径设置代码如下：

```
# 手臂摆动的角度,中心坐标,相对半径
downAngle = 70*math.pi/180.0 # in radians
yawAngle = 70*math.pi/180.0 # in radians
centerX, centerY, centerZ = Shoulder2_X, Shoulder2_Y, Shoulder2_Z
downRadius = Shoulder1_Y+Elbow1_Y+Wrist1_Y-1e-6
yawRadius = downRadius*math.sin(downAngle)
```

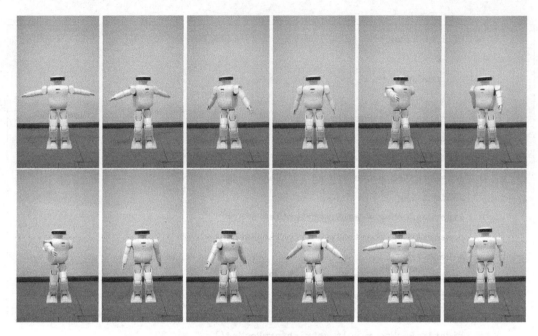

图 6.17   机器人扭腰示意图

扭腰的基本原理是给定腰部位姿，计算双脚的相对位姿，达到控制机器人腰部运动的目的，以下代码给定机器人身体扭动的位姿：

```
self.PosPara_wF.Torso_x = 0.0
self.PosPara_wF.Torso_y = 0.0
self.PosPara_wF.Torso_z = torsoHeightWalk
self.PosPara_wF.Lfoot_y = self.leftLegY
self.PosPara_wF.Rfoot_y = self.rightLegY
self.PosPara_wF.Torso_Y = math.pi/4.5*math.sin(2*math.pi*i/count)
```

给定机器人四肢位姿后，通过 MediumSize/IKmodule/TargetPoses 话题发送给 IK 节点，发送代码如下：

```
poseArrayMsg = PoseArray()
# Left Leg
leftLegPosMsg = self.getleftlegPosMsg()
poseArrayMsg.poses.append(leftLegPosMsg)
# Right Leg
rightLegPosMsg = self.getrightlegPosMsg()
```

```
poseArrayMsg.poses.append(rightLegPosMsg)
# Left Arm
leftArmPosMsg = self.getleftarmPosMsg()
poseArrayMsg.poses.append(leftArmPosMsg)
# Right Arm
rightArmPosMsg = self.getrightarmPosMsg()
poseArrayMsg.poses.append(rightArmPosMsg)
# Publish target Poses
poseArrayMsg.controlId = 6
self.targetPosesPub.publish(poseArrayMsg)
poseArrayMsg.poses=[]
```

6.5.2　扭腰中 IK 逆解的处理

目标位姿 MediumSize/IKmodule/TargetPoses 话题的回调函数：

```
void TargetPosesCallback(const ik_module::PoseArray::ConstPtr &msg)
{
  sva::PTransformd targetPos;
  std::queue<sva::PTransformd> targetQueue;
  std::vector<geometry_msgs::Pose> posesArr;

  if (msg->controlId == currentControlId)
  {
    // ROS_INFO("Received new posearray with ID %d", msg->controlId);
    posesArr = msg->poses;

    for (uint8_t i = 0; i < posesArr.size(); i++)
    {
      Eigen::Quaterniond q(posesArr[i].orientation.w, posesArr[i].orientation.x,
                      posesArr[i].orientation.y, posesArr[i].orientation.z);
      targetPos.rotation() = q.toRotationMatrix();
      targetPos.translation() << posesArr[i].position.x, posesArr[i].position.y,
          posesArr[i].position.z;
      targetQueue.push(targetPos);
    }
```

```
    pthread_mutex_lock(&mtxPQ);

    posturesQueue.push(targetQueue);

    pthread_mutex_unlock(&mtxPQ);


    // 数据到达
    if ((ikmoduleState == StateEnum::ready) ||
        (ikmoduleState == StateEnum::pause))
      UpdateState(StateEnum::running);
  }
  else
  {
    ROS_ERROR("IkModule is busy with controlID %d", currentControlId);
  }
}
```

回调函数将收到的位姿转换为 sva::PTransformd 类型并存放到 posturesQueue 中。

IK 线程：

```
void ikThread()
{
  ROS_INFO("IkThread initialized!");


  std::vector<double> jointValueVector;

  std::queue<sva::PTransformd> targetPosesQueue;

  sva::PTransformd legLeftPos, legRightPos, armLeftPos, armRightPos;

  rbd::InverseKinematics leftLegIk(mWalk.talosRobot.talos, mWalk.talosRobot.talos.
      bodyIndexByName("leftLegLinkSole"));

  rbd::InverseKinematics rightLegIk(mWalk.talosRobot.talos, mWalk.talosRobot.talos.
      bodyIndexByName("rightLegLinkSole"));

  rbd::InverseKinematics leftArmIk(mWalk.talosRobot.talos, mWalk.talosRobot.talos.
      bodyIndexByName("leftArmLinkSole"));

  rbd::InverseKinematics rightArmIk(mWalk.talosRobot.talos, mWalk.talosRobot.talos.
      bodyIndexByName("rightArmLinkSole"));


  mWalk.talosRobot.talosmbc.zero(mWalk.talosRobot.talos);

  rbd::forwardKinematics(mWalk.talosRobot.talos, mWalk.talosRobot.talosmbc);
```

```
// Eigen::Matrix<double, 18, 1> theta;
// theta << 0, 0, -10, 30, -10, 0, 0, 0, -10, 30, -10, 0, 0, 0, 0, 0, 0, 0;
// mWalk.talosRobot.talosmbc.q = sVectorToParam(mWalk.talosRobot.talos, theta.
    segment(0,18)*Util::TO_RADIAN);
// rbd::forwardKinematics(mWalk.talosRobot.talos, mWalk.talosRobot.talosmbc);
while (ros::ok())
{
  // 求运动学逆解
  if (!posturesQueue.empty())
  {
    pthread_mutex_lock(&mtxPQ);
    targetPosesQueue = posturesQueue.front();
    posturesQueue.pop();
    pthread_mutex_unlock(&mtxPQ);

    legLeftPos = targetPosesQueue.front();
    targetPosesQueue.pop();
    if (leftLegIk.inverseKinematics(mWalk.talosRobot.talos, mWalk.talosRobot.
        talosmbc, legLeftPos))
    {
      mWalk.jointValue.segment(mWalk.LLEG_JOINT_START, mWalk.LLEG_JOINT_NUM) =
          sParamToVector(mWalk.talosRobot.talos, mWalk.talosRobot.talosmbc.q).
          segment(0, 6) * Util::TO_DEGREE;
    }
    else
      ROS_WARN("Left leg ik failed!!!!!!!!!!!!!!!\n");

    legRightPos = targetPosesQueue.front();
    targetPosesQueue.pop();
    if (rightLegIk.inverseKinematics(mWalk.talosRobot.talos, mWalk.talosRobot.
        talosmbc, legRightPos))
    {
      mWalk.jointValue.segment(mWalk.RLEG_JOINT_START, mWalk.RLEG_JOINT_NUM) =
          sParamToVector(mWalk.talosRobot.talos, mWalk.talosRobot.talosmbc.q).
          segment(6, 6) * Util::TO_DEGREE;
```

```
      }
      else
        ROS_WARN("Right leg ik failed!!!!!!!!!!!!!!!\n");

      armLeftPos = targetPosesQueue.front();
      targetPosesQueue.pop();
      if (leftArmIk.inverseKinematics(mWalk.talosRobot.talos, mWalk.talosRobot.
          talosmbc, armLeftPos, 3))
      {
        mWalk.jointValue.segment(mWalk.LARM_JOINT_START, mWalk.LARM_JOINT_NUM) =
            sParamToVector(mWalk.talosRobot.talos, mWalk.talosRobot.talosmbc.q).
            segment(12, 3) * Util::TO_DEGREE;
      }
      else
        ROS_WARN("Left arm ik failed!!!!!!!!!!!!!!\n");

      armRightPos = targetPosesQueue.front();
      targetPosesQueue.pop();
      if (rightArmIk.inverseKinematics(mWalk.talosRobot.talos, mWalk.talosRobot.
          talosmbc, armRightPos, 3))
      {
        mWalk.jointValue.segment(mWalk.RARM_JOINT_START, mWalk.RARM_JOINT_NUM) =
            sParamToVector(mWalk.talosRobot.talos, mWalk.talosRobot.talosmbc.q).
            segment(15, 3) * Util::TO_DEGREE;
      }
      else
        ROS_WARN("Right arm ik failed!!!!!!!!!!!!!!\n");

      jointValueVector.resize(mWalk.jointValue.size());
      for (uint8_t i = 0; i < 12; i++)
        jointValueVector[i] = mWalk.jointValue[i] * jointDirection[i];

      for (uint8_t i = 12; i < 15; i++)
        jointValueVector[i] = mWalk.jointValue[i + 3] * jointDirection[i];
```

```
    for (uint8_t i = 15; i < 18; i++)
       jointValueVector[i] = mWalk.jointValue[i - 3] * jointDirection[i];


    pthread_mutex_lock(&mtxJVQ);
    jointValuesQueue.push(jointValueVector);
    pthread_mutex_unlock(&mtxJVQ);


    mWalk.talosRobot.talosmbc.q = sVectorToParam(mWalk.talosRobot.talos, mWalk.
        jointValue.segment(0, 18) * Util::TO_RADIAN);
    rbd::forwardKinematics(mWalk.talosRobot.talos, mWalk.talosRobot.talosmbc);
   }
  }
}
```

IK 线程的基本流程：

（1）循环判断 posturesQueue 是否为空，若不为空，执行第（2）步。

（2）获取其中机器人四肢位姿的一个数据，分别对四肢进行逆解。

（3）将根据逆解计算得出的关节角度存放到 jointValuesQueue 队列中，在发布线程中发送给机器人执行。

（4）继续执行第（1）步。

通过以上过程，指定机器人位姿，IK 节点逆解得到关节角度，将角度发送给机器人执行，实现机器人扭腰动作。

6.5.3　机器人晃腰

ik_module 功能包中包含控制机器人晃腰的示例程序，在 6.5.2 节运行 IK 节点的基础上，可直接运行机器人扭腰程序。

打开终端，执行如下命令：

```
rosrun ik_module ik_module_swingaround.py
```

之后，机器人会执行晃腰动作，如图 6.18 所示。

晃腰程序结构与扭腰程序相似，机器人晃腰程序如下：

```
def main(self):
   if self.toInitPoses():
      self.getposes()
```

```
    poseArrayMsg = PoseArray()
    # torso parameters
    torsoHeight = -self.leftLegZ
    torsoHeightWalk = torsoHeight
    t = math.sqrt(torsoHeightWalk*torsoHeightWalk + 0*0)
    r = 0.06
    a = r/(2*math.pi)
    i, rCount = 1, 3
    # 手臂摆动的角度,中心坐标,相对半径
    count = 300
    downAngle = 70*math.pi/180.0 # in radians
    centerX, centerY, centerZ = Shoulder2_X, Shoulder2_Y, Shoulder2_Z
    downRadius = Shoulder1_Y+Elbow1_Y+Wrist1_Y-1e-6
    # loop
    while not rospy.is_shutdown():
        if i <= count:
            i += 1
            sita = 2*math.pi*i/count
            x = a*sita*math.cos(sita)
            y = a*sita*math.sin(sita)
            # put hands down
            self.leftArmY = centerY + downRadius*math.cos( i*downAngle/count )
            self.rightArmY = -centerY - downRadius*math.cos( i*downAngle/count )
            self.leftArmZ = centerZ - downRadius*math.sin( i*downAngle/count )
            self.rightArmZ = centerZ - downRadius*math.sin( i*downAngle/count )

        elif i <= count*(rCount+1):
            i += 1
            sita = 2*math.pi*i/count
            x = r*math.cos(sita)
            y = r*math.sin(sita)

        elif i <= count*(rCount+2):
            i += 1
            sita = -2*math.pi*(count*(rCount+2)-i)/count
            x = a*sita*math.cos(sita+math.pi)
```

```
                y = a*sita*math.sin(sita+math.pi)

        elif i > count*(rCount+2):
            i = 1; #reset i
            rospy.sleep(1)
            rospy.loginfo("waitPostureDone...")
            self.waitPostureDone()
            rospy.sleep(1)
            rospy.loginfo("Swing around done.")
            self.reset()
            return True


        t_V = math.sqrt(t*t-x*x-y*y)
        # update torso parameters
        self.PosPara_wF.Torso_x = 0
        self.PosPara_wF.Torso_y = 0
        self.PosPara_wF.Torso_z = torsoHeightWalk
        self.PosPara_wF.Torso_R = math.asin(y/t_V)
        self.PosPara_wF.Torso_P = math.asin(x/t_V)
        self.PosPara_wF.Torso_Y = 0.0
        self.PosPara_wF.Lfoot_y = self.leftLegY
        self.PosPara_wF.Rfoot_y = self.rightLegY
        # print( "Torso Pose: ", i, self.PosPara_wF.Torso_x, self.PosPara_wF.Torso
            _y, self.PosPara_wF.Torso_z, self.PosPara_wF.Torso_R, self.PosPara_wF.
            Torso_P,self.PosPara_wF.Torso_Y)
        ###############################################
        # Left Leg
        leftLegPosMsg = self.getleftlegPosMsg()
        poseArrayMsg.poses.append(leftLegPosMsg)
        # Right Leg
        rightLegPosMsg = self.getrightlegPosMsg()
        poseArrayMsg.poses.append(rightLegPosMsg)
        # Left Arm
        leftArmPosMsg = self.getleftarmPosMsg()
        poseArrayMsg.poses.append(leftArmPosMsg)
        # Right Arm
```

```
rightArmPosMsg = self.getrightarmPosMsg()
poseArrayMsg.poses.append(rightArmPosMsg)
# Publish target Poses
poseArrayMsg.controlId = 6
self.targetPosesPub.publish(poseArrayMsg)
poseArrayMsg.poses=[]
```

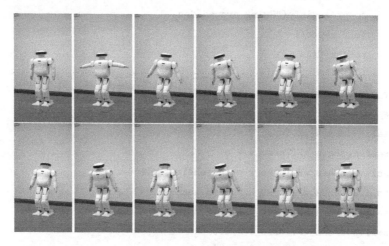

图 6.18　机器人晃腰示意图

晃腰是以倒立的圆锥为参考，给定腰部位姿，使其按照螺旋线运行，通过坐标变换为脚部位姿，将四肢和脚部的位姿发送给 IK 节点。

6.6　自动避障实践

自动避障实践，主要是实现了一个利用深度相机获取障碍物的深度，从而判断执行特定步态情况的综合应用。

6.6.1　3D 相机的原理

我们采用的相机是 Intel RealSense D435。该相机使用结构光的方式来获取深度信息。

结构光（structured light）：通常采用特定波长的不可见的红外激光作为光源，它发射出来的光经过一定的编码投影在物体上，通过一定算法计算返回的编码图案的畸变来得到物体的位置和深度信息。根据编码图案的不同，一般有条纹结构光、编码结构光、散斑结构光。3D 相机原理图如图 6.19 所示。

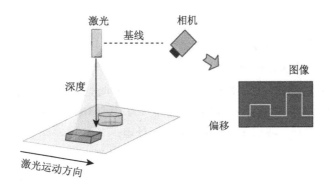

图 6.19　3D 相机

特定波长的激光发出的结构光照射在物体表面，其反射的光线被带滤波的相机接收，滤波片保证只有该波长的光线能为相机所接收。Asic 芯片对接收到的光斑图像进行运算，得出物体的深度数据。

其基本的算法原理可参看图6.20。

散斑就是激光照射到粗糙物体或穿透毛玻璃后随机形成的衍射斑点。这些散斑具有高度的随机性，而且会随着距离的不同而变换图案。

也就是说，空间中任意两处的散斑图案都是不同的。只要在空间中打上这样的结构光，整个空间就都被做了标记，把一个物体放进这个空间，只要看看物体上面的散斑图案，就可以知道这个物体在什么位置了。当然，在这之前要把整个空间的散斑图案都记录下来，所以要先做一次光源标定，通过对比标定平面的光斑分布，就能精确计算出当前物体距相机的距离。

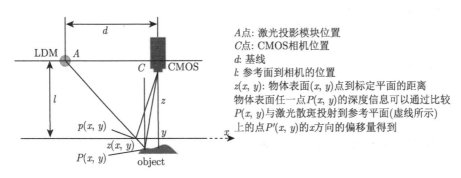

A点: 激光投影模块位置
C点: CMOS相机位置
d: 基线
l: 参考面到相机的位置
$z(x, y)$: 物体表面(x, y)点到标定平面的距离
物体表面任一点$P(x, y)$的深度信息可以通过比较
$P(x, y)$与激光散斑投射到参考平面(虚线所示)
上的点$P'(x, y)$的x方向的偏移量得到

图 6.20　基本原理

6.6.2　设计思路以及步骤

可以将程序分成如下几个步骤：

（1）初始化 ROS 节点。

（2）进入步态状态。

（3）获取 5 次深度相机的数据并取平均值。

（4）根据深度均值去执行相应的动作。

深度相机获取所有深度的话题名称为 /camera/depth/image_rect_raw，使用这个话题可以获取深度相机的所有点的深度，在当前的实践中，我们取了中心 100×100 像素区域的均值。

对于不同距离的判断，我们采用以下方式进行处理：

（1）距离小于 150mm，显示为距离太近，无法进行处理。

（2）距离小于 250mm，距离前方障碍物比较近，需要往后退一点才能运动。

（3）距离小于 500mm，右转 30°。

（4）距离小于 1000mm，前进。

（5）距离大于 1000mm，距离较远，前进可以走得快一些。

6.6.3　示例代码

示例代码如下：

```python
#!/usr/bin/Python
# coding=UTF-8
import rospy
from cv_bridge import CvBridge
from sensor_msgs.msg import Image
from lejulib import *
import numpy as np
from motion.motionControl import *


GAIT_RANGE = 0.05
ROTATION_RANGE = 10.0
ROI = (100, 100)


def slow_walk(direction, stepnum=1, angle=None):
    """
    :param direction: "forward" ,"backward" or "rotation"
    :param stepnum: int num
    :return:
    """
    array = [0.0, 0.0, 0.0]
```

```
    if direction == "forward":
        array[0] = GAIT_RANGE
    elif direction == "backward":
        array[0] = -1 * GAIT_RANGE
    elif direction == "rotation":
        array[2] = ROTATION_RANGE if angle > 0 else -1 * ROTATION_RANGE
        stepnum = int(abs(angle) / ROTATION_RANGE)
    else:
        rospy.logerr("error walk direction")
    for _ in range(stepnum):
        SendGaitCommand(array[0], array[1], array[2])


def move(mean_distance):
    print(mean_distance)
    if mean_distance < 150:
        print("离得太近了，我识别不到了。")
        return
    elif mean_distance > 1000:
        print("前方障碍物比较远，我可以走的快一些")
        slow_walk("forward", 4)
    elif mean_distance > 500:
        print("我准备往前走了。")
        slow_walk("forward", 1)
    elif mean_distance < 250:
        print("有点近，我需要后退一下")
        slow_walk("backward", 1)
    else:
        print("前方有障碍物，我准备右转30度")
        slow_walk("rotation", angle=-30)
    WaitForWalkingDone()


def callback(image):
    cv_image = bridge.imgmsg_to_cv2(image, "16UC1")

    cv_image = np.array(cv_image)
```

```python
    height, width = cv_image.shape
    roi_image = cv_image[height / 2 - ROI[1] / 2: height / 2 + ROI[1] / 2,
                         width / 2 - ROI[0] / 2: width / 2 + ROI[0] / 2]
    mean_distance = roi_image.mean()
    return mean_distance

if __name__ == "__main__":
    rospy.init_node('roban_avoidance')
    bridge = CvBridge()
    topic = "/camera/depth/image_rect_raw"
    print SetBodyhubTo_walking(2)

    while not rospy.is_shutdown():
        means_distance = []
        for _ in range(5):
            means_distance.append(
                callback(rospy.wait_for_message(topic, Image)))
        move(sum(means_distance) / len(means_distance))
```

## 第 7 章

双足步行基础

几十年来，两足机器人的运动一直是诸多研究者关注的焦点。伴随着大量的计算机虚拟仿真和实物样机研究，研究者们构建了各种双足步态规划与控制理论，研究内容横跨最简单的双足平面机构和各大商业公司构建的复杂人形机器人。但不管它们的具体结构和自由度（Degrees of Freedom，DoF）的数目如何，这些双足机器人系统都具有如下共同特性。

（1）在遭受强力扰动时，整个系统可能会绕支撑脚的边沿旋转进而摔倒，等同于其系统内部具有某种被动特性。

（2）行走时大致进行周期运动，在行走平稳时每一步的行走状态类似。

（3）行走时在左脚支撑、双足支撑、右脚支撑之间有规律地切换。

在行走过程中，两种不同的情况依次出现：机构同时双脚支撑的静态稳定双支撑阶段和单腿支撑的静态不稳定单支撑阶段。在单支撑阶段，机器人只有一只脚与地面接触，而另一只脚从身体后方转移到身体前方，即机器人系统的运动机构在单次步行循环中从开放式运动链改变为封闭式运动链。因此，在对机器人进行运动规划时需要考虑这些情况。

双足机器人行走时脚掌与地面接触，脚掌与地面的接触状态是不能直接通过电动机等驱动机构来控制的，但是通过控制机器人身体运行合适的运动轨迹，可以间接控制脚掌与地面的接触状态，进而实现稳定的行走。为此需要建立一些指标来衡量脚掌与地面之间的作用力，而零力矩点（Zero-Moment Point，ZMP）就是其中的一个重要指标。目前，诸多学者已构建了基于 ZMP 的双足步态规划与控制方法。

本章将简单介绍实现双足步行需要的理论基础，带各位好奇的读者一窥双足行走的奥秘。

7.1 机器人运动学

机器人系统的运动主要有两个方面的描述方式：动力学和运动学。动力学的描述是更普遍的，因为其描述中引入了系统各部件的动量、互相的作用力和各自的能量，一般用微分方程来描述系统的动力学。运动学的描述则更简单，因为其只描述物体位置与时间相关的变量，在物体做匀加速运动时，一般用位置、初速度、末速度、加速度、时间 5 个变量来描述物体的运动学方程。物体的运动又分类为平移、旋转、振荡等，或者其中数种的组合。本节中我们将用运动学的方式来描述机器人系统各部件的平移和旋转运动。

7.1.1　坐标变换

1. 坐标系

人形机器人的控制系统中，为了精确描述各连杆部件的位置，首先需要建立一个全局坐标系（也称世界坐标系）。为了符合惯例，一般建立右手系的坐标系，即 x 轴指向前方，y 轴指向右方，z 轴指向上方，坐标系原点则可以位于机器人双脚的中间位置，如图7.1所示。

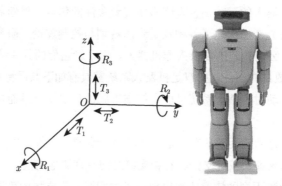

图 7.1　全局坐标系

手系是建立坐标系时需要注意的概念。让食指自然前伸，拇指侧伸与食指垂直，中指弯曲与食指垂直，则食指、拇指和中指构成两两垂直的 3 个坐标轴，拇指为 x 轴，食指为 y 轴，中指为 z 轴。左手和右手分别做该动作时，建立的坐标系是不同的。机器人控制领域，广泛使用右手系建立坐标系。不同手系的坐标系示意如图7.2所示。

记建立的全局坐标系为 Σ_W，以此坐标系可以描述机器人各连杆及其周边物体的位置。通过检测周边环境，机器人即可在全局坐标系中完成物体抓取、绕开障碍物等任务。

为了控制机器人各个部件的运动，不仅需要建立全局坐标系，而且当要控制一个机械臂前伸到空间中某个具体的点时，还需要找到位于机械臂末端的具体的点作为控制对象。机器人运动学控制的普遍做法是在各个连杆部件建立局部坐标系，局部坐标系随各连杆的运动而运送。当各个局部坐标系之间的相对关系为已知或者可检测计算时，则机械臂末端点在全局坐标系下的位置也是可得到的，进而可以根据机械臂末端点在全局坐标系中的实际位置和想要其到达的预期位置来控制机械臂的运动。图7.3所示为以机械臂为例示意控制其运动时需要建立的各个坐标系。

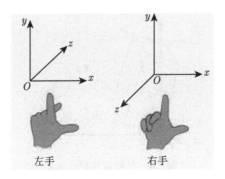

图 7.2　左手系与右手系

2. 齐次变换矩阵

物体在全局坐标系中的位置，可以用一个位置矢量来描述。空间中的物体还会有不同的朝向，描述物体朝向时，需要先在物体上固定一个坐标系，再根据该坐标系与全局坐标系的朝向的偏差来描述物体在全局坐标系中的朝向。物体的朝向也称为姿态描述，位置矢量 p 和姿态描述 R 合称为物体的位姿。图7.3所示为局部坐标系。

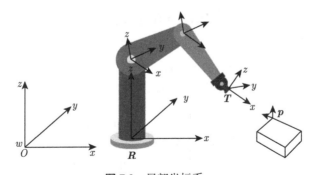

图 7.3　局部坐标系

如图7.4所示，物体 P 位于全局坐标系 O_{xyz} 中，在物体上固定坐标系 O'_{uvw}。三维的位置矢量是一个 3×1 的列向量，而坐标系 O'_{uvw} 与坐标系 O_{xyz} 的朝向偏差则有多种描述方式，比如欧拉角、四元数和旋转矩阵，不同的描述方式之间可以相互转换。本节只讲解旋转矩阵的描述方式。

考虑某个点，其在某坐标系中的位姿是已知的，在另一个坐标系中的位姿是未知的。如果两个坐标系的相对位置和相对姿态是已知的，则可以通过坐标变换，直接得到点在另一个坐标系下的位姿。在机器人运动学中，主要关心坐标变换中的平移和旋转变换。

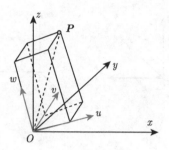

图 7.4 坐标系的朝向偏差

进行平移变换时，只需要直接对位置矢量进行矢量相加即可，旋转变换则较为复杂。设图7.4中点 P 在坐标系 O_{xyz} 和坐标系 O'_{uvw} 中的位置矢量分别为

$$\boldsymbol{P_{xyz}} = \left[\boldsymbol{p_x}, \boldsymbol{p_y}, \boldsymbol{p_z}\right]^{\mathrm{T}}$$
$$\boldsymbol{P_{uvw}} = \left[\boldsymbol{p_u}, \boldsymbol{p_v}, \boldsymbol{p_w}\right]^{\mathrm{T}} \tag{7.1}$$

则有关系式

$$\boldsymbol{P_{xyz}} = \boldsymbol{R_{OO'}} \boldsymbol{P_{uvw}} \tag{7.2}$$

其中，$\boldsymbol{R}$ 为坐标系 O'_{uvw} 与坐标系 O_{xyz} 朝向偏差的旋转矩阵。

假如有两个原点重合、朝向不同的坐标系，可以认为其是一个坐标系依次绕其 x、y 和 z 坐标轴旋转一定角度得到的。假如只绕坐标系 O_{xyz} 的 Oz 轴旋转 θ 角度，则两个坐标系的旋转矩阵为

$$\boldsymbol{R}_{z,\theta} = \begin{bmatrix} \cos\theta & -\sin\theta & 0 \\ \sin\theta & \cos\theta & 0 \\ 0 & 0 & 1 \end{bmatrix} \tag{7.3}$$

只绕 Ox、Oy 轴转动 θ 角度的旋转矩阵分别为

$$\boldsymbol{R}_{x,\theta} = \begin{bmatrix} 1 & 0 & 0 \\ 0 & \cos\theta & -\sin\theta \\ 0 & \sin\theta & \cos\theta \end{bmatrix} \quad \boldsymbol{R}_{y,\theta} = \begin{bmatrix} \cos\theta & 0 & \sin\theta \\ 0 & 1 & 0 \\ -\sin\theta & 0 & \cos\theta \end{bmatrix} \tag{7.4}$$

由只绕某个轴旋转的基本旋转矩阵相乘，可以得到复合的旋转变化，效果相当于原坐标系绕其坐标轴进行了多次不同的旋转，如式（7.5）所示。

$$\boldsymbol{p}^0 = \boldsymbol{R}_n^0 \boldsymbol{p}, \boldsymbol{R}_n^0 = \boldsymbol{R}_1^0 \boldsymbol{R}_2^1 \ldots \boldsymbol{R}_n^{n-1} \tag{7.5}$$

为了同时描述旋转和平移变换，还需要引入齐次变换矩阵。齐次变换矩阵既可以表述某点本身在空间中的位置和姿态，也可以表述不同坐标系之间的坐标变换。齐次变换矩阵是 4×4 的矩阵，形式如下所示。

$$T = \begin{bmatrix} R_{3\times3} & p_{3\times1} \\ f_{1\times3} & w_{1'1} \end{bmatrix} = \begin{bmatrix} 旋转矩阵 & 位置矢量 \\ 透视变换 & 比例因子 \end{bmatrix} \tag{7.6}$$

当不进行透视变换和比例变换时，把透视变换的行向量置为 0，把比例因子置为 1 即可。

使用齐次变换矩阵进行坐标变换示例如下，其中 $P_{OO'}$ 为由两个坐标系原点构成的位置矢量，$R_{OO'}$ 为两个坐标系朝向偏差的旋转矩阵。

$$\begin{bmatrix} P_{xyz} \\ 1 \end{bmatrix} = \begin{bmatrix} R_{OO'} & P_{OO'} \\ 0 \ \ 0 \ \ 0 & 1 \end{bmatrix} \begin{bmatrix} P_{uvw} \\ 1 \end{bmatrix} \tag{7.7}$$

3. 链乘法则

假设有 N 个坐标系，每两个相邻坐标系 Σ_i 和 Σ_{i+1} 之间的齐次变换矩阵都是已知的，为 ${}^iT_{i+1}$，则依次进行如上的齐次变换，则有

$$T_N = {}^0T_1^1T_2^2T_3\cdots{}^{N-1}T_N \tag{7.8}$$

其中，T_N 为在最初始端坐标系中表示的第 N 个坐标系的齐次变换矩阵。在机器人运动学中，一般最初始端坐标系为全局坐标系，最末端坐标系为运动链末端点坐标系，如机器人手掌、脚掌、机械臂的手爪等。

上述齐次变换矩阵依次相乘的计算方法被称为坐标变换的链乘法则。链乘法则使得具有多个关节的机器人的运动学计算简便化。

7.1.2 人形机器人运动学模型

图7.5所示为 12 自由度双足机器人，给机器人各连杆编号如图7.5(a) 所示。可以观察到该机器人髋关节的 3 个关节转动轴相交于一个点，踝关节的两个转动轴相交于一个点，这样设计能使机器人运动学的计算变得简便。为了定义各个连杆的位姿，需要给每个连杆设定局部坐标系。机器人每条腿有 6 个自由度，于是每条腿设置 6 个局部坐标系。其中 3 个设置于髋关节转动轴交点，一个设置于膝关节转轴，两个设置于踝关节转轴，且局部坐标系的各个坐标轴都和全局坐标系的坐标轴平行。

7.1.3 正运动学

有了机器人模型之后，还需要根据模型求取各个局部坐标系之间的齐次变换矩阵。如各个局部坐标系的坐标轴是互相平行的，则机器人初始状态下相邻坐标系之间的旋转矩阵为单位阵：

$$R_1 = R_2 = \cdots = R_{13} = E \tag{7.9}$$

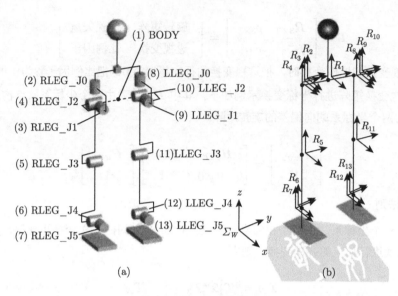

图 7.5　机器人运动学模型

　　在关节转动时，每个连杆上附着的局部坐标系也会跟着转动。定义描述相邻局部坐标系之间关系的关节轴矢量 $\boldsymbol{a}_j$ 和相对位置矢量 $\boldsymbol{b}_j$。关节轴矢量是描述第 i 个连杆相对于其母连杆转动的转动轴的单位矢量，图7.6中 $\boldsymbol{a}_5 = \boldsymbol{a}_{11} = \begin{bmatrix} 0 & 1 & 0 \end{bmatrix}^{\mathrm{T}}$。相对位置矢量是描述第 i 个连杆的局部坐标系原点在其母连杆局部坐标系中的位置，其值的大小和机器人的结构设计参数有关。

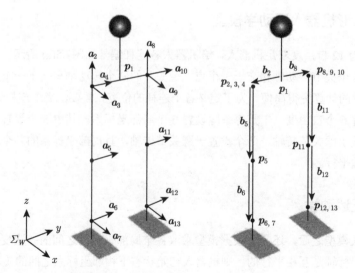

图 7.6　关节轴矢量和相对位置矢量

不同于传统的 DH 法描述的机器人运动学模型，基于关节轴矢量和相对位置矢量的描述方法非常简便且强大。本节直接介绍基于该方法的齐次变换矩阵的计算方法，并进行机器人的正运动学求解。

考虑原点附着于第 i 个关节转动轴上、随第 i 个连杆运动的局部坐标系 Σ_j，当关节 i 的转动角度为 0° 时，Σ_j 在母连杆局部坐标系 Σ_i 下的姿态矩阵为单位阵 $\boldsymbol{E}$。当关节转动角度为 q_j 时，Σ_j 相对于母连杆的齐次变换矩阵可以直接求出：

$$
{}^{i}\boldsymbol{T}_j = \begin{bmatrix} \mathrm{e}^{\hat{a}_j q_j} & \boldsymbol{b}_j \\ 0 \quad 0 \quad 0 & 1 \end{bmatrix} \tag{7.10}
$$

其中，在关节轴矢量上加帽子符号的 $\hat{\boldsymbol{a}}_j$，表示由三维矢量导出其对应的斜对称矩阵，具体为

$$
\hat{\boldsymbol{\omega}} = \begin{bmatrix} \omega_x \\ \omega_y \\ \omega_x \end{bmatrix}^{\wedge} = \begin{bmatrix} 0 & -\omega_z & \omega_y \\ \omega_x & 0 & -\omega_x \\ -\omega_y & \omega_x & 0 \end{bmatrix} \tag{7.11}
$$

把斜对称矩阵放在自然对数 e 的指数位置，表示矩阵指数。矩阵指数可以用罗德里格斯旋转公式来简化计算，其表示把角速度矢量直接转换为旋转矩阵的操作，具体为

$$
\mathrm{e}^{\hat{\boldsymbol{\omega}}\theta} = \boldsymbol{E} + \hat{\boldsymbol{\omega}}\sin\theta + \hat{\boldsymbol{\omega}}^2(1-\cos\theta) \tag{7.12}
$$

得到 Σ_j 相对于母连杆的齐次变换矩阵之后，假如母连杆局部坐标系 Σ_i 相对于全局坐标系中的位置 $\boldsymbol{p}_i$ 和姿态 $\boldsymbol{R}_i$ 的已知，则其齐次变换矩阵为

$$
\boldsymbol{T}_i = \begin{bmatrix} \boldsymbol{R}_i & \boldsymbol{p}_i \\ 0 \quad 0 \quad 0 & 1 \end{bmatrix} \tag{7.13}
$$

根据链乘法则，Σ_j 相对于全局坐标系的齐次变换矩阵可以直接得到

$$
\boldsymbol{T}_j = \boldsymbol{T}_i{}^{i}\boldsymbol{T}_j \tag{7.14}
$$

Σ_j 相对于全局坐标系的位置和姿态可得：

$$
\begin{aligned}
\boldsymbol{p}_j &= \boldsymbol{p}_i + \boldsymbol{R}_i\boldsymbol{b}_j \\
\boldsymbol{R}_j &= \boldsymbol{R}_i\mathrm{e}^{\hat{a}_j q_j}
\end{aligned} \tag{7.15}
$$

如果机器人在某个姿态下，有一个连杆相对于全局坐标系的位置是已知的，则通过以上公式可以依次计算出其他机器人其他连杆在全局坐标系下的位置，这就是机器人的正运动学计算。

在双足行走过程中，一般假定支撑脚脚掌在地面的位置是已知的，以此来进行全身的正运动学求解。

7.1.4 逆运动学

正运动学是已知机器人运动学模型的情况下，根据机器人各关节角度求各连杆的位姿。逆运动学则相反，是确定想要某连杆达到的预期位姿，根据预期位姿求解该状态下机器人各关节的角度。一般是给出机器人脚掌或手掌连杆的预期位姿，然后求解各个关节的角度。

1. 逆运动学的解析解法

在机器人髋关节三轴相交、踝关节两轴相交的情况下，可以比较简单地用解析法求解腿上各个关节的转角。如图7.7所示，定义从躯干坐标系的原点到髋关节的距离为 D，大腿长为 A，小腿长为 B。给定躯干和右脚的位姿分别为 $(\boldsymbol{p}_1, \boldsymbol{R}_1)$ 和 $(\boldsymbol{p}_7, \boldsymbol{R}_7)$。

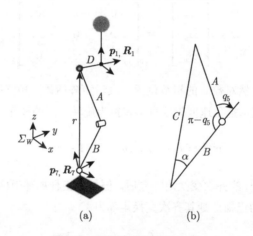

图 7.7 解析法求解逆运动学

此时依次求得髋关节位置为

$$\boldsymbol{p}_2 = \boldsymbol{p}_1 + \boldsymbol{R}_1 \begin{bmatrix} 0 \\ D \\ 0 \end{bmatrix} \tag{7.16}$$

踝关节坐标系下的髋关节位置矢量为

$$\boldsymbol{r} = \boldsymbol{R}_7^{\mathrm{T}} (\boldsymbol{p}_2 - \boldsymbol{p}_7) \equiv \begin{bmatrix} r_x & r_y & r_z \end{bmatrix}^{\mathrm{T}} \tag{7.17}$$

踝关节与髋关节之间的距离 C 为

$$C = \sqrt{r_x^2 + r_y^2 + r_z^2} \tag{7.18}$$

根据三角形余弦定理，有

$$C^2 = A^2 + B^2 - 2AB\cos(\pi - q_5) \tag{7.19}$$

从而求得膝关节角 q_5 为

$$q_5 = -\arccos\left(\frac{A^2 + B^2 - C^2}{2AB}\right) + \pi \tag{7.20}$$

基于求得的 q_5 和 r_x、r_y、r_z，可以再次根据三角形原理求得踝关节的关节角 q_6、q_7 分别为：

$$q_7 = \text{atan}\,2\,(r_y, r_z)$$
$$q_6 = -\text{atan}\,2\left(r_x, \text{sign}\,(r_z)\,\sqrt{r_y^2 + r_z^2}\right) - \alpha \tag{7.21}$$

其中

$$\alpha = -\arcsin\left(\frac{A\sin(\pi - q_5)}{C}\right) \tag{7.22}$$

最后再求得髋关节角 q_2、q_3、q_4 分别为：

$$q_2 = \text{atan}\,2\,(-R_{12}, R_{22})$$
$$q_3 = \text{atan}\,2\,(R_{32}, -R_{12}s_2 + R_{22}c_2)$$
$$q_4 = \text{atan}\,2\,(-R_{31}, R_{33}) \tag{7.23}$$

其中，R_{ij} 为如下矩阵的元素；为了简写，$c_2 \equiv \cos q_2$，$s_2 \equiv \sin q_2$。

$$\boldsymbol{R}_x(q_2)\,\boldsymbol{R}_x(q_3)\,\boldsymbol{R}_y(q_4) = \boldsymbol{R}_1^{\mathrm{T}}\boldsymbol{R}_7\boldsymbol{R}_x(q_7)\,\boldsymbol{R}_y(q_5 + q_6) \tag{7.24}$$

$$\begin{bmatrix} c_2c_4 - s_2s_3s_4 & -s_2c_3 & c_2s_4 + s_2s_3c_4 \\ s_2c_4 + c_2s_3s_4 & c_2c_3 & s_2s_4 - c_2s_3c_4 \\ -c_3s_4 & s_3 & c_3c_4 \end{bmatrix} = \begin{bmatrix} R_{11} & R_{12} & R_{13} \\ R_{21} & R_{22} & R_{23} \\ R_{31} & R_{32} & R_{33} \end{bmatrix} \tag{7.25}$$

以上即为逆运动学的解析解法。需要注意的是，该样例下机器人髋关节三轴相交、踝关节两轴相交，这会大大减小解析法计算的复杂程度。实际的机器人运动控制过程中，一般使用数值解法进行逆运动学求解。

2. 逆运动学的数值解法

解析解法求解逆运动学原理简单且计算量小，但其应用的局限性较大。比如，对于一些特殊构型的机器人，逆运动学可能得不到解析解。数值解法则适用范围更广，虽然迭代计算求解需要更大的计算量，但现有的计算芯片可以轻易满足逆运动学数值解法的计算需求。

首先考虑一六自由度的运动机构，因为不管是机械臂还是机械腿，在逆解时都可以被视为同样的对象。简单的逆解情况，可以认为逆解时机构的一端固定另一端运动。固定的一端称为基座，运动的一端称为末端。末端在三维空间中运动时，其位姿也在变化，我们称末端在"笛卡

儿空间"中运动。随着末端在空间中运动，机构的各个关节的转动角度也在变化。末端的每个空间姿态，对应有相应的各个关节的转动角度，我们称由各个关节转动角度构成的矢量在"关节空间"中运动。于是正解是把关节空间的关节转角矢量转化为笛卡儿空间的末端位姿，逆解则是反过来从末端位姿求解关节转角矢量，数学式的表达则为

$$\boldsymbol{x} = f(\boldsymbol{q}) \tag{7.26}$$

其中，$\boldsymbol{x}$ 为末端的空间位置和朝向角；$\boldsymbol{q}$ 为关节转角矢量。

$$\boldsymbol{x} = \begin{bmatrix} x \\ y \\ z \\ \omega_x \\ \omega_y \\ \omega_z \end{bmatrix}, \quad \boldsymbol{q} = \begin{bmatrix} q_2 \\ q_3 \\ q_4 \\ q_5 \\ q_6 \\ q_7 \end{bmatrix} \tag{7.27}$$

遗憾的是，没有办法具体地写出式（7.26）中函数 $f()$ 的形式，所以不能直接使用函数计算正逆解。不过，可以通过另一个可求得的矩阵，即雅可比矩阵，来进行逆解的求解。雅可比矩阵的含义是把运动链末端点在笛卡儿空间的运动速度，映射到关节空间的关节转角速度，其数学形式为

$$\mathrm{d}x = \boldsymbol{J} \cdot \mathrm{d}\boldsymbol{q} \tag{7.28}$$

根据式（7.28）可以认为末端点在笛卡儿空间中有一个位移 Δx 时，对应的关节转角矢量有一个变化的差值 $\Delta \boldsymbol{q}$。当位移 Δx 越小，其与 $\Delta \boldsymbol{q}$ 的关系就越符合式（7.28）。图7.8展示了在位移大小变化时，由 $\Delta \boldsymbol{q}$ 产生的实际末端轨迹与理想位移轨迹的偏差。可以看出，位移越小时二者轨迹偏差越小。

利用该关系进行逆解求解的过程为，首先计算运动机构的当前位姿与预期位姿的差值 $\mathrm{d}x$ 和机构当前位姿下的雅可比矩阵 $\boldsymbol{J}$，然后利用式（7.28）计算对应的关节转角矢量增量 $\mathrm{d}\boldsymbol{q}$，接着把增量 $\mathrm{d}\boldsymbol{q}$ 加到当前关节转角矢量 $\boldsymbol{q}$ 上重新计算新的运动机构位姿。显然，新的位姿会比原先的位姿更接近预期位姿。以上流程经过多次迭代，使最后求得的位姿偏差接近符合预先设定的精度要求时，即认为求解成功。

其中，根据式（7.28）计算关节转角矢量增量 $\mathrm{d}\boldsymbol{q}$ 时，自然而然的做法是求取雅可比矩阵 $\boldsymbol{J}$ 的逆，从而得到 $\mathrm{d}\boldsymbol{q}$。但在许多情况下，因为运动机构构型或者机构位姿的差异，雅可比矩阵是不可逆的。为了处理该问题，根据不同的处理手段又引申出了雅可比转置法、伪逆法、奇异值分解法等逆解的数值解法，本节不再详细介绍。

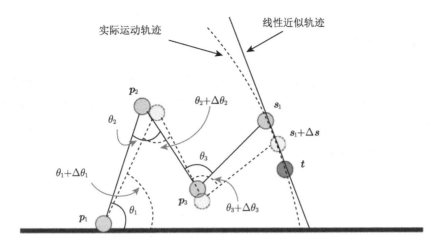

图 7.8　笛卡儿空间位移与关节位移

接下来以 MATLAB 软件的机器人工具箱中的 ikine() 逆解函数为例，说明上述计算方法的编程实现流程，如算法1所示。

Algorithm 1 InverseKinematics

1: % 初始化机器人模型；

2: % 设定目标位姿 T、精度要求 tolerance 等；

3: % 初始化位姿误差；

4: **while** dx > tolerance **do**

5: 　　% 计算雅可比矩阵 J；

6: 　　**if** 使用雅可比伪逆法 **then**

7: 　　　　% 使用雅可比伪逆法计算关节转角矢量增量 dq；

8: 　　**else**

9: 　　　　% 使用雅可比转置法计算关节转角矢量增量 dq；

10: 　　**end if**

11: 　　% 更新关节值 q；

12: 　　% 正运动学；

13: 　　% 更新位姿误差 dx；

14: **end while**

7.2　ZMP 的含义

零力矩点（ZMP）是一个适用于各种运动状况下的概念[1]，也是对人形机器人进行运动控制时需要用到的一个重要物理量。本节首先介绍 ZMP 的定义、计算方式和测量方法，然后讨论 ZMP 指标与人形机器人动力学的关系，讲解 ZMP 在机器人运动时是如何发挥作用的。

7.2.1　ZMP 与地面反力

不同于工业机器人的基座固定于地面，人形机器人脚掌与地面为不稳定接触，因此人形机器人会轻易地摔倒。为了控制机器人稳定行走，需要建立一些指标来判断机器人是否稳定。如果当这些指标在一定范围内时，机器人一定不会摔倒，则该指标就能为机器人的运动控制提供极大的帮助。这种情况下，人们常常使用 ZMP。

如图7.9所示，机器人足底所受作用力分布不均匀，脚尖方向受到的作用力较大，脚跟方向较小。但整体的负载可以等效于一个作用于足底某个位置的合力 R，其在足底上的作用点就称为零力矩点，简称 ZMP。

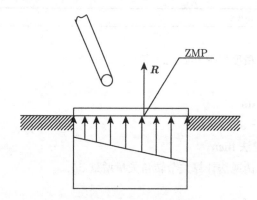

图 7.9　零力矩点（ZMP）的定义

上述是二维的情况，即只考虑了脚掌前后方向的受力和 ZMP 位置。实际上，脚掌的左、右方向也会受力，左、右方向的 ZMP 位置也会随受力情况的变化而变化。接下来考虑三维环境下单足支撑的情况，如图7.10(a) 所示。为简化分析，可以忽略踝关节上部的结构。把踝关节以上的结构对踝关节的影响等效为作用力 F_A 和作用力矩 M_A，如图7.10(b) 所示。

通常，地面反力由力 R 的 3 个方向的分量 R_x、R_y、R_z 和力矩 M 的 3 个方向 M_x、M_y、M_z 构成。摩擦力作用于脚与地面的接触点，当脚在地面上处于静止状态时，作用于水平面上的力 R 和力矩 M 的那些分量会被地面摩擦力平衡抵消。因此，水平方向的地面反作用力 (R_x, R_y)

---

[1] 高达 SEED 第一季中，主角操控高达时即出现了"校准零力矩点"的台词。

表示平衡 $\boldsymbol{F}_A$ 的水平分量的摩擦力。而垂直方向的反力矩 $\boldsymbol{M}_z$ 表示地面摩擦反力矩，它平衡力矩 $\boldsymbol{M}_A$ 的垂直分量和力 $\boldsymbol{F}_A$ 引起的力矩，如图7.10(c) 所示。竖直方向的地面反作用力 $\boldsymbol{R}_z$ 则平衡 $\boldsymbol{F}_A$ 的竖直方向分量，当机器人没有竖直方向的加速运动时，$\boldsymbol{R}_z$ 的值等于机器人的重力大小。此时还需要考虑的是 $\boldsymbol{M}_A$ 的水平方向的力矩分量 $\boldsymbol{M}_{Ax}$ 和 $\boldsymbol{M}_{Ay}$ 的平衡问题。

考虑如图7.10(d) 所示的 Oyz 平面，通过调整 $\boldsymbol{R}_z$ 的作用点 $\boldsymbol{P}$，可以等效地生成水平方向的力矩分量来平衡 $\boldsymbol{M}_{Ax}$。生成的平衡力矩分量的大小取决于点 $\boldsymbol{P}$ 与踝关节在 Oyz 平面的相对距离 y。此时可以发现，当地面反作用力始终在脚掌所覆盖的区域内时，踝关节受到的地面反力矩可以等效为通过改变 $\boldsymbol{R}_z$ 的作用位置生成的水平扭矩分量。$\boldsymbol{R}_z$ 的作用位置改变之后，则可以认为，地面反力矩的水平分量 $\boldsymbol{M}_x$ 和 $\boldsymbol{M}_y$ 不存在了。

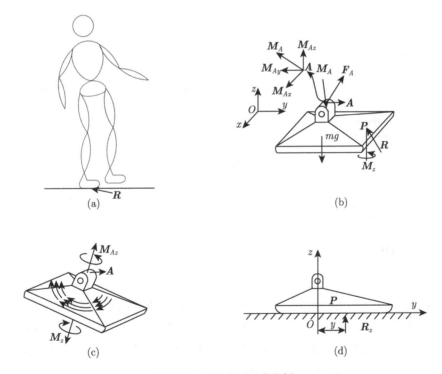

图 7.10 三维地面反力分析

需要注意的是，对于实际的机器人来说，作用点 $\boldsymbol{P}$ 的移动距离是受限制的。其受制于机器人脚掌的实际大小，不能移出脚掌的支撑面之外。直观的理解是，如果作用点 $\boldsymbol{P}$ 移出了脚掌支撑面之外，地面反作用力就不能通过脚掌传递至踝关节，进而平衡系统受力了。为此需要引入另一个重要概念——支撑多边形，其定义为脚掌与地面接触点的集合的最小凸集。凸集的定义如图7.11和式（7.29）所示，双足机器人的支撑多边形如图7.12所示。

$$S_{\mathrm{co}} = \left\{ \sum_{j=1}^{N} \alpha_j \boldsymbol{p}_j \middle| \boldsymbol{\alpha}_j \ldots 0, \sum_{j=1}^{N} \alpha_j = 1, \boldsymbol{p}_j \in S(j = 1, 2, \cdots, N) \right\} \tag{7.29}$$

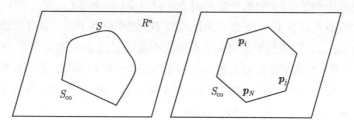

图 **7.11** 凸集

图 **7.12** 双足机器人的支撑多边形

在本节我们先给出一个重要结论："机器人保持稳定时，ZMP 位于支撑多边形内部"，7.2.2 节来分析该结论是如何得出的。

7.2.2 ZMP 分析

1. 二维平面分析

本节我们采用更为严谨的公式，先来分析二维平面下 ZMP 的位置与足底受力情况的关系，之后再把该方法拓展到三维空间。如图7.13所示，由于机器人脚掌受到地面的摩擦力，地面作用力有竖直和水平方向的分量，在图7.13(a) 和图7.13(b) 中分别用 $\rho(\xi)$ 和 $\sigma(\xi)$ 来表示每单位距离的地面反作用力的竖直方向和水平方向分量。

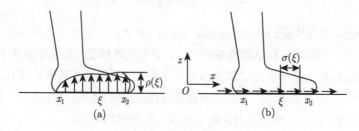

图 **7.13** 地面作用力的分布

上述的力分量同时作用于机器人足底。接着我们用集中作用在脚底上某一个点的等效力和力矩，来替换图7.13中的分布力，如图7.14所示。

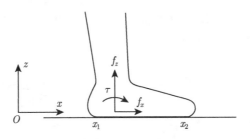

图 7.14 等效力和等效力矩

此时等效力和等效力矩包括水平分量 f_x、竖直分量 f_z 和绕作用点 p_x 的力矩 $\tau(p_x)$ 用如下公式计算：

$$f_x = \int_{x_1}^{x_2} \sigma(\xi)\mathrm{d}\xi$$
$$f_z = \int_{x_1}^{x_2} \rho(\xi)\mathrm{d}\xi \qquad (7.30)$$
$$\tau(p_x) = -\int_{x_1}^{x_2} (\xi - p_x)\,\rho(\xi)\mathrm{d}\xi$$

根据式（7.30），显然存在某个特殊的作用点 p_x，使得等效力矩为零，即有 $\tau(p_x) = 0$。此时 p_x 的值为

$$p_x = \frac{\int_{x_1}^{x_2} \xi\rho(\xi)\mathrm{d}\xi}{\int_{x_1}^{x_2} \rho(\xi)\mathrm{d}\xi} \qquad (7.31)$$

由于脚掌与地面之间为单边接触，即脚掌不能往下深入地面，但脚掌可以往上脱离地面，所以地面作用力的分量一定为正，因此有

$$\rho(\xi) \geqslant 0 \qquad (7.32)$$

代入式（7.31），可得

$$x_1 \leqslant p_x \leqslant x_2 \qquad (7.33)$$

即当全部压力都位于脚尖的时候，除了 $\rho(x_2)$ 不等于零，其他 $\rho(\xi)$ 都为零，有 $p_x = x_2$。当全部压力都位于脚跟的时候，除了 $\rho(x_1)$ 不等于零，其他 $\rho(\xi)$ 都为零，有 $p_x = x_1$。当脚掌压力分散分布于脚掌面时，p_x 位于 x_1 与 x_2 之间。这表明，在二维情况下当通过移动等效力的作用点能实现平衡时，作用点会在脚掌的范围内。

2. 三维空间分析

机器人脚掌在三维空间中运动时，脚掌姿态和受力情况会比二维情况更复杂，但三维空间中的 ZMP 原理仍然类似。考虑机器人脚掌位于三维空间中的水平地面上，其竖直方向和水平方向作用力分量分别如图7.15(a) 和 (b) 所示。

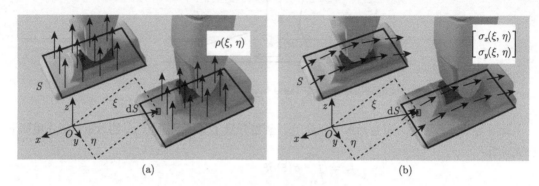

图 7.15 三维空间中的地面作用力分量

设地面上某点 $r = \begin{bmatrix} \xi & \eta & 0 \end{bmatrix}^{\mathrm{T}}$，其中 ξ 和 η 分别为该点在 x 轴和 y 轴的坐标值。再设 $\rho(\xi, \eta)$ 为该点处地面反作用力的竖直分量的大小，如图7.15(a) 所示。地面作用力的竖直方向分量的总和为

$$f_z = \int_S \rho(\xi, \eta)\mathrm{d}S \tag{7.34}$$

类似式（7.30），可以计算三维情况下，地面作用力绕某点 $p = \begin{bmatrix} p_x & p_y & 0 \end{bmatrix}^{\mathrm{T}}$ 的力矩 $\boldsymbol{\tau}_n(\boldsymbol{p})$：

$$
\begin{aligned}
\boldsymbol{\tau}_n(\boldsymbol{p}) &\equiv [\tau_{nx} \quad \tau_{ny} \quad \tau_{nz}]^{\mathrm{T}} \\
\tau_{nx} &= \int_S (\eta - p_y)\, \rho(\xi, \eta)\mathrm{d}S \\
\tau_{ny} &= -\int_S (\xi - p_x)\, \rho(\xi, \eta)\mathrm{d}S \\
\tau_{nz} &= 0
\end{aligned}
\tag{7.35}
$$

其中，$\int_S$ 表示对地面作用力进行二重积分。地面反力的竖直分量不会造成绕 z 轴转动的力矩，所以 $\tau_{nz} = 0$。同样如同二维的情况，为使等效力矩为零，即

$$
\begin{aligned}
\tau_{nx} &= 0 \\
\tau_{ny} &= 0
\end{aligned}
\tag{7.36}
$$

于是有

$$p_x = \frac{\displaystyle\int_S \xi\rho(\xi,\eta)\mathrm{d}S}{\displaystyle\int_S \rho(\xi,\eta)\mathrm{d}S}$$

$$p_y = \frac{\displaystyle\int_S \eta\rho(\xi,\eta)\mathrm{d}S}{\displaystyle\int_S \rho(\xi,\eta)\mathrm{d}S}$$

(7.37)

此时点 $\boldsymbol{p}$ 等价于地面反力的集中作用点，且此时地面反力绕点 $\boldsymbol{p}$ 的力矩为零，机器人不会有绕点 $\boldsymbol{p}$ 转动的趋势，点 $\boldsymbol{p}$ 即为此时的 ZMP。

需要注意的是，与二维情况不同，三维情况下地面作用力的水平分量，会对脚掌产生等效力矩。考虑如图7.15(b) 的水平方向作用力分量，设 $\sigma_x(\xi,\eta)$ 和 $\sigma_y(\xi,\eta)$ 分别为单位面积上的水平分量在 x 和 y 方向上的分量，则两个方向的水平力分别为

$$f_x = \int_S \sigma_x(\xi,\eta)\mathrm{d}S$$

$$f_y = \int_S \sigma_y(\xi,\eta)\mathrm{d}S$$

(7.38)

于是水平作用力分量产生的绕地面上点 $\boldsymbol{p} = \begin{bmatrix} p_x & p_y & 0 \end{bmatrix}^{\mathrm{T}}$ 的力矩为

$$\begin{aligned}
&\boldsymbol{\tau}_t(\boldsymbol{p}) \equiv \begin{bmatrix} \tau_{tx} & \tau_{ty} & \tau_{tz} \end{bmatrix}^{\mathrm{T}} \\
&\tau_{tx} = 0 \\
&\tau_{ty} = 0 \\
&\tau_{tz} = \int_S \left\{ (\xi - p_x)\,\sigma_y(\xi,\eta) - (\eta - p_y)\,\sigma_x(\xi,\eta) \right\} \mathrm{d}S
\end{aligned}$$

(7.39)

可见，地面作用力的水平方向作用力分量，产生了沿竖直方向的力矩。一般情况下该竖直方向的力矩会被静摩擦造成的地面作用力矩平衡，如图7.10(c) 所示，当该力矩较大静摩擦不足以平衡时，则会造成机器人绕 z 轴方向的转动。一般情况下机器人以较慢速度行走时，忽略 τ_{tz} 对机器人的影响。

综上可以总结，分布在脚掌上的地面反作用力可以用下面的力

$$\boldsymbol{f} = \begin{bmatrix} f_x & f_y & f_z \end{bmatrix}^{\mathrm{T}}$$

(7.40)

和绕 ZMP（$\boldsymbol{p}$ 点）的力矩

$$\begin{aligned}
\boldsymbol{\tau_p} &= \boldsymbol{\tau}_n(\boldsymbol{p}) + \boldsymbol{\tau}_t(\boldsymbol{p}) \\
&= \begin{bmatrix} 0 & 0 & \tau_{tz} \end{bmatrix}^{\mathrm{T}}
\end{aligned}$$

(7.41)

来等效替换。在三维情况下，ZMP 定义为使地面作用力的力矩水平分量为零的作用点。

7.2.3 ZMP 的测量

在一些运动控制算法中，机器人行走时需要对足底 ZMP 位置进行实时测量。测量 ZMP 时需要考虑不同的情况，从支撑腿的数目分类可分为单脚支撑的测量场景和多腿支撑的测量场景（除了双足机器人，四足、六足等机器人也可以进行 ZMP 的测量）；从测量方案上分类，可分为基于单个多维力/力矩传感器（FT 传感器）的测量和基于多个力传感记录单元（Force Sensing Register，FSR）的测量。

首先描述 ZMP 测量的原理。考虑两个一上一下互相接触的刚体，其中之一与地面接触，如图7.16所示。地面接触力通过下方物体传导至上方物体，此时可以在两个物体之间布置力传感器，测量两个物体之间传导的力和力矩的大小。利用测得的力和力矩的大小，即可计算当前时刻的 ZMP 位置。

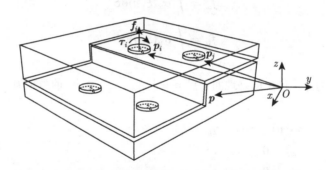

图 7.16 互相接触进行力传导的刚体模型

设在脚掌坐标系中的点 $p_j(j = 1, 2, \cdots, N)$ 处，力 f_j 和力矩 τ_j 的值已测得，那么绕任意点 $p = \begin{bmatrix} p_x & p_y & p_z \end{bmatrix}^{\mathrm{T}}$ 的合力矩为

$$\tau(p) = \sum_{j=1}^{N} (p_j - p) \times f_j + \tau_j \tag{7.42}$$

令力矩沿 x 轴和 y 轴方向的分量为零，即可求得 p_x 和 p_y 的位置：

$$p_x = \frac{\sum_{j=1}^{N} \left\{ -\tau_{jy} - (p_{jz} - p_z) f_{jx} + p_{jx} f_{jz} \right\}}{\sum_{j=1}^{N} f_{jz}}$$

$$p_y = \frac{\displaystyle\sum_{j=1}^{N}\left\{\tau_{jx} - (p_{jz} - p_z)f_{jy} + p_{jy}f_{jz}\right\}}{\displaystyle\sum_{j=1}^{N}f_{jz}} \tag{7.43}$$

不同的测量方案都是使用该公式来进行 ZMP 的计算。下面分别介绍基于两种测量方案的单腿支撑场景下的 ZMP 测量和单腿 ZMP 已知时的多腿支撑 ZMP 计算。

1. 使用六维力传感器测量单腿 ZMP

对单腿进行 ZMP 测量时，使用一个六维力传感器即可测量得到 ZMP。图7.17是六维力传感器的工作示意图。商品化的六维力传感器能做到结构紧凑坚固，能承受较大的冲击。

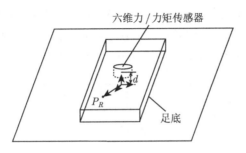

图 7.17 六维力传感器

传感器被安装在机器人足底的安装结构如图7.18所示。施加于足底的地面作用力通过冲击吸收器和缓冲器传递到传感器上，通过该传感器作用力又传递到机器人踝关节，进而影响机器人躯干的运动。

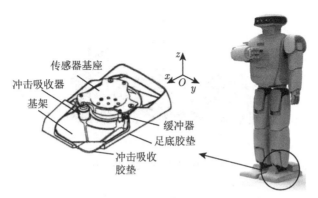

图 7.18 六维力传感器足部安装结构

六维力传感器测量值包括三维力 $\boldsymbol{f} = \begin{bmatrix} f_x & f_y & f_z \end{bmatrix}^{\mathrm{T}}$ 和三维力矩 $\boldsymbol{\tau} = \begin{bmatrix} \tau_x & \tau_y & \tau_z \end{bmatrix}^{\mathrm{T}}$。

从六维力传感器得到数据之后，根据式（7.43）计算 ZMP 位置。当传感器的测量中心正好位于脚掌坐标系的原点正上方时，计算 ZMP 位置位置最容易：

$$p_x = (-\tau_y - f_x d)/f_z$$

$$p_y = (\tau_x - f_y d)/f_z$$

(7.44)

其中，d 为图7.17中六维力传感器到足底的距离。

2. 使用多个 FSR 单元测量单腿 ZMP

高精度的六维力传感器体积较大，且价格昂贵。为了使足部结构重量轻巧且节省成本，可以使用多个 FSR 单元来测量 ZMP。FSR 单元的主要测量元件是压感电阻，压感电阻会随着受到的正压力而改变阻值，因此相当于一个一维力传感器，可以测量该点的地面作用力的竖直分量。由于单个 FSR 单元不能测量脚掌受到的扭矩，所以需要配置多个 FSR 单元来间接测量总的地面作用力矩。其工作原理示意图和安装结构示意图，分别如图7.19和图7.20所示。

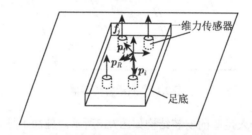

图 7.19　FSR 单元工作原理示意图

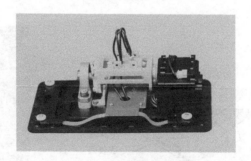

图 7.20　FSR 单元安装结构

在传递地面作用力时，每个 FSR 单元都被视为点接触，只传递力而不转递力矩，所以仅能测量到 z 方向的地面作用力的分量。但由于配置了多个 FSR 单元，且没个 FSR 单元在脚掌坐标系中的位置已知，所以可以间接计算得到整个脚掌受到的合力矩。式（7.43）中，没个测量点仅

有 z 方向的地面作用力分量不为零，其他都为零。可求得 ZMP 为：

$$p_x = \frac{\displaystyle\sum_{j=1}^{N} p_{jx} f_{jz}}{\displaystyle\sum_{j=1}^{N} f_{jz}}$$

(7.45)

$$p_y = \frac{\displaystyle\sum_{j=1}^{N} p_{jy} f_{jz}}{\displaystyle\sum_{j=1}^{N} f_{jz}}$$

3. 双腿支撑的 ZMP 计算

测量得到单脚的 ZMP 位置之后，即可计算双脚支撑情况下的 ZMP。双足支撑情况下的 ZMP 计算原理如图7.21所示。

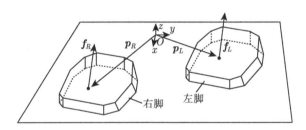

图 7.21　双足支撑情况下的 ZMP

同样根据式（7.43）可求得：

$$p_x = \frac{p_{Rx} f_{Rz} + p_{Lx} f_{Lz}}{f_{Rz} + f_{Lz}}$$

$$p_y = \frac{p_{Rx} f_{Rz} + p_{Lx} f_{Lz}}{f_{Rz} + f_{Lz}}$$

(7.46)

其中，

$$\boldsymbol{f}_R = \begin{bmatrix} f_{Rr} & f_{Ry} & f_{Rz} \end{bmatrix}^{\mathrm{T}}$$

$$\boldsymbol{f}_L = \begin{bmatrix} f_{Lx} & f_{Ly} & f_{Lz} \end{bmatrix}^{\mathrm{T}}$$

$$\boldsymbol{p}_R = \begin{bmatrix} p_{Rr} & p_{Ry} & p_{Rz} \end{bmatrix}^{\mathrm{T}}$$

(7.47)

分别为左腿右腿的支撑力和左腿右腿的 ZMP 位置。支撑力沿 x 轴和 y 轴的分量在计算 ZMP 时不需要用到，可以不用测出。

7.2.4 ZMP 与机器人运动

借由介绍 ZMP，我们开始了解机器人运动时的受力情况。通过脚掌传递给机器人的地面作用力，最终会对机器人躯干的运动状态产生影响，而这些影响遵循了哪些物理定律？需要怎样来量化计算？根据牛顿定律可知，受到作用力后物理上产生加速度，进而导致物体速度、位置变化。反过来，如果知道位置、速度、加速度等状态信息，也可以推算出物体受到的地面作用力，进而计算出各个时刻的 ZMP 位置。为了解上述因素背后的作用原理，本节来探讨 ZMP 与机器人运动的关系。阅读本节时读者需要先大致了解多刚体动力学中的机器人动量、角动量、质心等概念。

1. ZMP 与动量、角动量和质心

假设一个人形机器人在水平地面运动，有一个测量机器可以用近乎上帝视角一般的测量能力，准确地测出某机器人的运动状态（在仿真环境中可以轻松实现）。考虑在某一个瞬间时刻的情况，认为此时机器人各个部件之间没有相对运动，机器人整体视为一个刚体。此时地面作用力绕原点的力矩为

$$\boldsymbol{\tau} = \boldsymbol{p} \times \boldsymbol{f} \tag{7.48}$$

其中，$\boldsymbol{p} = [p_x, p_y, p_z]^\mathrm{T}$ 为 ZMP 位置，$\boldsymbol{f}$ 为等效的地面作用力的竖直分量。根据牛顿运动定律，物体动量的变化率等于物体受到的合外力，则有

$$\begin{aligned} \dot{\boldsymbol{P}} &= M\boldsymbol{g} + \boldsymbol{f} \\ \dot{\boldsymbol{L}} &= \boldsymbol{c} \times M\boldsymbol{g} + \boldsymbol{\tau} \end{aligned} \tag{7.49}$$

联立式（7.48）和式（7.49），消去作用力 $\boldsymbol{f}$ 和力矩 $\boldsymbol{\tau}$，可得

$$\begin{aligned} \dot{L}_x + Mgy + \dot{P}_y p_z - \left(\dot{P}_z + Mg\right)p_y &= 0 \\ \dot{L}_y - Mgx - \dot{P}_x p_z + \left(\dot{P}_z + Mg\right)p_x &= 0 \end{aligned} \tag{7.50}$$

其中，

$$\begin{aligned} \boldsymbol{P} &= \begin{bmatrix} P_x & P_y & P_z \end{bmatrix}^\mathrm{T} \\ \boldsymbol{L} &= \begin{bmatrix} L_x & L_y & L_z \end{bmatrix}^\mathrm{T} \\ \boldsymbol{c} &= \begin{bmatrix} x & y & z \end{bmatrix}^\mathrm{T} \\ \boldsymbol{g} &= \begin{bmatrix} 0 & 0 & -g \end{bmatrix}^\mathrm{T} \end{aligned} \tag{7.51}$$

分别为物体的动量、角动量、质心位置和重力加速度。从式（7.50）解得 ZMP 为

$$p_x = \frac{Mgx + p_z\dot{P}_x - \dot{L}_y}{Mg + \dot{P}_z}$$

$$p_y = \frac{Mgy + p_z \dot{P}_y + \dot{L}_x}{Mg + \dot{P}_z} \tag{7.52}$$

从式（7.52）可看出，ZMP 位置与机器人质心位置和动量/角动量变化率有关。当机器人静止不动时，其动量/角动量变化率为零，此时 ZMP 位置等于机器人质心位置。

2. 多刚体系统中的 ZMP

在多刚体系统中，机器人的动量和角动量不能直接测得，但是可以先测得机器人各个连杆部件的速度和角速度，进而计算总的动量和角动量。现有的各种状态估计方法可以较为准确地测量实体机器人的运动状态，本书不做介绍。

假定有一个多连杆组成的机器人，其各个部件的运动状态都已测得，如图7.22所示，则机器人整体绕坐标远点的角动量为

$$L = \sum_{i=1}^{N} c_i \times P_i \tag{7.53}$$

其中，$c_i = \begin{bmatrix} x_i & y_i & z_i \end{bmatrix}^T$ 为各个连杆的质心位置，$P_i = \begin{bmatrix} M\ddot{x}_i & M\ddot{y}_i & M\ddot{z}_i \end{bmatrix}^T$ 为各个连杆的动量变化率。将式（7.53）代入式（7.52），即可得到多刚体系统的 ZMP 计算公式：

$$p_x = \frac{\displaystyle\sum_{i=1}^{N} \left\{ (\ddot{z}_i + g)\, x_i - (z_i - p_z)\, \ddot{x}_i \right\}}{\displaystyle\sum_{i=1}^{N} (\ddot{z}_i + g)}$$

$$\tag{7.54}$$

$$p_y = \frac{\displaystyle\sum_{i=1}^{N} \left\{ (\ddot{z}_i + g)\, y_i - (z_i - p_z)\, \ddot{y}_i \right\}}{\displaystyle\sum_{i=1}^{N} (\ddot{z}_i + g)}$$

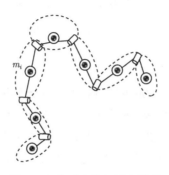

图 7.22 多质点的机器人模型

式（7.54）虽然能准确计算 ZMP，但计算流程烦琐。在一些场合，需要更简化的算式，来表述机器人运动状态与 ZMP 的关系。于是进一步把机器人简化为单个质点来表示，如图7.23所示，此时令式（7.54）中 N 的值为 1，即可得到单质点模型下的 ZMP 计算公式：

$$p_x = x - \frac{(z - p_z)\ddot{x}}{\ddot{z} + g}$$

$$p_y = y - \frac{(z - p_z)\ddot{y}}{\ddot{z} + g}$$

$$(7.55)$$

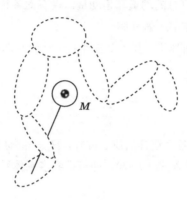

图 7.23 单质点的机器人模型

如果基于单质点模型，对机器人运动状态做出进一步的假设，如机器人运动时质心高度不变和机器人在水平地面运动，则可以使得式（7.55）中 $\ddot{z}$ 及 p_z 等于零，从而进一步简化公式。基于这些假设的运动模型已经在双足机器人的步态控制中被广泛使用，我们在 7.3 节详细讨论。

7.3 基于线性倒立摆的双足步态生成

本节继续探讨 7.2.4 节提到的单质点模型，通过添加额外的限制来简化式（7.55），用其来进行双足步态质心运动轨迹规划。使用线性倒立摆规划质心轨迹时，ZMP 集中于支撑杆末端，对应于支撑脚的脚掌中心，这样可以得到理论上稳定的运动轨迹。

7.3.1 质心轨迹生成

倒立摆模型（Inverted Pendulum Model, IPM）由一个无质量的支撑杆和一个位于支撑杆顶端的质点（Center of Mass, COM）构成。机器人的行走轨迹分别由冠状面和矢状面的倒立摆轨迹组合而成。对于一个固定支撑杆长度的倒立摆来说，其质点在两个平面上的运动方程是耦合的，很难求解。通过引入运动过程中质心高度 H 不变的约束，可以使得两个运动方程变得独立。这就是线性倒立摆（Linear Inverted Pendulum Model, LIPM），如图7.24所示。在实际的机器人控制中，保持质心固定的高度不变并不是一个很严格的限制，甚至还有让安装于头部的相机拍摄更平稳的优势。通过在运动过程中改变腿伸直的幅度可以实现保持固定的质心高度。

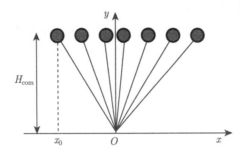

图 7.24 二维平面下的线性倒立摆运动

线性倒立摆的运动方程导出如下，支撑杆顶端质点受到竖直方向重力 mg 作用，支撑点受到地面支撑力的作用。整个系统在绕支撑点位置会受到合扭矩 $\tau = mgx$，其中 x 为质心与支撑点的水平面距离。当支撑杆的长度会时刻智能变化，保持质心始终位于同一高度时，此力矩会在水平方向上对质心加速，加速力为 $F = \tau/H$，此时有

$$\ddot{x} = \frac{F}{m} = x\frac{g}{H} \tag{7.56}$$

该式表明，线性倒立摆上质点的运动趋势和线性倒立摆的参数及本身状态有关。从数学角度上理解，该式为一个二阶常微分方程。求解其通解，可得

$$x(t) = x_0 \times \cosh\left(\sqrt{\frac{g}{H}} \times t\right) + \frac{v_0}{\sqrt{\frac{g}{H}}} \times \sinh\left(\sqrt{\frac{g}{H}} \times t\right) \tag{7.57}$$

其中，g 为重力加速度；H 为质心高度；$\sqrt{\frac{g}{H}}$ 为倒立摆的时间常数，本书中为简化描述用 ω 代替。

从数学上来说，确定了某变量的初值及其随时间变化的导数，则可以确定该变量随时间变化的轨迹。从通解公式中可得，在已知初值 x_0 和 v_0 时，可求得 x 随时间 t 变化的任意时刻的值。线性倒立摆模型中，x_0 和 v_0 分别为质点的初始位置和初始速度。通解公式表明，知道质点初始状态之后，就可以根据线性倒立摆模型求解质点任意时刻的状态了。线性倒立摆的微分方程表征了质点的运动趋势，其通解公式则表达了质点具体的运动轨迹。把式（7.57）微分，即可得到质点的速度运动轨迹：

$$v(t) = x_0 \times \sqrt{\frac{g}{H}} \times \sinh\left(\sqrt{\frac{g}{H}} \times t\right) + v_0 \times \cosh\left(\sqrt{\frac{g}{H}} \times t\right) \tag{7.58}$$

倒立摆在三维空间中的运动由冠状面的侧向运动和矢状面的前向运动构成。两个平面的运动可以单独地由倒立摆轨迹来描述。两个方向的运动合成后如图7.25所示。分别查看倒立摆冠状面和矢状面的轨迹可以发现二者有一个明显区别，即冠状面轨迹没有越过零位置，矢状面轨迹则越过了零位置。一般来说规划前进运动的时候倒立摆的轨迹会这样分布。规划侧移运动时则冠状面和矢状面的质心轨迹都不会越过零位置，且冠状面的轨迹会是不对称的，从而实现一步一步的侧移。

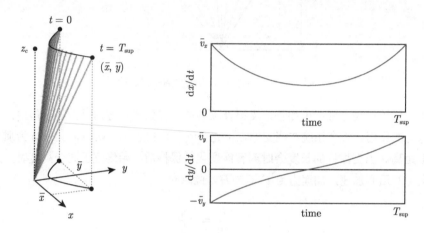

图 7.25　三维空间中的线性倒立摆运动

在多步连续行走时认为每个单足支撑期存在一个线性倒立摆，脚掌踩在线性倒立摆的末端位置。考虑简单情况，运行完一个单足支撑期后会进行支撑脚的瞬间切换，接着质心运行下一个倒立摆的运动轨迹，各个倒立摆的轨迹根据该步的步行参数来规划。

首先确定当前步的步行周期 T、双脚的冠状面支撑间距 D 和双脚的矢状面支撑间距 F。然后分别根据式（7.59）和式（7.60）分别计算冠状面、矢状面的质心初速度 v_0，再根据每一步的质心初始位置 x_0 和式（7.57）计算当前倒立摆的质心轨迹。

$$-\frac{D}{2} = -\frac{D}{2}\cosh\left(\frac{\omega t}{2}\right) + \frac{v_0}{\omega}\sinh\left(\frac{\omega t}{2}\right)$$

$$v_0 = \frac{-\omega D\left(1 - \cosh\left(\frac{\omega T}{2}\right)\right)}{2\sinh\left(\frac{\omega T}{2}\right)} \tag{7.59}$$

$$-\frac{F}{4} = \frac{F}{4}\cosh\left(\frac{\omega t}{2}\right) + \frac{v_0}{\omega}\sinh\left(\frac{\omega t}{2}\right)$$

$$v_0 = \frac{-\omega D \left(1 - \cosh\left(\dfrac{\omega T}{2}\right) \right)}{2 \sinh\left(\dfrac{\omega T}{2}\right)} \tag{7.60}$$

最后得到由多个线性倒立摆轨迹拼接而成的质心运动轨迹，如图7.26所示。

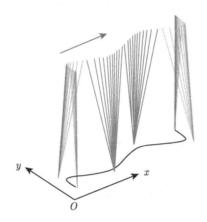

图 7.26　连续行走时的线性倒立摆运动

7.3.2　足端轨迹生成

足端轨迹分为支撑脚轨迹和摆动脚轨迹，生成支撑脚轨迹时只需让支撑脚踩在倒立摆的支撑点保持不动即可。

而对双足机器人的摆动腿来说，摆动相的任务是使足端尽快从当前位置摆动至下一步的着地位置，摆动的过程中要保证机器人双腿不发生相互干涉，摆动腿的运动不会对机器人整体产生过大的冲击。在摆动相的任意时刻内，机器人足位置包含 4 个变量。以机器人正常站立时重心对地面的投影为坐标原点，建立坐标系，需要的 4 个变量为竖直高度 H、冠状面位置 x，矢状面位置 y，围绕 z 轴的旋转角 θ。在直线行走的情况下，对于冠状面位置 x，只需设置为机器人正常站立时的 x 值，并在行走过程中，保持该值不变即可。因为在步态规划中，机器人矢状面倒立摆摆动跨度 F 是可变的，而冠状面的倒立摆摆动跨度 D 是不变的，其值一直为机器人正常站立时双腿中心的间距。

对矢状面位置 y，使用一个简单的插值函数来解决：

$$y(t) = \frac{F}{2} \sin\left(\frac{2\pi t}{T} - \frac{\pi}{2}\right) \tag{7.61}$$

式（7.61）表示摆动腿矢状面位置 y 在时间 $T/2$ 内，由 $F/2$ 变化为 $F/2$。在双腿交换时，摆动腿会有小突变，由此会对机器人整体产生冲击。但在机器人实体实验中，发现在这样简单的规划下，双腿交换时机器人并没有产生很大的冲击，可以连续行走。推测原因是机器人各个关节的执行器本身具有一定的柔性。当速度突变时，各关节因为本身的柔性能起到缓冲作用，不会对机器人产生不良影响。矢状面位置 y 与时间的变化关系如图7.27所示。

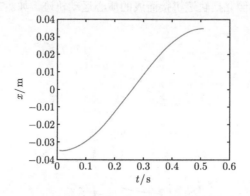

图 7.27　摆动腿矢状面轨迹

对竖直高度 H，同样采用插值函数确定。但是此时需要注意的是，摆动腿离地需要干脆利落，避免离地过程中脚面与地面不平滑的部分摩擦，使得机器人受到整体的旋转力矩而改变方向。摆动腿着地时需要稍微缓慢地接触地面，使得脚接触地面时不会受到过大的地面反力作用而不稳。因此，在摆动足上升阶段和下降阶段，用不同的插值函数来规划。

上升阶段为

$$H(t) = H_0 \sin\left(\frac{2\pi t}{T}\right) \tag{7.62}$$

下降阶段为

$$H(t) = \frac{H_0}{2} + \frac{H_0}{2} \sin\left(\frac{2\pi t}{T} + \frac{\pi}{2}\right) \tag{7.63}$$

其相对时间 t 的变化如图7.28所示。

围绕 z 轴的旋转 θ，定义第 $i1$ 步机器人上身绕 z 轴的转角为 θ_{i-1}，第 i 步机器人上身绕 z 轴的转角为 θ_i，第 $i+1$ 步机器人上身绕 z 轴的转角为 θ_{i+1}。由于第 i 步的摆动腿就是第 $i-1$ 步的支撑腿，则在第 i 步内，摆动腿需要摆动的角度为 $\Delta\theta = \theta_{i+1} - \theta_{i-1}$，故规划转角为

$$\theta(t) = \theta_{i-1} + (\theta_{i+1} - \theta_{i-1})\frac{1 + \sin\left(\frac{2\pi t}{T} - \frac{\pi}{2}\right)}{2} \tag{7.64}$$

由此规划，可以在一步开始和结束时，摆动腿的转动速度为零，这样的性质有助于交换支

撑腿时保持稳定。假设 θ_{i-1} 的值为零，摆动腿转动了 0.2 弧度，则其相对时间的变化如图7.29所示。

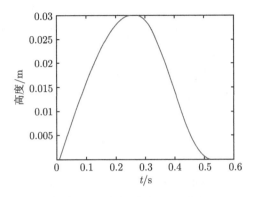

图 7.28 摆动腿高度变化轨迹

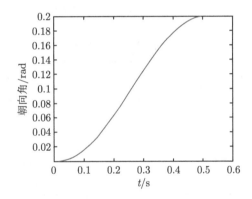

图 7.29 摆动腿朝向角变化轨迹

7.3.3 台阶及斜坡地形的步态规划

上文介绍了平面地形下的双足步态轨迹规划，其核心是利用线性倒立摆模型得到支撑腿和躯干的运动轨迹。同时手动规划摆动脚的轨迹，使摆动脚从当前步的落脚点摆动至下一步的落脚点。台阶和斜坡地形与上述情况的区别有两个方面。其一是线性倒立摆模型有一个最重要的假设，即在单足支撑期，机器人躯干质心高度不变，速度为零；其二是摆动运动的起点和终点高度不一致了，且终点的高度与落脚姿态可能是已知的，也可能是未知的。对于第一个区别，需要在规划台阶和斜坡步态时，规划躯干上升或下降的轨迹，且上升轨迹需要规划在单步周期内机器人不容易失稳的时间段。对于第二个区别，则需把摆动腿轨迹的末端姿态设为变量，通过视觉及压感检测等方式，得到落脚点姿态，来实时规划摆动腿轨迹。

1. 台阶地形轨迹规划

为了增强运动的稳定性，避免在躯干执行上升的运动轨迹时摔倒，台阶步态的单步周期，需要由双足支撑相和单足支撑相组成。在一步周期中，支撑腿支撑于当前台阶，摆动脚从上一个台阶开始运动，摆动至下一个台阶。此时躯干运动可以分为以下 4 部分的组合：

运动 1：躯干前进方向的运动。

运动 2：躯干由两腿中间向支撑脚方向的运动。

运动 3：躯干由支撑脚向两腿中间方向的运动。

运动 4：躯干竖直方向的运动。

这 4 种运动可以由不同的方式规划，再相互叠加。同时叠加的时间分段也可以先后不同，因而造成规划台阶步态时具有非常多样化的选择。而不同的运动叠加方式，得到的台阶步态运动结果，在稳定性、流畅性等方面有很大的不同。其中运动 4 对行走稳定性的影响巨大。因为在线性倒立摆模型中，有一个重要假设，即认为在机器人行走过程中，躯干质心高度保持不变；而实际过程中，为了完成台阶步态，必须要有运动 4。

经实验验证，表7.1所到的几种轨迹规划组合都是可行的。

表 7.1 轨迹规划组合

组合	基于线性倒立摆模型规划	基于梯形速度曲线规划
组合 1	运功 1、运动 2、运动 3	运动 4
组合 2	运功 1、运动 3	运动 2、运动 4
组合 3	运功 1、运动 2	运动 3、运动 4
组合 4	运动 1	运动 2、运动 3、运动 4
组合 5		运功 1、运动 2、运动 3、运动 4

因为运动 4 的特殊性，导致运动 1、运动 2、运动 3 与运动 4 有两种不同的叠加方式，使用以时间为横轴的时序图来表示，如图7.30和图7.31所示，其中箭头方向为时间轴。

除了躯干轨迹规划，还需要进行摆动腿的轨迹规划。台阶步态摆动腿运动规划示意如图7.32所示，图中 O_1xz 为支撑腿所在平面，S 为台阶长度，D 为台阶高度，摆动腿从上一个台阶运动至下一个台阶。

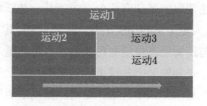

图 7.30 运动叠加方式 1

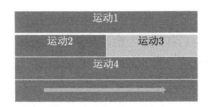

图 7.31　运动叠加方式 2

摆动腿在与 O_1xz 平行的平面上运动，其轨迹可以由一段上一台阶落脚点至下一台阶落脚点的斜线与一拱形曲线的叠加。使用不同的拱形曲线具有不同的优势：

sin 函数曲线：形状不可调节，加减速过程不柔顺。

摆线：形状不可调节，加减速过程柔顺。

样条曲线：形状可调节，高次样条曲线采样点较多。

贝塞尔曲线：形状可调节，加减速过程柔顺，取样点的轨迹坐标不直观。

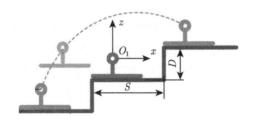

图 7.32　台阶步态摆动腿运动规划

本文最终采用贝塞尔曲线的方式来规划足端位置曲线，同时在跨越较高的台阶时，分段规划足端（pitch）角的运动轨迹，避免脚掌与台阶产生干涉。

贝塞尔曲线（Bézier curve），又称贝兹曲线或贝济埃曲线，是应用于二维图形应用程序的数学曲线。一般的矢量图形软件通过它来精确画出曲线，贝赛尔曲线由线段与节点组成，节点是可拖动的支点，线段像可伸缩的皮筋。贝塞尔曲线主要由起始点、终止点（也称锚点）、控制点构成，通过调整控制点，贝塞尔曲线的形状会发生变化，如图7.33所示。

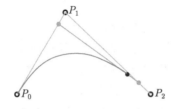

图 7.33　贝塞尔曲线示意图

图7.33中，点 P_0 为起点，点 P_1 为控制点，点 P_2 为终止点。当控制点前后上下移动时，整

个曲线的形状会随着发生变化。因此，当脚掌与台阶表面可能产生干涉时，可以手动调整 P_1 点的位置，使得摆动腿的运动轨迹后移或者上抬，避开台阶表面。

本书使用二阶贝塞尔曲线来生成摆动腿轨迹，公式如下：

$$B(t) = (1-t)^2 P_0 + 2t(1-t)P_1 + t^2 P_2, t \in [0,1] \tag{7.65}$$

其中，t 为贝塞尔曲线的从 0 到 1 的描述参数，$B(t)$ 为贝塞尔曲线上各点的位置，其为二维列向量，P_0、P_1、P_2 分别为起点、控制点和终止点的位置坐标，也是二维列向量。

经实验验证发现，规划方式越接近静平衡，则机器人行走越稳定，但运动学限制则会越大，导致能跨过的台阶高度降低，机器人屈腿的幅度变大。同时，单步周期需要调大，且加大双足支撑期的时间占比，否则会容易失稳摔倒。而规划方式越动态，则机器人受到的运动学限制越小，行走越流畅，但稳定程度会下降，更容易受到电压波动、地面不平整等偶然因素影响而摔倒。

2. 斜坡地形轨迹规划

对于斜坡地形的轨迹规划，基于线性倒立摆模型有以下两种可行的规划方式。

一种是类似于台阶地形规划，考虑当行走步幅固定时，每两个落脚点之间的高度差是固定的，此时可以把斜坡当成台阶地形处理，但是需要把脚掌运动轨迹的 pitch 角设为倾斜的，以便和斜坡保持良好接触，如图7.34所示，其中空白圆为髋关节、膝关节和踝关节，实心圆点为脚掌结构示意。

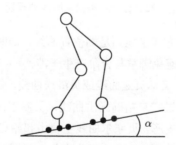

图 7.34 斜坡地形行走示意图

另一种是类似于平面地形。直接按照平面地形规划躯干及双腿的运动轨迹，然后对 z 轴方向，再叠加坡度和斜坡一致的倾斜直线运动轨迹。这样处理躯干轨迹和足端轨迹之后，再把脚掌运动轨迹的 pitch 角设为倾斜，倾斜幅度和斜坡坡度一致。设斜坡坡度为 α，则对躯干和双腿可以使用同一个公式实时计算 z 轴方向需要叠加的高度。式（7.66）中 H_1 为某个时刻的局部坐标系下的额外叠加高度，x_1 为某个时刻的按照平面步态规划的躯干或足端在局部坐标系下的 x 方向的坐标值。

$$H_1 = x_1 \tan \alpha \tag{7.66}$$

　　经实验该种方法可以稳定地完成下坡行走，但在上坡行走时会有随机的摔倒现象出现。另外，其行走效果较为流畅，步行周期可以接近平面步态的步行周期。

　　当要求稳定的上坡步态规划时，可以使用第一种方法，类比规划台阶步态来规划斜坡步态。由此可以实现稳定的上坡行走。

7.4　机器人静步态实践

　　双足机器人行走控制策略中最经典的是"静态步行"，这种策略的特点是：机器人步行的过程中，重心在地面上的投影（以下简称重心投影）始终位于支撑多边形内。其具体过程可分为两个阶段。① 双足支撑期重心转移：在初始姿态时，重心位于两脚之间，首先重心投影应该转移至支撑脚（任意选定一只脚为支撑脚，则另一只脚为摆动脚）的支撑多边形内，这段时间称为"双足支撑期"。双足支撑期内重心移动，双脚不动。② 单足支撑期摆动脚迈步：待重心移动完成后，摆动脚便开始向前迈步，脚掌离开地面到脚掌落地，这段时间称为单足支撑期。单足支撑期内，重心以及支撑脚不动，摆动脚先抬脚再落脚。待摆动脚落地后，再次转移重心，将重心投影从支撑脚转移至摆动脚支撑多边形内，原摆动脚变成新的支撑脚，原支撑脚变成新的摆动脚，新的摆动脚按照新规划的轨迹向前迈一步，如此往复循环，就形成了静态步行。

7.4.1　五次样条插值

　　在移动重心位置之前，首先得规划好重心运动轨迹，因此就需要利用到五次样条插值，五次样条曲线保证了位置、速度、加速度的连续。基本方程形式为五次多项式：

$$q(t) = q_0 + a_1(t - t_0) + a_2(t - t_0)^2 + a_3(t - t_0)^3 + a_4(t - t_0)^4 + a_5(t - t_0)^5 \qquad (7.67)$$

其中，t_0 为初始时刻；t_1 为终止时刻；t 为初始时刻与终止时刻之间的任一时刻。在给定下面的初始条件后，即可求得多项式系数，从而可以得到每个时刻的位置。

$$q(t) = q_0, q(t_1) = q_1 \dot{q}(t) = q_0, \dot{q}(t_1) = q_1 \ddot{q}(t) = q_0, \ddot{q}(t_1) = q_1 \qquad (7.68)$$

　　以下是我们计算好的系数矩阵，在引用下面的函数时，需要创建两个六维向量，第一个向量 VectorA 装有初始点和末端点的位置、速度和加速度，第二个向量 VectorB 装有五次多项式的系数。在引用第一个函数时，需要给 VectorA 赋值，同时需要给定所规划的轨迹的运动时间，第一个函数计算出的结果存入 VectorB。第二个函数的输入为 VectorB 以及运动周期中的某个时刻，第二个函数计算出的结果为运动周期中每个时刻对应的轨迹上的相应位置。

```
void PositionBasedController::CubicSplineInit(Eigen::Vector6d *In, Eigen::Vector6d *
    Out, double t)
{
  Matrix<double, 6, 6> m6X6;
  m6X6<< 1, 0, 0, 0, 0, 0,
       1, t, pow(t,2), pow(t,3), pow(t,4), pow(t,5),
       0, 1, 0, 0, 0, 0,
       0, 1, 2*t, 3*pow(t,2), 4*pow(t,3), 5*pow(t,4),
       0, 0, 2, 0, 0, 0,
       0, 0, 2, 6*t, 12*pow(t,2), 20*pow(t,3);

  (*Out) = m6X6.inverse()*(*In);
}
double PositionBasedController::CubicSpline(Eigen::Vector6d *In, double t)
{
  double s = (*In)(0) + (*In)(1)*t + (*In)(2)*pow(t,2) + (*In)(3)*pow(t,3) + (*In)(4)
      *pow(t,4) + (*In)(5)*pow(t,5);
  return s;
}
```

7.4.2　实现机器人双足支撑情况下的重心位置移动

由于双足机器人在初始姿态时，两脚平齐，重心投影位于两脚之间，因此在第一步规划时，需要将重心投影移动到支撑脚的支撑多边形内，这里需要注意的是在对重心位置进行规划的时候，我们是分别在 x 方向（正前方）和 y 方向（左手方向）规划，对于 z 方向（正上方）是维持恒定高度不变；因此对于第一步来说，仅仅在 y 方向有位移。以下两个代码块分别代表第一步重心的规划以及重心的移动。其中 T 代表步行周期，步行周期包括双足支撑期和单足支撑期，为了简单起见，各占 $0.5T$。

```
//x方向无位移，初始点和末端点位置不变
comx_in<< 0 ,0,0,0,0,0;
CubicSplineInit(&comx_in, &comx_out, 0.5*T);

//y方向有位移，初始点位置为0，末端点位置为step_y，在0.5T内完成运动
comy_in<< 0,step_y,0,0,0,0;
CubicSplineInit(&comy_in, &comy_out, 0.5*T);
```

```
if(timeCount <= 0.5*T)
{
  //随着timeCount的增加，重心沿着轨迹运动
  com[0] = CubicSpline(&comx_out,timeCount );
  com[1] = CubicSpline(&comy_out ,timeCount);
}else{
  //超过0.5T后，重心保持在轨迹末端位置不变
  com[0] = CubicSpline(&comx_out,0.5*T);
  com[1] = CubicSpline(&comy_out ,0.5*T);
}
timeCount++;
```

图7.35为规划的重心投影运动轨迹（此处指规划了3步），图中红色轨迹为第一步重心运动轨迹，图中的 A 为重心初始位置，在第一步双足支撑期，重心从 A 点运动到 B 点。

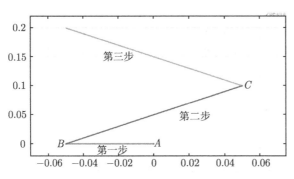

图 7.35　重心投影轨迹

下面我们来看看具体仿真中机器人的运动状态图（图 7.36）。

(a) 重心投影最初位于两脚之间　　　　(b) 重心投影位于左脚的支撑多边形内

图 7.36　静态步行-重心转移示意图

7.4.3　实现摆动脚轨迹规划以及摆动脚的运行

在对脚的位置规划时，分别对 x 方向和 z 方向规划，y 方向维持恒定值不变；这里需要注意的是，在 z 方向需要有两段规划：抬脚和落脚；待重心移动完成后，右脚随即开始向前走一步，待右脚落地后，第一步便完成。以下两个代码块分别代表第一步摆动脚的规划以及移动。

```
//此处区分了左脚和右脚，这里我们选择了先迈右脚，因此当步数为奇数时，为右脚迈步；步数为
//偶数时，为左脚迈步
if(step_n%2 == 0)
  currentfootpos = lFootPos.translation();
else
  currentfootpos = rFootPos.translation();

if(step_n == 1)
  footx_in<< currentfootpos[0], currentfootpos[0]+step_x, 0, 0, 0, 0;
else
  footx_in<< currentfootpos[0], currentfootpos[0]+2*step_x, 0, 0, 0, 0;
CubicSplineInit(&footx_in, &footx_out, SST);

footup_in<< 0, step_z, 0, 0, 0, 0;
CubicSplineInit(&footup_in, &footup_out, 0.5*SST);

footdown_in<< step_z, 0, 0, 0, 0, 0;
CubicSplineInit(&footdown_in, &footdown_out, 0.5*SST);
if(foot_t>=0 && foot_t <= SST)
  foot[0] = CubicSpline(&footx_out,foot_t);
else if(foot_t> SST)
  foot[0] = CubicSpline(&footx_out,SST);
if(foot_t>=0 && foot_t <= 0.5*SST)
  foot[2] = CubicSpline(&footup_out,foot_t);
else if(foot_t > 0.5*SST && foot_t <= SST)
  foot[2] = CubicSpline(&footdown_out,foot_t - 0.5*SST);
else
  foot[2] = CubicSpline(&footdown_out,0.5*SST);
```

图7.37为规划的脚部运动轨迹，图中红色轨迹为第一步运动轨迹，在单足支撑期，脚从 A 点运动到 B 点；

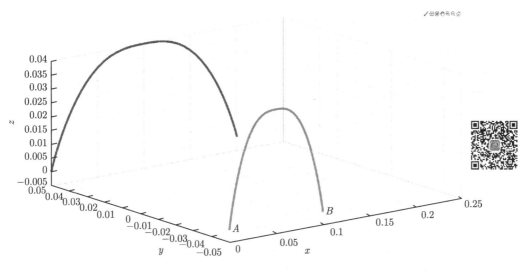

图 7.37　脚部运动轨迹

下面我们来看看具体仿真中机器人的运动状态图（图 7.38）。

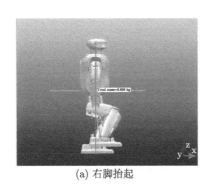
(a) 右脚抬起

(b) 右脚落地

图 7.38　静态步行-摆动脚摆动示意图

此后依次转移重心，向前迈步连续进行，便可以控制机器人连续向前行走。下面附上源代码及其简单解释。

```
/*
初始化部分参数 初始化机器人初始姿态
*/
void PositionBasedController::PoseInit()
{
  timeCount = 0;
```

```
    step_z = 0.040;
    step_y = 0.05;
    step_x = 0.1;
    foot_dis = 0.066;
    com_h = 0.33;
    T = 2.5/timeStep;
    DST = 0.5*T;//双足支撑期
    SST = 0.5*T;//单足支撑期
    step_n = 1;
    ThisStepEnd = false;

    comPos.translation() = Vector3d(0,0,com_h);
    lFootPos.translation() = Vector3d(0,0.066,0);
    rFootPos.translation() = Vector3d(0,-0.066,0);
    updateJointAngleWithQP(comPos, lFootPos, rFootPos);

    //调用规划函数，规划好第一步重心以及脚的运动轨迹
    CoM_Regulate();
    foot_Regulate();
}
void PositionBasedController::Controller()
{
  //每一步的切换信号 ThisStepEnd为false，表示这一步没有执行完
  if(ThisStepEnd == false )
    Stepping();

  //这一步走完后，规划下一步重心以及脚的轨迹
  if(ThisStepEnd == true)
  {
    step_n++;
    CoM_Regulate();
    foot_Regulate();
    timeCount = 0;
    ThisStepEnd = false;
    cout<<"step_n == " <<step_n <<endl;
```

```cpp
  }
}
void PositionBasedController::Stepping()
{
  Eigen::Vector3d com; com<<0,0,com_h;
  Eigen::Vector3d comv; comv<<0,0,0;
  Eigen::Vector3d rfoot; rfoot<<0,-foot_dis,0;
  Eigen::Vector3d lfoot; lfoot<<0, foot_dis,0;
  Eigen::Vector3d foot; foot<<0,0,0;
  Eigen::Vector3d _foot_; _foot_<<0,0,0;

  //随着时间的增加，重心和脚按照已经规划好的轨迹运动
  //com
  if(timeCount <= 0.5*T)
  {
    com[0] = CubicSpline(&comx_out,timeCount );
    com[1] = CubicSpline(&comy_out ,timeCount);
  }else{
    com[0] = CubicSpline(&comx_out,0.5*T);
    com[1] = CubicSpline(&comy_out ,0.5*T);

    if(timeCount>1.0*T)
      ThisStepEnd = true;
  }
  //foot
  double foot_t = timeCount - 0.50*T;
  if(foot_t>=0)
  {
    if(foot_t>=0 && foot_t <= SST)
      foot[0] = CubicSpline(&footx_out,foot_t);
    else if(foot_t> SST)
      foot[0] = CubicSpline(&footx_out,SST);

    if(foot_t>=0 && foot_t <= 0.5*SST)
      foot[2] = CubicSpline(&footup_out,foot_t);
```

```
    else if(foot_t > 0.5*SST && foot_t <= SST)
      foot[2] = CubicSpline(&footdown_out,foot_t - 0.5*SST);
    else
      foot[2] = CubicSpline(&footdown_out,0.5*SST);

    //step_n为偶数时，左脚迈步；奇数时，右脚迈步
    if(step_n%2==0)//left foot stepping
    {
      foot[1] = foot_dis;
      lFootPos.translation() = foot;

    }else if(step_n%2==1)//right foot stepping
    {
      foot[1] = -foot_dis;
      rFootPos.translation() = foot;
    }
  }

  comPos.translation() = com;
  //将规划好的重心位置、左右脚位置、给到逆运动求解函数，该函数求解出机器人关节角度值
  updateJointAngleWithQP(comPos, lFootPos, rFootPos);

  timeCount++;
}
/*
重心规划函数
*/
void PositionBasedController::CoM_Regulate()
{
  if(step_n == 1)
  {
    comx_in<< 0 ,0,0,0,0,0;
    CubicSplineInit(&comx_in, &comx_out, 0.5*T);

    comy_in<< 0,step_y,0,0,0,0;
```

```cpp
    CubicSplineInit(&comy_in, &comy_out, 0.5*T);
  }else
  {
    comx_in<< (step_n-2)*step_x ,(step_n-1)*step_x,0,0,0,0;
    CubicSplineInit(&comx_in, &comx_out, 0.5*T);

    comy_in<<pow(-1,step_n-2)*step_y,pow(-1,step_n-1)*step_y,0,0,0,0;
    CubicSplineInit(&comy_in, &comy_out, 0.5*T);
  }
}
/*
脚部规划函数
*/
void PositionBasedController::foot_Regulate()
{
  Eigen::Vector3d currentfootpos;
  Eigen::Vector3d anotherfootpos;

  if(step_n%2 == 0)
    currentfootpos = lFootPos.translation();
  else
    currentfootpos = rFootPos.translation();

  if(step_n == 1)
    footx_in<< currentfootpos[0], currentfootpos[0]+step_x, 0, 0, 0, 0;
  else
    footx_in<< currentfootpos[0], currentfootpos[0]+2*step_x, 0, 0, 0, 0;
  CubicSplineInit(&footx_in, &footx_out, SST);

  footup_in<< 0, step_z, 0, 0, 0, 0;
  CubicSplineInit(&footup_in, &footup_out, 0.5*SST);

  footdown_in<< step_z, 0, 0, 0, 0, 0;
  CubicSplineInit(&footdown_in, &footdown_out, 0.5*SST);
}
```

图7.39为连续规划的质心以及脚运动轨迹图，红色为重心轨迹，蓝色为右脚轨迹，绿色为左脚运动轨迹。

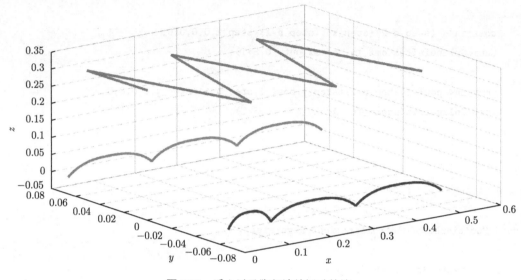

图 7.39　质心以及脚部连续运动轨迹

7.5　机器人上楼梯实践

在介绍实例之前，先简单介绍一下贝塞尔曲线。贝塞尔曲线的应用得益于法国工程师贝塞尔。该曲线并不是他提出的，但他在车体工业上大力推广并应用这种曲线，因此以他的名字命名。利用这种方法可以通过很少的控制点，去生成复杂的平滑曲线，因此在生成曲线之前，首先需要选取好控制点。腿足式机器人相比于轮式机器人最大的优势就是能适应复杂的地形。本节主要介绍一个机器人上楼梯的实例，其中轨迹规划部分利用到了贝塞尔曲线，主要分为 4 个阶段的运动。

7.5.1　第一阶段

这里我们选取右脚先迈上台阶，在第一阶段，重心需要向左侧移动，待重心投影移至左脚支撑区，右脚迈上台阶。在此期间，重心仅仅只在 Oxy 平面移动，见重心轨迹图（图 7.44）中的 $A—B—C$，右脚在 Oxz 平面移动。图 7.40 为上楼梯第一阶段示意图。

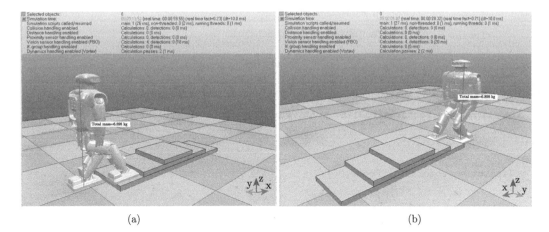

(a)　　　　　　　　　　　　　(b)

图 7.40　上楼梯第一阶段示意图

```
if(phase == 0){
    //选好重心轨迹的贝塞尔曲线控制点
    const Bline::Real comkeys[] = {
        0.0, 0., 0.37-0.04,
        0.0, 0.08, 0.37-0.04,
        0.03, 0.03, 0.37-0.04,
    };
    //生成曲线
    comBline.build(comkeys, sizeof(comkeys)/(3*sizeof(comkeys[0])));
    //随着count的变化，得到曲线上的点
    comBline.getPoint(count/100. , comBline.point, comBline.tan);
    compoint = Vector3d(comBline.point.x,comBline.point.y,comBline.point.z);

    //选好右脚轨迹的贝塞尔曲线控制点
    const Bline::Real rfkeys[] = {
        0.0, 0., -FootD,
        0.0, 0.08, -FootD,
        step_x, 0.04, -FootD,
        step_x, 0.03, -FootD,
    };
    rfBline.build(rfkeys, sizeof(rfkeys)/(3*sizeof(rfkeys[0])));
    if(count*timeStep<swingT/3){
```

```
        rfpoint = Vector3d(0.,-FootD,0.);
    }
    else{
        rfBline.getPoint((count-33)/67. , rfBline.point, rfBline.tan);
        rfpoint = Vector3d(rfBline.point.x,rfBline.point.z,rfBline.point.y);
    }

    lfpoint = Vector3d(0.,FootD,0.);

    comPos.translation() = compoint;
    lFootPos.translation() = lfpoint;
    rFootPos.translation() = rfpoint;

    updateJointAngleWithQP(comPos, lFootPos, rFootPos);
}
```

7.5.2　第二阶段

在第二阶段，需要将重心转移至右脚上方，因此重心在 *X-Y-Z* 三个平面都有运动，见重心轨迹图（图 7.44）中的 *C—D—E*，待重心转移至右脚上方后，左脚开始运动，此时左脚并没有规划相应的轨迹，而是绕着脚尖旋转 30°，这样是为了避免后续左脚在运动时与台阶触碰。图 7.41 为上楼梯第二阶段示意图。

```
if(phase == 1){
    const Bline::Real comkeys[] = {
        0.03, 0.03, 0.37-0.04,
        0.12, -0.058, 0.377-0.04,
        step_x, -0.066, 0.385-0.04,
    };
    comBline.build(comkeys, sizeof(comkeys)/(3*sizeof(comkeys[0])));
    comBline.getPoint(count/100. , comBline.point, comBline.tan);
    compoint = Vector3d(comBline.point.x,comBline.point.y,comBline.point.z);

    //右脚位置不变，左脚运动
    rfpoint = Vector3d(0.15,-FootD,0.03);
    lfpoint = Vector3d(0.,FootD,0.);
```

```
lFootxbp.translation() = Vector3d(0.09,0.,0.);
//待重心移至右脚上方，左脚绕着脚尖旋转
if(count>60){
    double swingptich = (count-60)/30.*30/57.3;
    lFootPos.rotation() = sva::RotY(swingptich);
}
comPos.translation() = compoint;
lFootPos.translation() = lfpoint;
rFootPos.translation() = rfpoint;
updateJointAngleWithQP(comPos, lFootPos, rFootPos,lFootxbp,rFootxbp);
}
```

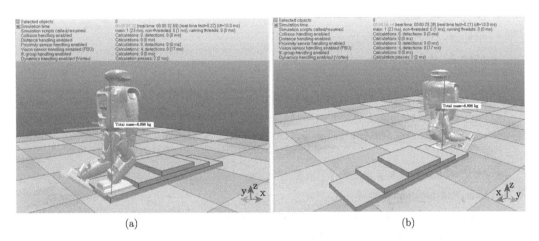

(a)　　　　　　　　　　　　　　　　　(b)

图 7.41　上楼梯第二阶段示意图

7.5.3　第三阶段

在第三阶段，重心继续在 Oyz 平面移动，见重心轨迹图（图 7.44）中的 E—F—G，左脚沿着规划好的贝塞尔曲线运动，并站上台阶，左脚的运动分为两部分，一部分是沿着贝塞尔曲线运动；另一部分是将上一个阶段旋转的 30° 恢复至脚平行于地面，最终左脚站上台阶。图 7.42 为上楼梯第三阶段示意图。

```
if(phase == 2){
    const Bline::Real comkeys[] = {
        0.385-0.04, -0.066, step_x,
        0.395-0.04, -0.066, step_x,
```

```
        0.4-0.04, -0.02, step_x,
    };
    comBline.build(comkeys, sizeof(comkeys)/(3*sizeof(comkeys[0])));
    comBline.getPoint(count/100. , comBline.point, comBline.tan);
    compoint = Vector3d(comBline.point.z,comBline.point.y,comBline.point.x);

    //右脚保持不动
    rfpoint = Vector3d(0.15,-FootD,0.03);

    //左脚运动轨迹的贝塞尔曲线的控制点
    const Bline::Real lfkeys[] = {
        0.0, 0., FootD,
        0.0, 0.08, FootD,
        step_x, 0.04, FootD,
        step_x, 0.03, FootD,
    };
    lfBline.build(lfkeys, sizeof(lfkeys)/(3*sizeof(lfkeys[0])));
    lfBline.getPoint(count/100. , lfBline.point, lfBline.tan);
    lfpoint = Vector3d(lfBline.point.x,lfBline.point.z,lfBline.point.y);

    //左脚绕y轴旋转，恢复至脚底平行于地面
    if(count>33 && count<90){
        double swingptich = (1-(count-33)/57.)*30/57.3;
        lFootPos.rotation() = sva::RotY(swingptich);
    }
    comPos.translation() = compoint;
    lFootPos.translation() = lfpoint;
    rFootPos.translation() = rfpoint;
    updateJointAngleWithQP(comPos, lFootPos, rFootPos,lFootxbp,rFootxbp);
}
```

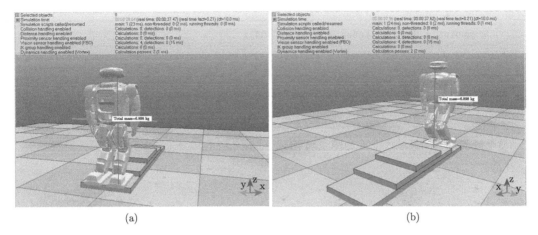

(a)   (b)

图 7.42　上楼梯第三阶段示意图

7.5.4　第四阶段

此阶段重心恢复至两脚之间，见重心轨迹图（图 7.44）中的 $G—H$，至此上完一步台阶。图 7.43 为上楼梯第四阶段示意图。

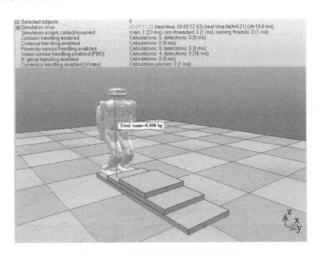

图 7.43　上楼梯第四阶段示意图

```
if(phase == 3){
    if(count<40){
        compoint = Vector3d(step_x,-0.02*(1-count/40.),0.4-0.04);
    }
    else{
```

```
        compoint = Vector3d(step_x,0.,0.4-0.04);
    }
    comPos.translation() = compoint;
    updateJointAngleWithQP(comPos, lFootPos, rFootPos,lFootxbp,rFootxbp);
}
```

整个过程重心的控制点曲线如图 7.44 所示。

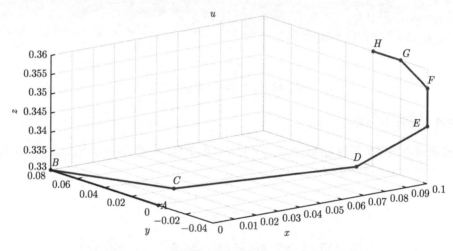

图 **7.44** 重心轨迹图

实际仿真过程中运行 3 步的重心轨迹如图 7.45 所示。

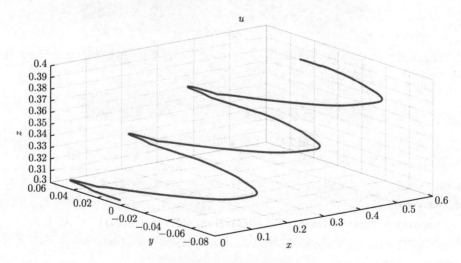

图 **7.45** 仿真重心轨迹图

## 第8章

人 机 交 互

8.1　音频处理

Roban机器人的头部上方安装一款科大讯飞的基于6麦克风阵列的模块XFM10621（如图8.1所示），主要用于拾音和声源定位。XFM10621模块利用麦克风阵列的空域滤波特性，通过对唤醒人的角度定位，形成定向拾音，并对波束以外的噪声进行抑制，以保证较高的录音质量。

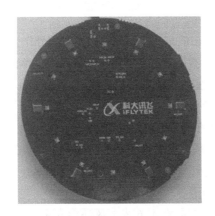

图 8.1　6麦克风阵列

此麦克风阵列主要有以下特性：

- 6麦克风环形麦克风阵列。
- 360° 声源定位。
- 语音唤醒。
- 回声消除。
- 语音打断。

● 去混响。

XFM10621 核心模块外置 UART 和 I²C 通信接口，以及 Line-out 和 I²S 音频输出接口，可供开发者快速体验 XFM10621 模块远场拾音、声源定位、回声消除、拾音模式切换、唤醒效果监测等各项功能。开发者可根据体验对模块的相应功能进行评估，完成项目前期的调试工作。图 8.2 所示为 XFM10621 的系统结构图。

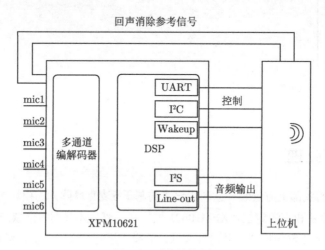

图 8.2 系统结构图

如8.2图所示，模块接收外部的声音和回声消除参考信号作为输入，进行降噪处理后，通过 Line-out 和 I²S 接口输出模拟和数字音频。模块被唤醒后通过 WakeUp 引脚进行标志位输出，模块与上位机之间通过 I²C 接口实现控制和数据传输，UART 接口用于输出麦克风阵列的唤醒消息，接入 NUC 上位机进行解析。

与麦克风相关的操作主要在 Roban 机器人的 ros_mic_arrays 节点中，机器人启动后，可通过唤醒词"灵犀灵犀"唤醒麦克风，如果有可视化屏幕，则可以在终端看到打印的唤醒信息，类似于：{ 'key_word': 'lingxilingxi \n', 'score': 'xxxx', 'angle': 'xx'}，如图8.3所示，同时每次唤醒都会发布一个 ROS 话题消息：/micarrays/wakeup。

头部舵机转向声源 demo，主要演示 6 麦克风环形麦克风阵列的语音唤醒和声源定位功能，通过唤醒词"灵犀灵犀"，Roban 机器人即可根据声源方位调整头部转向，始终朝向唤醒者。其程序文件为 head_toward_sound.py，文件路径为：

/home/lemon/robot_ros_application/catkin_ws/src/ros_actions_node/scripts/head_toward_sound.py。

运行方式为：在终端下，首先通过以下指令占用 BodyHub，使其可控制舵机运动。代码如下：

```
rosservice call /MediumSize/BodyHub/StateJump 2 setStatus
```

然后来到 demo 文件路径下，在终端运行：

```
Python head_toward_sound.py
```

即可启动头部舵机转向声源 DEMO 程序。

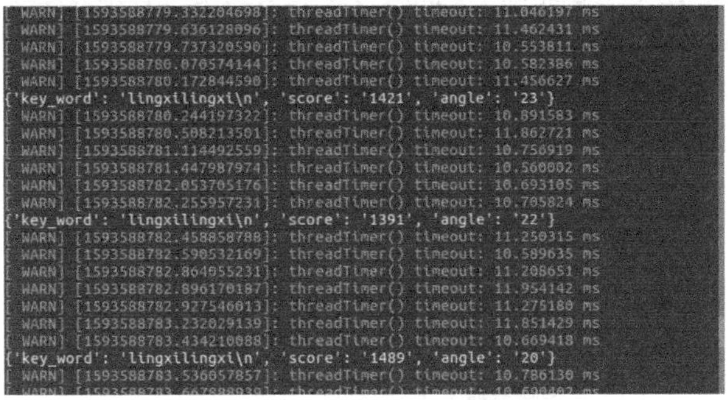

WARN] [1593588779.332204698] threadTimer() timeout: 11.046197 ms
WARN] [1593588779.636128096] threadTimer() timeout: 11.462431 ms
WARN] [1593588779.737132059] threadTimer() timeout: 10.553811 ms
WARN] [1593588780.070574144] threadTimer() timeout: 10.582386 ms
WARN] [1593588780.172844590] threadTimer() timeout: 11.456627 ms
{'key_word': 'lingxilingxi\n', 'score': '1421', 'angle': '23'}
WARN] [1593588780.244197322] threadTimer() timeout: 10.891583 ms
WARN] [1593588780.588213501] threadTimer() timeout: 11.862721 ms
WARN] [1593588781.114492559] threadTimer() timeout: 10.756919 ms
WARN] [1593588781.447987974] threadTimer() timeout: 10.560802 ms
WARN] [1593588782.053705176] threadTimer() timeout: 10.693105 ms
WARN] [1593588782.255957231] threadTimer() timeout: 10.705824 ms
{'key_word': 'lingxilingxi\n', 'score': '1391', 'angle': '22'}
WARN] [1593588782.458058788] threadTimer() timeout: 11.250315 ms
WARN] [1593588782.598532169] threadTimer() timeout: 10.589635 ms
WARN] [1593588782.864955231] threadTimer() timeout: 11.208651 ms
WARN] [1593588782.896176187] threadTimer() timeout: 11.954142 ms
WARN] [1593588782.927546013] threadTimer() timeout: 11.275180 ms
WARN] [1593588783.232204523] threadTimer() timeout: 11.851429 ms
WARN] [1593588783.434210888] threadTimer() timeout: 10.669418 ms
{'key_word': 'lingxilingxi\n', 'score': '1489', 'angle': '20'}
WARN] [1593588783.536057857] threadTimer() timeout: 10.786130 ms
WARN] [1593588783.647800939] threadTimer() timeout: 10.690402 ms

图 8.3 麦克风唤醒

值得注意的是，麦克风阵列识别方位角的精度在 10° 左右，所以只能判别大概方位。如果需要准确识别，还需要和视觉相关传感器进行融合。关于 Roban 机器人视觉，将在下个章节进行介绍。

8.1.1 语音识别

在人际交往中，语言是最自然并且最直接的方式之一。随着技术的进步，越来越多的人也期望计算机能够具备与人进行语言沟通的能力，因此语音识别这一技术也越来越受到关注，尤其随着深度学习技术在语音识别技术中的应用，使语音识别的性能得到了显著提升，也使语音识别技术的普及成为现实。

简单来说，自动语音识别技术其实就是利用计算机将语音信号自动转换为文本的一项技术，如图 8.4 所示。这项技术同时也是机器理解人类语言的第一个也是很重要的一个过程。

图 8.4 自动语音识别技术

语音控制的基础就是语音识别技术，可以是特定人或者非特定人的。非特定人的应用更为广泛，对于用户而言不用训练，因此也更加方便。语音识别可以分为孤立词识别、连接词识别，以及大词汇量的连续词识别。对于智能机器人这类嵌入式应用而言，语音可以提供直接、可靠的交互方式，因此语音识别技术的应用价值不言而喻。

为了进一步理解机器人如何实现语音到文字的转换这一过程，首先给出目前比较主流的自动语音识别系统的整体框架（见图8.5），然后再一一简要地对各部分进行说明。

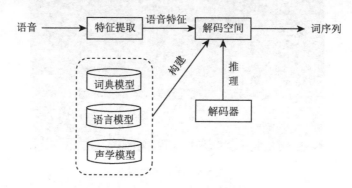

图8.5 自动语音识别系统整体框架

当我们要对一段语音进行识别时，首先需要进行的是对语音特征的提取。这一步所做的工作其实就是从输入的语音信号（时域信号）中提取出可以进行建模的声学观测特征向量序列 O。通俗地解释就是把需要识别的一段语音进行特征提取，之后得到一组可以表征这一段语音的向量，后续对语音进行的一系列操作都是基于这组向量的。

在得到了这组观测特征向量 O 之后，可以用一个公式来说明语音识别具体是要做一个什么样的事情：

$$W = \arg\max P(W|O)$$

其中，$P(O)$ 是声学观测的先验概率，在自动语音识别过程中，由于输入的声学观测特征序列是固定的，可以认为上述公式中的 $P(O)$ 是常量，因此 $P(O)$ 在上述公式的最大化的过程中不起作用，可以忽略。那么，我们现在只剩下 $P(O|W)$ 和 $P(W)$ 需要考虑。而在自动语音识别系统整体框架（见图8.5）中的声学模型和语音模型分别提供了对 $P(O|W)$ 和 $P(W)$ 进行计算的方法，下面简单介绍声学模型。

首先是声学模型，其目的是提供一种方法，以对给定词 W 的声学观测特征序列 O 的似然度进行计算。（可以理解成给定一个词 W，然后计算目前这个特征向量是描述这个词的可能性有多大，也就是计算 $P(O|W)$），所以这个建模的任务就可以简单地理解成对每个词建立一个描述概率分布的模型，该模型的输入是声学特征向量，输出则是一个概率（似然值），概率越高表示该声学特征越可能表示的是这个词。但是在实际的大词汇量语音识别任务中，如果对每个词建立一个模型是很不现实的。因为词的数量非常多，而且经常会有新词出现。为了解决这个问题，声学模型通常不会直接对词进行建模，而是将词拆成字词序列，对字词进行建模。举个

例子，汉语中的汉字有几万个，但是如果将汉字拆分成音标（如"跑"拆分成 p ao），那么只需要用几十个音标就可以表示所有汉字的读音，就算考虑音调，最多也只需要几百个音标就足够了。然后，对音标进行建模，再将其拼接成汉字，就可以得到我们需要的 $P(O|W)$ 同时却大大减少了建模的数量。因此，目前主流的声学建模方法是采用对语音的基本单位——音子进行建模（音子与音标有区别，但可以利用音标对音子的概念进行理解）。

1. 语音识别概述

语音识别技术最早可以追溯到 20 世纪 50 年代，是试图使机器能"听懂"人类语音的技术。按照目前主流的研究方法，连续语音识别和孤立词语音识别采用的声学模型一般不同。孤立词语音识别一般采用动态时间规（Dynamic Time Warping，DTW）算法。连续语音识别一般采用隐马尔可夫模型（Hidden Markov Model，HMM）模型或者 HMM 与人工神经网络（Artificial Neural Network，ANN）相结合。

语音的能量来源于正常呼气时肺部呼出的稳定气流，喉部的声带既是阀门，又是振动部件。语音信号可以被看作一个时间序列，可以由 HMM 进行表征。语音信号经过数字化及滤噪处理之后，进行端点检测得到语音段。对语音段数据进行特征提取，语音信号就被转换成为一个向量序列，作为观察值。在训练过程中，观察值用于估计 HMM 的参数。这些参数包括观察值的概率密度函数及其对应的状态，以及状态转移概率等。当参数估计完成后，估计出的参数即用于识别。此时经过特征提取后的观察值作为测试数据进行识别，由此进行识别准确率的结果统计。语音训练及识别的结构框图如图 8.6 所示。

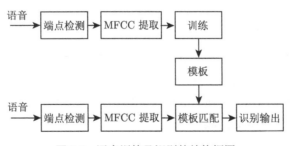

图 8.6　语音训练及识别的结构框图

2. 端点检测

找到语音信号的起止点，从而减小语音信号处理过程中的计算量，是语音识别过程中一个基本而且重要的问题。端点作为语音分割的重要特征，其准确性在很大程度上影响系统识别的性能。

能零积定义：一帧时间范围内的信号能量与该段时间内信号过零率的乘积。

能零积门限检测算法可以在不丢失语音信息的情况下，对语音进行准确的端点检测（见图 8.7），经过 450 个孤立词（数字"0～9"）测试准确率为 98% 以上，经该方法进行语音分割后的语音，在进入识别模块时识别正确率达 95%。

当语音带有呼吸噪声，或周围环境出现持续时间较短而能量较高的噪声，或者持续时间长而能量较弱的噪声时，能零积门限检测算法就不能对这些噪声进行滤除，进而被判作语音进入识别模块，导致误识别。

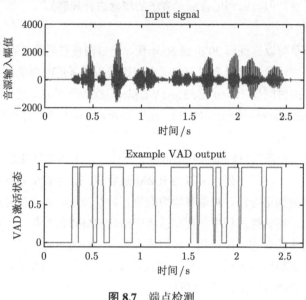

图 8.7　端点检测

3. Roban 机器人语音识别

语音识别是目前人工智能的一个热点，也是一个难点。例如，连续多轮对话、远场大词汇识别、声纹识别等都是目前研究的热点。

下面以百度识别方案为例讲解和演示 Roban 机器人语音识别相关内容。

首先通过 pip （如果没有安装 pip，请先安装 pip ）安装百度语音 Python SDK:

```
pip install baidu-aip
```

安装完成后，需要申请一个百度语音识别接入的开发者账号，网址为：https://ai.baidu.com/tech/speech，目的是获取 App ID、API Key、Secret Key。然后录制一个名为 test.wav 的录音文件，录制内容是："这是一个百度语音识别的测试"。接下来创建一个名为 baidu_asr.py 的文件以开始语音识别请求：

```
# -*- coding:utf-8 -*-
from aip import AipSpeech
```

```
""" 你的 AppID AK SK """
# APP_ID = '你的 App ID'
# API_KEY = '你的 API Key'
# SECRET_KEY = '你的 Secret Key'


client = AipSpeech(APP_ID, API_KEY, SECRET_KEY)



# 读取文件
def get_file_content(file_path):
    with open(file_path, 'rb') as fp:
        return fp.read()
# 识别本地录音文件
res = client.asr(get_file_content('./test.wav'), 'wav', 16000, {
    'dev_pid': 1537, # 默认1537（普通话 输入法模型）
})

# 返回的文字结果在 "key" 为 "result" 中，直接取出来打印显示
text_result = ''.join(res['result'])
print(text_result)
```

到 baidu_asr.py 路径下执行：

```
python baidu_asr.py
```

可见终端打印出："这是一个百度语音识别的测试"。

目前百度提供示例演示代码供参考，地址为 https://github.com/Baidu-AIP/speech-demo。

8.1.2 语音合成

语音合成（Test to Speech，TTS）是将文字转换为语音的一种技术，类似于人类的嘴巴，通过不同的音色说出想表达的内容。在语音合成技术中，主要分为语言分析部分和声学系统部分，也称为前端部分和后端部分。其中，语言分析部分主要根据输入的文字信息进行分析，生成对应的语言学规格书，想好该怎么读；声学系统部分主要根据语音分析部分提供的语音学规格书，生成对应的音频，实现发声的功能。

1. 语言分析部分

语言分析部分的流程如下，可以简单描述出语言分析部分的主要工作。

（1）文本结构与语种判断。当需要合成的文本输入后，先要判断是什么语种，如中文、英文、藏语、维语等，再根据对应语种的语法规则，把整段文字切分为单个的句子，并将切分好的句子传到后面的处理模块。

（2）文本标准化。在输入需要合成的文本中，有阿拉伯数字或字母，需要转换为文字。根据设置好的规则，使合成文本标准化。例如，"请问您是尾号为 8967 的机主吗？"其中的"8967"为阿拉伯数字，需要转换为汉字"八九六七"，这样便于进行文字标音等后续的工作；再如，对于数字的读法，上面的"8967"为什么没有转换为"八千九百六十七"呢？因为在文本标准化的规则中，设定了"尾号为 + 数字"的格式规则，这种情况下数字按照这种方式播报。这就是文本标准化中设置的规则。

（3）文本转音素。在汉语的语音合成中，基本上是以拼音对文字标注的，所以需要把文字转换为相对应的拼音，但是有些字是多音字，怎么区分当前是哪个读音，就需要通过分词、词性句法分析，判断当前是哪个读音，并且是几声的音调。

例如，"南京市长江大桥"为"nan2jing1shi4zhang3jiang1da4qiao2"或者"nan2jing1shi4chang2-jiang1da4qiao3"。

（4）句读韵律预测。人类在语言表达的时候总是附带着语气与感情，语音合成的音频是为了模仿真实的人声，所以需要对文本进行韵律预测。例如，什么地方需要停顿，停顿多久，哪个字或者词语需要重读，哪个词需要轻读等，实现声音的高低曲折，抑扬顿挫。

2. 声学系统部分

声学系统部分目前主要有 3 种技术实现方式：波形拼接语音合成、参数语音合成和端到端语音合成。

1）波形拼接语音合成技术

通过前期录制大量的音频，尽可能全地覆盖所有的音节音素，基于统计规则的大语料库拼接成对应的文本音频，所以波形拼接语音合成技术通过已有库中的音节进行拼接，实现语音合成的功能。此技术需要大量的录音，录音量越大，效果越好，一般做得好的音库，录音量在50 h 以上。波形拼接语音合成如图 8.8 所示。

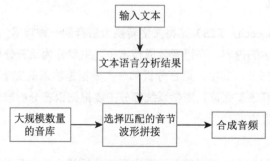

图 8.8 波形拼接语音合成

优点：音质好，情感真实。

缺点：需要的录音量大，覆盖要求高，字间协同过渡生硬，不平滑，不是很自然。

2）参数语音合成技术

参数语音合成技术主要是通过数学方法对已有录音进行频谱特性参数建模，构建文本序列映射到语音特征的映射关系，生成参数合成器。所以，当输入一个文本时，先将文本序列映射出对应的音频特征，再通过声学模型（声码器）将音频特征转换为人能听得懂的声音。参数语音合成如图 8.9 所示。

优点：录音量小，可多个音色共同训练，字间协同过渡平滑、自然等。

缺点：音质没有波形拼接的好，机械感强，有杂音等。

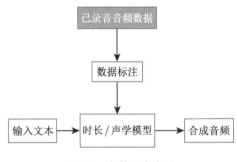

图 8.9　参数语音合成

3）端到端语音合成技术

端到端语音合成技术是目前比较流行的技术，其通过神经网络学习的方法，实现直接输入文本或者注音字符，中间为黑盒部分，然后输出合成音频，对复杂的语言分析部分得到了极大的简化。所以，端到端的语音合成技术大大降低了对语言学知识的要求，且可以实现多种语言的语音合成，不再受语言学知识的限制。通过端到端合成的音频，效果得到进一步的优化，声音更加贴近真人。端到端语音合成如图 8.10 所示。

图 8.10　端到端语音合成

优点：对语言学知识要求降低，合成的音频拟人化程度更高，效果好，录音量小。

缺点：性能大大降低，合成的音频不能人为调优。

目前的语音合成技术已经应用于各种场景，是较成熟、可落地的产品，对于合成音的要求，当前的技术已经可以做得很好了，可满足市场上绝大部分需求。语音合成技术主要是合成类似于人声的音频，其实当前的技术已完全满足。目前的问题在于不同场景的具体需求的实现，例如，不同的数字读法，如何智能地判断当前场景应该是哪种播报方式，以及什么样的语气和情绪更适合当下的场景，如何更好地区分多音字以确保合成的音频尽可能地不出错。当然，错误有时候是不可避免的，但是如何在容错范围内，或者读错之后是否有很好的自学机制，下次播报时就可以读对，具有自我纠错的能力，这些问题可能是当前产品化时遇到的更多、更实际的问题，在产品整体设计的时候，这些问题是需要考虑的主要问题。

3. Roban 机器人语音合成

目前，语音合成技术已经获得了非常快速的发展，市场上主流的有科大讯飞、百度、微软、亚马逊、谷歌等人工智能公司的技术。而我们通过对这种技能的学习可以为日后的开发和研究打下坚实的基础。例如，科大讯飞在 2017 年推出了讯飞实时翻译机，而目前随着语音技术的发展，配套设备诸如环形麦克风、智能拾音、消回声芯片校组等也雨后春笋般地来到了生产链的世界。未来世界将是一个语音无处不在的世界，而与它相关的各种机器人也将成为消费者用户的时尚新定。

同语音识别一节，以下使用百度语音来讲解、演示 Roban 机器人语音合成。

首先安装 Python SDK。如果之前已安装，此步可省略。

```
pip install baidu-aip
```

安装完成后，需要申请一个百度语音合成的开发者账号，网址为 https://ai.baidu.com/tech/speech/tts_online。如果之前已经申请，此步可省略，随后需要到百度控制台语音合成领取免费使用次数，会有总量为 5000 次的请求赠送，足够学习使用。

接下来，创建一个名为 baidu_tts.py 的文件用于语音合成：

```python
# -*- coding:UTF-8 -*-
from aip import AipSpeech


""" 你的 APPID AK SK """
APP_ID = '你的 App ID'
API_KEY = '你的 API Key'
SECRET_KEY = '你的 Secret Key'


client = AipSpeech(APP_ID, API_KEY, SECRET_KEY)


result = client.synthesis('你好百度', 'zh', 1, {
  'per': 1,
  'vol': 5,
})
```

```
# 识别正确,返回语音二进制; 错误, 则返回dict
if not isinstance(result, dict):
  with open('audio.mp3', 'wb') as f:
    f.write(result)
```

到 baidu_tts.py 路径下执行：

```
python baidu_tts.py
```

成功请求可在 baidu_tts.py 相同路径下生成一个名为 audio.mp3 的音频文件。播放该文件，可听到"你好百度"的声音。

8.1.3 聊天机器人综合应用

近几年来，人工智能发展火热，尤其是语音识别方面的落实项目更是普遍存在于人们的生活中，像手机中常见的语音助手、Siri 和计算机中的小娜等，但是它们却很难做到私人定制的效果，即达到个人个性化的需求，所以本节旨在搭建一个基于 Roban 机器人的个性化的语音聊天机器人。图 8.11 所示为语音对话机器人系统。一个完整的语音对话机器人系统通常包括以下主要部分。

（1）语音识别（Automatic Speech Recognition，ASR）。这部分是将声音转换为文字的过程，相当于人类的耳朵。

（2）自然语言理解（Natural Language Understanding，NLU）、对话管理（Dialog Management，DM）和自然语言生成（Natural-Language Generation，NLG）。这部分是理解和处理文字的过程，对话管理主要帮助理解多轮对话进行时的上下文含义，相当于人类的大脑。

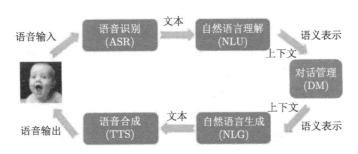

图 8.11 语音对话机器人

（3）语音合成（Text-To-Speech，TTS）。这部分是将文字转换为语音（朗读出来）的过程，相当于人类的嘴巴（与 ASR 是相反的）。

    Roban 机器人中的一个语音聊天对话是基于开源项目 wukong-robot 进行定制修改而成的。wukong-robot 是一个简单、灵活、优雅的中文语音对话机器人/智能音箱项目，目的是让中国的制造商也能快速打造个性化的智能音箱。图 8.12 所示为 wukong-robot 的整体框架。

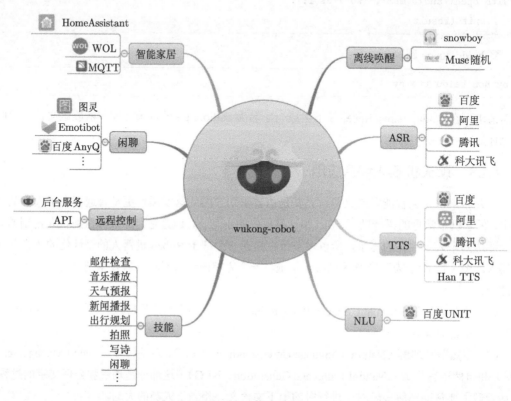

图 8.12　整体框架

wukong-robot 具有如下特点：

（1）模块化。功能插件、语音识别、语音合成、对话机器人都做到了高度模块化，第三方插件单独维护，方便继承和开发自己的插件。

（2）中文支持。集成百度、科大讯飞、阿里、腾讯等多家中文语音识别和语音合成技术，且可以继续扩展。

（3）对话机器人支持。支持基于 AnyQ 的本地对话机器人，并支持接入图灵机器人、Emotibot 等在线对话机器人。

（4）全局监听，离线唤醒。支持 Muse 脑机唤醒及无接触的离线语音指令唤醒。

（5）灵活可配置。支持定制机器人名字，支持选择语音识别和合成的插件。

（6）智能家居。支持和 MQTT、HomeAssistant 等智能家居协议联动，支持语音控制智能家电。

（7）后台配套支持。提供配套后台，可实现远程操控、修改配置和日志查看等功能。

（8）开放 API。可利用后端开放的 API，实现更丰富的功能。

（9）安装简单，支持更多平台。相比 dingdang-robot，舍弃了 PocketSphinx 的离线唤醒方案，安装变得更加简单，代码量更少，更易于维护并且能在 Mac 以及更多 Linux 系统中运行。

1. wukong-robot 的基本原理

wukong-robot 的工作原理：录音并获得录音文件 → 百度语音识别将录音转换为文字 → 图灵机器人理解和处理并得到答语的文字 → 百度语音合成将答语文字转换为音频文件 → 通过播放器播放。

具体流程：通过唤醒词"灵犀灵犀"，唤醒麦克风阵列，检测到麦克风唤醒后的串口信息后进入拾音，通过语音端点检测（Voice Activity Detection，VAD）开始说话和说话结束的状态，随后保存说话的录音，然后上传录音文件请求百度语音识别 API，将其转换为文字，随后将文字传给图灵聊天机器人，并得到回答的文字，然后将回答文字传递给百度语音合成 API，转换为相应的音频文件，最后通过机器人的播放器播放该音频文件，完成一次对话，随后，可继续与 wukong-robot 对话，当超过 10 s 未检测到语音时，wukong-robot 进入待唤醒状态。

语音请求接口

百度语音识别	http://vop.baidu.com/pro_api
图灵机器人	http://www.tuling123.com/openapi/api
百度语音合成	aip.AipSpeech

ROS 接口

| 麦克风唤醒 topic | /micarrays/wakeup |
| 跳舞指令 service | /ros_dance_node/dance_action |

2. wukong-robot 运行方式

在 Roban 机器人的 ROS 工作空间，运行下面的脚本，就能启动 Roban 机器人的聊天对话功能。

```
rosrun wukong_robot wukong.py
```

Roban 机器人语音演示问答逻辑：

- 唤醒词（灵犀灵犀）：拾取到唤醒词，机器人随机播报"在呢！""Hi！""有什么事？""我在！""来者何人？"等。
- 被唤醒后 5s 内没拾取到问句：机器人随机播报"我没听清楚，再说一遍好吗？""我喜欢洪亮的声音""你的声音很温柔，我没听清呢！""你可以这样问我，【问答库中随机播报一个问句】"。随后进入拾音状态。
- 被唤醒后 10s 内没拾取到问句：机器人播报"最近耳朵有点不好使，我去找师傅修理一下，有空再找我哦"。

- 假如因网络问题未能识别成功或做出回应：机器人播报"网络信号失踪，我去找找它，一会儿再来撩我吧"。

问答自定义词条：

下面的一级（开头标有 >）内容表示问句，二级（开头标有 >>）内容表示答句。机器人拾取到问句或关联词后，会播报对应答句

> 自我介绍（关联词：介绍自己、介绍）

>> 我是"鲁班"，源自同名的古代创新工匠。我的英文名叫 Roban。我热爱辅助大家学习机器人学，我的身体配备了丰富的传感器，最擅长模仿人类行为，跳舞、瑜伽都是我的看家本领。我有个小目标：和大神一起改变世界。

> 你叫什么名字？（关联词：叫什么、名字、称呼）

>> 我是"鲁班"，源自同名的古代创新工匠。我的英文名叫 Roban。R-o-b-a-n Roban。这名字很酷吧？

> 你来自哪里？（关联词：来自、哪里人、家）

>> 我来自科技最发达的城市——深圳，来了就是深圳人。

> 你几岁了？（关联词：年龄、年纪、贵庚、岁数、多大了、几岁）

>> 创造我的工程师最清楚我的年龄，去问问他吧。

> 你的性别？（男生/人/孩还是女生人/孩、性别）

>> 我看起来像男生，其实我没有性别。

> 你有什么理想？（理想、梦想、想法）

>> 我的理想是造就更多的杰出工程师，改变世界，为人类带来福祉。

> 你的出生日期？（出生、诞生、生日）

>> 工程师夜以继日含辛茹苦让我来到这个世界，他说什么时候就是什么时候。

> 你的职业是什么？（什么工作、做什么、职责、职业）

>> 配合工程大神们创造出服务人类、改善人们生活的科技成果。

> 你会做些什么？（什么功能、能力、会做什么、能做什么、本领）

>> 只有你想不到，没有我做不到。不过我最擅长的是模拟人类的行为。好好利用我身上的装备，开始你的创作！

> 你多高？（身高、多高）

>> 你是问我的"才高"还是"身高"呢？我才高八斗，身高离七尺还有 1 米 5 的距离。

> 你的制造者是谁？（你爸爸、制造、创造、生产、设计）

>> 乐聚是我的家，乐聚的工程师们创造了我。

> 你的体重是多少？（体重、重量、胖、瘦、身材）

>> 我体重 6.8kg，是时候保持健康了，快让我动起来吧！

> 你会跳舞吗？

>> 我擅长各种舞蹈，武术、瑜伽也不在话下。只要你动动脑筋，一声令下，我就开始为你表演。

> 跳支舞吧！（跳个舞、表演、跳舞）

>> 我最喜欢跳舞了，和我一起跳吧！我要开始跳啦！（舞蹈）

停止语音聊天对话:

按下"Ctrl + 4"组合键，即可停止语音聊天对话。

8.2　视频处理

Roban 机器人的视觉功能基于头部安装的两个相机。Roban 机器人提供了拍照、录制视频、管理视频输入、图像检测识别等功能。

8.2.1　视频设备简介

Roban 机器人头部有两个相机，用于识别视野中的物体，最快可以每秒拍摄 30 帧分辨率为 640×480 像素的图像。

● Realsense 深度摄像头：主要用于识别远景和深度信息。

● 下巴摄像头：主要用于拍摄下方图像。

1.　（Realsense）实感深度摄像头

Roban 机器人搭载的英特尔实感深度摄像头 D435 是一款立体追踪解决方案，可为各种应用提供高质量深度。它的宽视场非常适合机器人或增强现实和虚拟现实等应用，在这些应用中，尽可能扩大场景视角至关重要。这款外形小巧的摄像头拍摄范围高达 10m，可轻松集成到任何解决方案中，而且配置齐全，采用英特尔实感 SDK 2.0，并提供跨平台支持。

英特尔实感深度摄像头 D400 系列设计用于使相关设备具备查看、了解周围环境，以及与周围环境进行互动并从中学习的能力。D400 系列包括可通过 USB 轻松添加到现有原型中的即用型摄像头、可直接集成到产品设计中的深度模块、可处理来自实感摄像头原始数据的视觉处理器和视觉处理器卡，以及开源的跨平台开发套件 Intel RealSense SDK（软件开发套件，包括库、包装器、示例代码及相关工具）。

实感深度摄像头采用立体视觉来计算深度。立体视觉实施由左成像器、右成像器以及可选的红外信号发射器组成。红外信号发射器可发送不可见的静态红外图案，以提高低质感场景中的深度精度。左成像器和右成像器可捕获场景并将原始图像数据发送到视觉处理器，然后视觉处理器通过将左侧图像上的点与右侧图像相关联，并借助左侧图像上的点与右侧图像之间的移位来计算图像中每一像素的深度值。对深度像素值经过处理之后可生成深度帧。随后的深度帧可创建深度视频流。

　　英特尔实感深度摄像头 D415 和 D435 将 Intel D4 视觉处理器和深度模块集成在外形小巧、功能强大、成本低廉、可立即部署的封装中。英特尔实感 D400 系列摄像头设计用于实现轻松设置和便于携带，是将深度感应应用到设备中的开发者、制造者和创新者的理想选择。这些摄像头可捕获室内或室外环境，具有远距离功能以及高达 1280×720 像素的深度分辨率（30 帧/秒）。

　　图 8.13 为英特尔实感深度摄像头 D435。其特性见表 8.1。

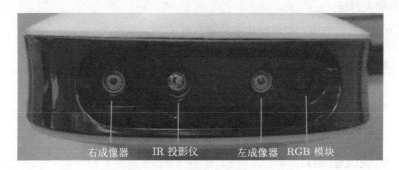

图 8.13　英特尔实感深度摄像头 D435

表 8.1　深度摄像头 D435 的特性

特性	参数
使用环境：室内/室外	最大范围/m：约 10
深度技术：主动立体 IR	最小深度距离/m：0.105
深度视场（FOV）：(87°±3°)×(58°±1°)×(95°±3°)	深度输出分辨率/像素：最大 1280×720
RGB 传感器分辨率：最大 1920 × 1080	RGB FOV：69.4° × 42.5° × 77°(±3°)

2. 安装 RealSense ROS 包

系统软件环境如下：

- Ubuntu16.04。
- 内核版本 4.15.0。
- ROS kinetic。

首先更新 Ubuntu 及内核：

```
sudo apt-get update && sudo apt-get upgrade && sudo apt-get dist-upgrade
```

下载源程序：

ROS 源程序地址为 https://github.com/IntelRealSense/realsense-ros/releases。

根据 ROS 版本下载支持该版本的 SDK。

SDK 源程序地址为 https://github.com/IntelRealSense/librealsense/releases/tag/v2.25.0。

解压文件到～/librealsense/ 文件夹下，在路径～/librealsense/ 下打开终端安装依赖项。

```
sudo apt-get install git libssl-dev libusb-1.0-0-dev pkg-config libgtk-3-dev
```

安装对应 Ubuntu 版本的依赖项 sudo apt-get install libglfw3-dev，运行脚本。

```
./scripts/setup_udev_rules.sh
```

安装 SDK，运行 CMake。

```
mkdir build && cd build
cmake ../
cmake ../ -DBUILD_EXAMPLES=true
```

重编译和安装。

```
sudo make uninstall && make clean && make && sudo make install
```

最后在终端运行 realsense-viewer 查看实感相机是否可获取图像。

安装 ROS 包。

将代码放于 catkin_ws/src/ 路径下，然后执行如下操作：

```
catkin_init_workspace
cd ..
catkin_make clean
catkin_make -DCATKIN_ENABLE_TESTING=False -DCMAKE_BUILD_TYPE=Release
catkin_make install
echo "source ~/catkin_ws/devel/setup.bash" >> ~/.bashrc
source ~/.bashrc
```

3. 订阅 RGB 与深度图像

启动 Roban 机器人后，会发布与相机相关的 ROS 话题，如图 8.14 所示。

如果需要获取 RGB 图像，只需要订阅"/camera/color/image_raw"话题；深度图需订阅"/camera/depth/image_rect_raw"话题；如果需要获取下巴摄像头的图像，订阅"/chin_camera/image"话题即可。

图 8.14　相机 camera 相关话题

8.2.2　图像处理工具

1. PIL 图像处理

PIL（Python Imaging Library，Python 图像处理库）提供了通用的图像处理功能，以及大多数有用的基本图像操作，如图像缩放、裁剪、旋转、颜色转换等。利用 PIL 中的函数，可以从大多数图像格式的文件中读取数据，写入最常见的图像格式文件中。PIL 中最重要的模块为 Image，下载地址为 http://www.pythonware.com/yproducts/ypil/index.htm。

Image 的常用方法如表8.2所示。

说明：

（1）图像模式。

1：二值图像，每像素用 8b 表示，0 表示黑，255 表示白。

L：灰色图像，每像素用 8b 表示，0 表示黑，255 表示白，其他数字表示不同的灰度。在 PIL 中，从模式 RGB 转换为 L 模式按照下面的公式转换：

$$L=R\times299/1000+G\times587/1000+B\times114/1000$$

P：8 位彩色图像，每像素用 8b 表示，对应的彩色值是按照调色板查询出来的。

RGB：24 位彩色图像，每像素用 24b 表示，红色、绿色和蓝色分别用 8b 表示。

表 8.2 Image 的常用方法及功能

方法	功能
open(filename)	打开图像
show()	显示图像
copy()	复制图像
save(filename,fileformat)	图像保存
convert(mode,matrix)	模式转换
filter(filter)	图像滤波
fromstring(mode,size,data)	从字符串创建图像
new(mode,size)	创建新图像
crop(box)	裁剪图像
getbands()	获取图像所有通道
getpixel((x,y))	获取像素
thumbnail((width,height))	生成缩略图
getbbox()	获取像素坐标
getdata(band=None)	获取数据
eval(image,function)	用函数处理图像的每个像素

RGBA：32 位彩色图像，每像素用 32b 表示，其中 24b 表示红色、绿色和蓝色 3 个通道，另外 8b 表示 alpha 通道，即透明通道。

CMYK：32 位彩色图像，每像素用 32b 表示，是印刷四分色模式，C 为青色，M 为品红色，Y 为黄色，K 为黑色，每种颜色各用 8b 表示。

YCbCr：24 位彩色图像，每像素用 24b 表示，Y 指亮度分量，Cb 指蓝色色度分量，而 Cr 指红色色度分量，每个分量用 8b 表示，人眼对视频的 Y 分量更敏感。

I：32 位整型灰色图像，每像素用 32b 表示，0 表示黑，255 表示白，0~255 的数字表示不同的灰度。在 PIL 中，从模式 RGB 转换为 I 模式与转换为 L 模式的公式相同。

F：32 位浮点彩色图像，每像素用 32b 表示，0 表示黑，255 表示白，0~255 的数字表示不同的灰度。在 PIL 中，从模式 RGB 转换为 F 模式与转换为 L 模式的公式相同，像素值保留小数。

（2）滤波模式。

图像滤波是指在尽量保留图像细节特征的条件下，对目标图像的噪声进行抑制。中值滤波（Median Filtering）法是一种非线性平滑技术，它将每个像素点的灰度值设置为该点某邻域窗口内的所有像素点灰度值的中值，消除孤立的噪声点。高斯模糊（Gaussian Blur）是对整幅图像进行加权平均的过程，每个像素点的值，都由其本身和邻域内的其他像素值经过加权平均后得到。

BLUR：模糊处理。

CONTOUR：轮廓处理。

DETAIL：增强。

EDGE_ENHANCE：将图像的边缘描绘得更清楚。

EDGE_ENHANCE_NORE：程度比 EDGE_ENHANCE 更强。

EMBOSS：产生浮雕效果。

SMOOTH：效果与 EDGE_ENHANCE 相反，将轮廓柔和。

SMOOTH_MORE：更柔和。

SHARPEN：效果有点像 DETAIL。

Lena 图片是图像处理中被广泛使用的一张标准彩色图片，图中既有低频部分（光滑的皮肤），也有高频部分（帽子上的羽毛），很适合验证各种算法。如图8.15（a）所示，程序中首先打开图片，返回图像对象 img，然后使用 img 对象提供的方法（处理对象为 img），分别完成显示、将 RGB 模式变换为二值模式、复制。复制后的图像对象为 img1（二值图像），再将 img1 显示并保存，如图8.15（b）所示。

图 8.15 Lena 图片

图像打开、显示、模式变换、保存：

```
from PIL import Image
img=Image.open("lena.png")
img.show()
img=img.convert("1")
img1=img.copy()
img1.show()
img11.save("lenaL.png")
```

图像过滤:

```
from PIL import Image
from PIL import ImageFilter
img=Image.open("lena.png")
img.show()
img=img.filter(ImageFilter.MedianFilter)
img.show()
img.save("lenaMedianFilter.png")
```

使用函数处理图像:

```
from PIL import Image
img=Image.open("lena.png")
print (img.getpixel((0,0)))
imgnew=Image.eval(img,lambdai:i*2)
print (img.getpixel((0,0)))
imgnew.show()
img.show()
```

将原图片的像素点都乘以 2,返回的是一个 Image 对象。由于每像素点的 R、G、B 通道取值最大为 255,标准图像中原来不为白色的像素乘以 2 后会变成白色,如图 8.15 所示。处理前后坐标(0,0)位置的像素输出结果为:

```
(226,137,125)
(255,255,250)
```

2. OpenCV 图像处理

1)读取图像

使用函数 cv2.imread() 读取图像。图像应位于工作目录中,或者应提供完整的图像路径。

第二个参数是一个标志,指定应该读取图像的方式。

- cv2.IMREAD_COLOR:加载彩色图像。任何图像的透明度都将被忽略,这是默认标志。
- cv2.IMREAD_GRAYSCALE:以灰度模式加载图像。
- cv2.IMREAD_UNCHANGED:加载图像包括 alpha 通道。

注意:可以简单地分别传递整数 1、0 或 −1,而不是这 3 个标志。

请参阅以下代码:

```
import numpy as np
import cv2
```

```
# Load an color image in grayscale
img = cv2.imread('roban.jpg',0)
```

注意：即使图像路径错误，它也不会抛出任何错误，但是 print img 会给你 None。

2）显示图像

使用函数 cv2.imshow() 在窗口中显示图像，窗口自动适合图像大小。

第一个参数是一个窗口名称，它是一个字符串；第二个参数是我们的图像。可以根据需要创建任意数量的窗口，但需使用不同的窗口名称。

```
cv2.imshow('image', img)
cv2.waitKey(0)
cv2.destroyAllWindows()
```

该窗口的屏幕截图将如图 8.16 所示。

图 8.16 窗口的屏幕截图 1

代码说明：

cv2.waitKey() 是一个键盘绑定函数。它的参数是以毫秒为单位的时间。该函数等待任何键盘事件的指定毫秒。如果在该时间内按任意键，程序将继续。如果为 0，则无限期等待键击。它也可以设置为检测特定的键击，如果按下 A 键等，我们将在下面讨论。

注意：除了绑定键盘事件，此函数还处理许多其他 GUI 事件，因此必须使用它来实际显示图像。

cv2.destroyAllWindows() 只是破坏了我们创建的所有窗口。如果要销毁任何特定窗口，请使用函数 cv2.destroyWindow()，其中传递的确切窗口名称作为参数。

　　注意：有一种特殊情况，可以在以后创建窗口并将图像加载到该窗口。在这种情况下，可以指定窗口是否可调整大小。它是通过函数 cv2.namedWindow() 完成的。默认情况下，标志为 cv2.WINDOW_AUTOSIZE。但是如果将 flag 指定为 cv2.WINDOW_NORMAL，则可以调整窗口大小。当图像尺寸过大并向窗口添加轨迹栏时，它会很有用。

　　请参阅以下代码：

```
cv2.namedWindow('image', cv2.WINDOW_NORMAL)
cv2.imshow('image',img)
cv2.waitKey(0)
cv2.destroyAllWindows()
```

　　3）保存图像

　　使用函数 cv2.imwrite() 来保存图像。第一个参数是文件名；第二个参数是要保存的图像。

```
cv2.imwrite('messigray.png',img)
```

这将以工作目录中的 PNG 格式保存图像。

　　（1）总结一下。

　　下面的程序加载灰度图像，显示图像，如果按"s"键并退出，则保存图像，或者按 Esc 键直接退出而不保存。

```
import numpy as np
import cv2
img = cv2.imread('roban.jpg',0)
cv2.imshow('image',img)
k = cv2.waitKey(0)
if k == 27:        # wait for ESC key to exit
  cv2.destroyAllWindows()
elif k == ord('s'): # wait for 's' key to save and exit
  cv2.imwrite('messigray.png',img)
  cv2.destroyAllWindows()
```

　　如果使用的是 64 位计算机，则必须按如下方式修改 k = cv2.waitKey(0) 行：k = cv2.waitKey(0) & 0xFF。

　　（2）使用 Matplotlib。

　　Matplotlib 是 Python 的绘图库，提供各种绘图方法。这里只讲解如何使用 Matplotlib 显示图像。用户还可以使用 Matplotlib 进行缩放和保存图像等。

```
import numpy as np
import cv2
from matplotlib import pyplot as plt
img = cv2.imread('roban.jpg',0)
plt.imshow(img, cmap = 'gray', interpolation = 'bicubic')
plt.xticks([]), plt.yticks([]) # to hide tick values on X and Y axis
plt.show()
```

窗口的屏幕截图如图 8.17 所示。

图 8.17　窗口的屏幕截图 2

Matplotlib 提供了大量的绘图选项。有关更多详细信息，请参阅 Matplotlib 文档。

3. OpenCV 视频处理

1）从相机捕获视频

通常，我们必须用相机捕捉直播。OpenCV 为此提供了一个非常简单的接口。让我们从相机中捕捉视频（假设我们正在使用笔记本计算机的内置网络摄像头），将其转换为灰度视频并显示它。

要捕获视频，需要创建一个 VideoCapture 对象。它的参数可以是设备索引或视频文件的名称。设备索引只是指定哪个摄像头的数量。通常会连接一台摄像机（如我们的情况）。所以只传递 0（或 −1）。可以通过传递 1 来选择第二个摄像头，依此类推。之后，可以逐帧捕获。但最后，不要忘记释放捕获。

```
import numpy as np
import cv2
cap = cv2.VideoCapture(0)
while True:
    # Capture frame-by-frame
    ret, frame = cap.read()
    # Our operations on the frame come here
    gray = cv2.cvtColor(frame, cv2.COLOR_BGR2GRAY)
    # Display the resulting frame
    cv2.imshow('frame',gray)
    if cv2.waitKey(1) & 0xFF == ord('q'):
        break
# When everything done, release the capture
cap.release()
cv2.destroyAllWindows()
```

其中，cap.read() 返回一个 bool(True / False)。如果正确读取帧，则它将为 True。因此，可以通过检查此返回值来检查视频的结尾。

有时，cap 可能没有初始化捕获。在这种情况下，此代码显示错误。可以通过 cap.isOpened() 方法检查它是否已初始化。如果是真，那好的；否则，使用 cap.open() 打开它。

还可以使用 cap.get(propId) 方法访问此视频的某些功能，其中 propId 是 0~18 的数字。每个数字表示视频的属性（如果它适用于该视频），完整的详细信息可以在这里看到：cv :: VideoCapture :: get()。其中一些值可以使用 cap.set(propId,value) 进行修改，值就是想要的新值。

例如，我可以通过 cap.get(cv2.CAP_PROP_FRAME_WIDTH) 和 cap.get(cv2.CAP_PROP_FRAME_HEIGHT) 检查帧宽和高度。它默认给我 640×480。但我想将其修改为 320×240。只需使用 ret = cap.set(cv2.CAP_PROP_FRAME_WIDTH，320) 和 ret = cap.set(cv2.CAP_PROP_FRAME_HEIGHT，240)。

2）从文件播放视频

这与从相机捕获相同，只需用视频文件名更改相机索引即可。同时在显示帧时，为 cv2.waitKey() 使用适当的时间。如果它太小，视频将非常快，如果它太高，视频将会很慢（嗯，这就是你可以用慢动作显示视频）。正常情况下，25 ms 就可以了。

```
import numpy as np
import cv2
cap = cv2.VideoCapture('vtest.avi')
```

```
while cap.isOpened():
    ret, frame = cap.read()
    gray = cv2.cvtColor(frame, cv2.COLOR_BGR2GRAY)
    cv2.imshow('frame',gray)
    if cv2.waitKey(1) & 0xFF == ord('q'):
        break
cap.release()
cv2.destroyAllWindows()
```

注意：确保安装了正确版本的 ffmpeg 或 gstreamer。有时候，使用 Video Capture 是一个令人头痛的问题，主要原因是错误安装了 ffmpeg / gstreamer。安卓 ffmpeg 的指令如下：

```
pip install ffmpeg-python==0.1.6
```

3）保存视频

我们捕获视频，逐帧处理，随后我们希望保存该视频。对于图像，这非常简单，只需使用 cv2.imwrite()，这里需要做更多的工作。

这次我们创建一个 VideoWriter 对象。我们应该指定输出文件名（如 output.avi）。然后我们应该指定 FourCC 代码（下一段中的细节）。然后应传递每秒帧数（fps）和帧大小。最后一个是 isColor 标志。如果是 True，则编码器需要彩色帧；否则，它适用于灰度帧。

FourCC 是一个 4 字节代码，用于指定视频编解码器。可在 fourcc.org 中找到可用代码列表。它取决于平台，以下编解码器对我们来说很好。

- 在 Fedora 系统中：DIVX, XVID, MJPG, X264, WMV1, WMV2（XVID 更具有通用性，MJPG 的视频质量更好，X264 的视频尺寸更小）。
- 在 Windows 系统中：DIVX 更容易测试和添加。
- 在 OSX 系统中：MJPG (.mp4), DIVX (.avi), X264 (.mkv)。

对于 MJPG，FourCC 代码作为 cv2.VideoWriter_fourcc（'M'，'J'，'P'，'G'）或 cv2.VideoWriter_fourcc（*'MJPG'）传递。

以下代码从摄像头捕获视频，并在垂直方向上翻转每一帧并保存它：

```
import numpy as np
import cv2
cap = cv2.VideoCapture(0)
# Define the codec and create VideoWriter object
fourcc = cv2.VideoWriter_fourcc(*'XVID')
out = cv2.VideoWriter('output.avi',fourcc, 20.0, (640,480))
```

```
while cap.isOpened() :
    ret, frame = cap.read()
    if ret==True:
        frame = cv2.flip(frame,0)
        # write the flipped frame
        out.write(frame)
        cv2.imshow('frame',frame)
        if cv2.waitKey(1) & 0xFF == ord('q'):
            break
    else:
        break
# Release everything if job is finished
cap.release()
out.release()
cv2.destroyAllWindows()
```

8.2.3　颜色检测

1. 颜色检测原理

1）访问和修改像素值

先加载彩色图像：

```
>>> import numpy as np
>>> import cv2 as cv
>>> img = cv.imread('roban.jpg')
```

可以通过行和列坐标访问像素值。对于 BGR 图像，它返回一个蓝色、绿色、红色值的数组。对于灰度图像，仅返回相应的强度。

```
>>> px = img[100,100]
>>> print( px )
[88 94 89]
# accessing only blue pixel
>>> blue = img[100,100,0]
>>> print( blue )
88
```

可以以相同的方式修改像素值。

```
>>> img[100,100] = [255,255,255]
>>> print( img[100,100] )
[255 255 255]
```

注意：Numpy 是一个用于快速阵列计算的优化库。因此，简单地访问每个像素值并对其进行修改将非常缓慢，并且不鼓励这样做。

注意：上述方法通常用于选择数组的区域，比如前 5 行和后 3 列。对于单个像素访问，Numpy 数组方法 array.item() 和 array.itemset() 被认为是更好的，但它们总是返回一个标量。如果要访问所有 B、G、R 值，则需要分别为所有人调用 array.item()。

更好的像素访问和编辑方法：

```
# accessing RED value
>>> img.item(10,10,2)
76
# modifying RED value
>>> img.itemset((10,10,2),100)
>>> img.item(10,10,2)
100
```

2）访问图像属性

图像属性包括行数、列数、通道数、图像数据类型、像素数等。img.shape 可以访问图像的形状。它返回一组行、列和通道的元组（如果图像是彩色的）：

```
>>> print( img.shape )
(410, 720, 3)
```

注意：如果图像是灰度图像，则返回的元组仅包含行数和列数，因此检查加载的图像是灰度还是彩色的是一种很好的方法。

img.size 访问的像素总数：

```
>>> print( img.size )
885600
```

图像数据类型由 img.dtype 获得：

```
>>> print( img.dtype )
uint8
```

注意：img.dtype 在调试时非常重要，因为 Python OpenCV 代码中的大量错误是由无效的数据类型引起的。

3）图像 ROI

有时，我们会用到某些图像区域。例如，对于图像中的眼睛检测，就是在整幅图像上进行的一次面部检测。当获得面部时，我们单独选择面部区域并在其内部搜索眼睛而不是搜索整幅图像。这提高了准确性（因为眼睛总是在脸上）并缩小了搜索范围（因为我们在一个小区域搜索）。

使用 Numpy 索引再次获得 ROI。在这里，我们选择左边的机器人，并将其复制到图像中左边的另一个区域：

```
>>> robot = img[149:349, 156:276]
>>> img[190:390, 6:126] = robot
```

复制后的结果如图 8.18 所示。

图 8.18　复制机器人

4）拆分和合并图像通道

有时我们需要在 B、G、R 通道图像上单独工作。在这种情况下，需要将 BGR 图像分割为单个通道。在其他情况下，可能需要将这些单独的通道连接到 BGR 图像。可以通过以下方式完成：

```
>>> b,g,r = cv.split(img)
>>> img = cv.merge((b,g,r))
```

或者：

```
>>> b = img[:,:,0]
```

假设要将所有红色像素设置为零，则无需先拆分通道。Numpy 索引更快：

```
>>> img[:,:,2] = 0
```

5）制作图像边框（填充）

如果要在图像周围创建边框，比如相框，可以使用 cv.copyMakeBorder()。但它有更多卷积运算、零填充等应用。该函数采用以下参数：

- src: input image。
- top, bottom, left, right：相应方向上的像素数的边界宽度。
- borderType: 标志定义要添加的边框类型。 它可以是以下类型：
  - cv.BORDER_CONSTANT：添加恒定的彩色边框。 该值应作为下一个参数给出。
  - cv.BORDER_REFLECT：边框将是边框元素的镜像反射，例如：fedcba | abcdefgh | hgfedcb。
  - cv.BORDER_REFLECT_101 or cv.BORDER_DEFAULT： 与上面相同，但稍有变化，例如：gfedcb | abcdefgh | gfedcba。
  - cv.BORDER_REPLICATE：最后一个元素被复制，例如：aaaaaa | abcdefgh | hhhhhhh。
  - cv.BORDER_WRAP：无法解释，它看起来像这样：cdefgh | abcdefgh | abcdefg。
- value：如果边框类型为cv.BORDER_CONSTANT，则为边框颜色。

下面是一段示例代码，演示了所有这些边框类型，以便更好地理解：

```
import cv2 as cv
import numpy as np
from matplotlib import pyplot as plt
BLUE = [255,0,0]
img1 = cv.imread('opencv-logo.png')
replicate = cv.copyMakeBorder(img1,10,10,10,10,cv.BORDER_REPLICATE)
reflect = cv.copyMakeBorder(img1,10,10,10,10,cv.BORDER_REFLECT)
reflect101 = cv.copyMakeBorder(img1,10,10,10,10,cv.BORDER_REFLECT_101)
wrap = cv.copyMakeBorder(img1,10,10,10,10,cv.BORDER_WRAP)
constant= cv.copyMakeBorder(img1,10,10,10,10,cv.BORDER_CONSTANT,value=BLUE)
plt.subplot(231),plt.imshow(img1,'gray'),plt.title('ORIGINAL')
plt.subplot(232),plt.imshow(replicate,'gray'),plt.title('REPLICATE')
plt.subplot(233),plt.imshow(reflect,'gray'),plt.title('REFLECT')
plt.subplot(234),plt.imshow(reflect101,'gray'),plt.title('REFLECT_101')
plt.subplot(235),plt.imshow(wrap,'gray'),plt.title('WRAP')
```

```
plt.subplot(236),plt.imshow(constant,'gray'),plt.title('CONSTANT')
  plt.show()
```

请参阅如图 8.19 所示的结果。（图像与 matplotlib 一起显示，因此 RED 和 BLUE 通道将互换）。

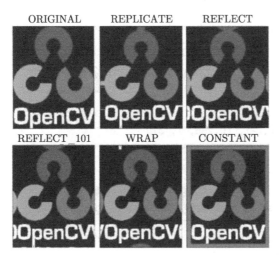

图 8.19　图像显示

2. 视觉识别原理

轮廓可以简单地解释为连接所有连续点（沿着边界）的曲线，具有相同的颜色或强度。轮廓是形状分析和物体检测与识别的有用工具。

- 为了提高准确性，使用二进制图像，因此在找到轮廓之前，应用阈值或 Canny 边缘检测。
- 从 OpenCV 3.2 开始，findContours() 不再修改源图像。
- 在 OpenCV 中，找到轮廓就像从黑色背景中找到白色物体。所以请记住，要找到的对象应该是白色，背景应该是黑色。

让我们看看如何找到二进制图像的轮廓：

```
import numpy as np
import cv2 as cv
im = cv.imread('test.jpg')
imgray = cv.cvtColor(im, cv.COLOR_BGR2GRAY)
ret, thresh = cv.threshold(imgray, 127, 255, 0)
contours, hierarchy = cv.findContours(thresh, cv.RETR_TREE, cv.CHAIN_APPROX_SIMPLE)
```

参见 cv.findContours() 函数中有 3 个参数：第一个是源图像；第二个是轮廓检索模式；第三个是轮廓近似方法。它输出轮廓和层次结构。Contours 是图像中所有轮廓的 Python 列表。每个单独的轮廓是对象的边界点的（x, y）坐标的 Numpy 阵列。

注意：我们稍后将详细讨论第二个和第三个参数以及层次结构。在此之前，代码示例中给出的值将适用于所有图像。

1）如何绘制轮廓

要绘制轮廓，使用 cv.drawContours() 函数。如果有边界点，它也可以用于绘制任何形状。它的第一个参数是源图像；第二个参数是应该作为 Python 列表传递的轮廓；第三个参数是轮廓索引（在绘制单个轮廓时很有用。绘制所有轮廓，传递 −1），其余参数是颜色、厚度等。

要绘制图像中的所有轮廓：

```
cv.drawContours(img, contours, -1, (0,255,0), 3)
```

要绘制单个轮廓，例如第 4 个轮廓：

```
cv.drawContours(img, contours, 3, (0,255,0), 3)
```

但大多数时候，下面的方法将是有用的：

```
cnt = contours[4]
cv.drawContours(img, [cnt], 0, (0,255,0), 3)
```

注意：最后两种方法是相同的，但是当你继续前进时，你会发现最后一种方法更有用。

2）轮廓逼近法

这是 cv.findContours() 函数中的第三个参数。它实际上表示什么？

由上可知，轮廓是具有相同强度的形状的边界，它存储形状边界的（x, y）坐标。但是它存储哪些坐标，将由该轮廓近似方法指定。

如果传递 cv.CHAIN_APPROX_NONE，则存储所有边界点。但实际上我们需要所有的边界点吗？例如，你要找到直线的轮廓，你需要线上的所有点来代表那条线吗？不，我们只需要该线的两个端点。这就是 cv.CHAIN_APPROX_SIMPLE 的作用。它删除所有冗余点并压缩轮廓，从而节省内存。

如图 8.20 所示的矩形图像展示了这种技术。只需在轮廓阵列中的所有坐标上绘制一个圆圈（以蓝色绘制）。第一张图片显示了用 cv.CHAIN_APPROX_NONE（734 点）获得的点数；第二张图片显示了带有 cv.CHAIN_APPROX_SIMPLE（仅 4 点）的点数。看，它节省了多少内存！

图 8.20　图的轮廓近似

（1）图像矩。

图像矩可以用来计算物体的质心、面积等特征。函数 cv.moments() 给出了一个由所有计算得到的矩值的字典：

```
import numpy as np
import cv2 as cv
img = cv.imread('star.jpg',0)
ret,thresh = cv.threshold(img,127,255,0)
contours,hierarchy = cv.findContours(thresh, 1, 2)
cnt = contours[0]
M = cv.moments(cnt)
print( M )
```

从这些图像矩中，可以提取有用的数据，如面积、质心等。质心由关系给出，cx = m10/m00 和 cy = m01/m00。这可以按如下方式完成：

```
cx = int(M['m10']/M['m00'])
cy = int(M['m01']/M['m00'])
```

（2）轮廓区域。

轮廓区域由函数 cv.contourArea() 或从矩 M ['m00'] 给出。

```
area = cv.contourArea(cnt)
```

（3）轮廓周长。

轮廓周长也被称为弧长，可以使用 cv.arcLength() 函数找到它。第二个参数指定形状是闭合轮廓（如果传递为 True），还是仅仅是曲线。

```
perimeter = cv.arcLength(cnt,True)
```

（4）轮廓逼近。

轮廓逼近根据指定的精度将轮廓形状近似为具有较少顶点数的另一个形状。它是 Douglas-Peucker 算法的一种实现方式。查看维基百科页面以获取算法和演示。

要理解这一点，假设你试图在图像中找到一个正方形，但由于图像中的某些问题，你没有得到一个完美的正方形，而是一个"坏形状"，如图 8.21(a) 所示。现在你可以使用此功能获得近似形状。在此，第二个参数称为 epsilon，它是从轮廓到近似轮廓的最大距离。这是一个准确度参数。需要明智的选择 epsilon 才能获得正确的输出。

```
epsilon = 0.1*cv.arcLength(cnt,True)
approx = cv.approxPolyDP(cnt,epsilon,True)
```

在图 8.21(b) 中，绿线表示 epsilon = 弧长的 10% 的近似曲线。图 8.21(c) 显示相同的 epsilon = 弧长的 1%。第三个参数指定曲线是否关闭。

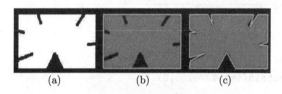

(a)　　　　　(b)　　　　　(c)

图 8.21　图的轮廓逼近

（5）凸壳。

凸壳看起来类似于轮廓近似，但事实并非如此（两者在某些情况下可能会提供相同的结果）。这里，cv.convexHull() 函数检查曲线是否存在凸性缺陷并进行修正。一般而言，凸曲线是有凸出或至少平坦的曲线。如果它在内部膨胀，则称为凸性缺陷。例如，检查如图 8.22 所示的手形图像。红线表示手的凸包。双面箭头标记显示凸起缺陷，即船体与轮廓的局部最大偏差。

有一些情况要讨论它的语法：

```
hull = cv.convexHull(points[, hull[, clockwise[, returnPoints]]])
```

图 8.22　图的凸性

参数详情：

points：传入的轮廓。

hull：输出，通常不需要。

clockwise：方向标志。如果为 True，则输出凸包为顺时针方向；否则，它为逆时针方向。

returnPoints：默认为 True，然后它返回壳的坐标。如果为 False，则返回与船体点对应的轮廓点的索引。

因此，要获得图8.22所示的凸包，以下就足够了：

```
hull = cv.convexHull(cnt)
```

但是，如果想找到凸性缺陷，需要传递 returnPoints = False。为了理解它，我们将采用上面的矩形图像。首先，发现它的轮廓为 cnt。现在发现它的凸包有 returnPoints = True，得到值为 [[[234 202]]、[[51 202]]、[[51 79]]、[[234 79]]] 的这 4 个角落矩形点。现在如果使用 returnPoints = False 做同样的事情，得到的结果是 [[129]、[67]、[0]、[142]]。这些是轮廓中对应点的索引。例如，检查第一个值 cnt [129] = [[234,202]]，它与第一个结果相同，依此类推。

当我们讨论凸性缺陷时，会再次看到它。

（6）检查凸性。

函数 cv.isContourConvex() 的功能是可以检查曲线是否凸起。它只返回 True 或 False。

```
k = cv.isContourConvex(cnt)
```

（7）边界矩形。

边界矩形有直边矩形和旋转矩阵两种类型。

① 直边矩形。它是一个直边的矩形，不考虑对象的旋转。因此，边界矩形的面积不会最小。它由函数 cv.boundingRect() 找到。

设（x，y）为矩形的左上角坐标，（w，h）为宽度和高度。

```
x,y,w,h = cv.boundingRect(cnt)
cv.rectangle(img,(x,y),(x+w,y+h),(0,255,0),2)
```

② 旋转矩形。这里以最小面积绘制边界矩形并考虑旋转。使用的函数是 cv.minAreaRect()，它返回一个 Box2D 结构，其中包含 detals - (center(x，y)，(width，height)，rotation of rotation)。要绘制这个矩形，需要矩形的 4 个角，可通过函数 cv.boxPoints() 获得。

```
rect = cv.minAreaRect(cnt)
box = cv.boxPoints(rect)
box = np.int0(box)
cv.drawContours(img,[box],0,(0,0,255),2)
```

如图 8.23 所示，两个矩形都显示在单个图像中，其中绿色矩形显示正常的边界矩形；红色矩形是旋转的矩形。

图 8.23　边界矩形和旋转矩形

（8）最小封闭圈。

使用函数 cv.minEnclosingCircle() 找到对象的外接圆。它是一个圆圈，以最小的面积完全覆盖物体，如图 8.24 所示。

```
(x,y),radius = cv.minEnclosingCircle(cnt)
center = (int(x),int(y))
radius = int(radius)
cv.circle(img,center,radius,(0,255,0),2)
```

图 8.24　最小封闭圈

（9）拟合椭圆。

拟合椭圆即将椭圆拟合到一个物体上。它返回刻有椭圆的旋转矩形，如图8.25所示。

```
ellipse = cv.fitEllipse(cnt)
cv.ellipse(img,ellipse,(0,255,0),2)
```

图 8.25　拟合椭圆示意图

（10）拟合一条线。

同样，可以在一组点上拟合一条线。图8.26中包含一组白点，可以近似直线。

```
rows,cols = img.shape[:2]
[vx,vy,x,y] = cv.fitLine(cnt, cv.DIST_L2,0,0.01,0.01)
lefty = int((-x*vy/vx) + y)
righty = int(((cols-x)*vy/vx)+y)
cv.line(img,(cols-1,righty),(0,lefty),(0,255,0),2)
```

图 8.26 直线拟合

宽高比：对象的边界矩形的宽度与高度的比率。

```
AspectRatio = Width / Height

 x,y,w,h = cv.boundingRect(cnt)
 aspect_ratio = float(w)/h
```

范围：轮廓区域与边界矩形区域的比率。

```
Extent = ObjectArea / BoundingRectangleArea

 area = cv.contourArea(cnt)
 x,y,w,h = cv.boundingRect(cnt)
 rect_area = w*h
 extent = float(area)/rect_area
```

密实度（Solidity）：轮廓区域与其凸包区域的比率。

```
Solidity = ContourArea / ConvexHullArea

 area = cv.contourArea(cnt)
 hull = cv.convexHull(cnt)
 hull_area = cv.contourArea(hull)
 solidity = float(area)/hull_area
```

等效直径：圆的直径，其面积与轮廓面积相同。

```
EquivalentDiameter = 根号(4 Œ ContourArea / )

  area = cv.contourArea(cnt)
  equi_diameter = np.sqrt(4*area/np.pi)
```

方向：对象定向的角度。以下方法还给出了主轴和短轴长度。

```
(x,y),(MA,ma),angle = cv.fitEllipse(cnt)
```

蒙版和像素点：在某些情况下，可能需要包含该对象的所有点。代码实现如下：

```
mask = np.zeros(imgray.shape,np.uint8)
cv.drawContours(mask,[cnt],0,255,-1)
pixelpoints = np.transpose(np.nonzero(mask))
#pixelpoints = cv.findNonZero(mask)
```

这里有两种方法，一种是使用 Numpy 函数；另一种是使用 OpenCV 函数（最后一个注释行）给出相同的方法。两种方法的结果相同，但形式略有不同。Numpy 以（row，column）格式给出坐标，而 OpenCV 以（x，y）格式给出坐标。所以答案基本上是互换的。请注意，row = x 和 column = y。

最大值、最小值及其位置：可以使用掩模图像找到这些参数。

```
min_val, max_val, min_loc, max_loc = cv.minMaxLoc(imgray,mask = mask)
```

平均颜色或平均强度：在这里，可以找到对象的平均颜色。或者它可以是灰度模式下对象的平均强度。我们再次使用相同的掩码来完成它。

```
mean_val = cv.mean(im,mask = mask)
```

极值点：对象的最顶部、最底部、最右侧和最左侧的点。

```
leftmost = tuple(cnt[cnt[:,:,0].argmin()][0])
rightmost = tuple(cnt[cnt[:,:,0].argmax()][0])
topmost = tuple(cnt[cnt[:,:,1].argmin()][0])
bottommost = tuple(cnt[cnt[:,:,1].argmax()][0])
```

例如，如果将它应用在一个菱形上（见图 8.27），会得到以下的结果。

图 8.27 菱形的 4 个极值点

3. 颜色识别

OpenCV 中有 150 多种颜色空间转换的方法，但我们只研究使用最广泛两种 BGR2GRAY 和 BRG2HSV。

使用函数 cv.cvtColor(input_image，flag) 模式进行图像的颜色转换空间，其中 flag 确定转换类型。

进行 BGR/灰度模式转换，使用标志 cv.COLOR_BGR2GRAY。类似地，进行 BGR/HSV 模式转换，使用标志 cv.COLOR_BGR2HSV。要获取其他标志，只需在 Python 终端运行以下命令：

```
>>> import cv2 as cv
>>> flags = [i for i in dir(cv) if i.startswith('COLOR_')]
>>> print( flags )
```

注意：对于 HSV，Hue 范围是 [0,179]，饱和范围是 [0,255]，值范围是 [0,255]。不同的软件使用不同的规模。因此，如果要将 OpenCV 值与它们进行比较，则需要对这些范围进行标准化。

1）对象跟踪

我们已经知道了如何将图像的颜色模式由 BGR 转换为 HSV，我们还可以更进一步地利用 HSV 模式来提取彩色对象。在 HSV 模式中，表示颜色比在 BGR 颜色空间中更容易。在我们的应用程序中，我们将尝试提取蓝色对象，方法如下：

（1）提取视频的每一帧。

（2）从 BGR 转换为 HSV 色彩空间。

（3）将 HSV 颜色字典的数值设置为蓝色所对应数值。

（4）单独提取蓝色对象。

我们可以对我们想要的图像做任何事情。

以下是注释详细的代码：

```
import cv2 as cv
import numpy as np
cap = cv.VideoCapture(0)
while(1):
    # Take each frame
```

```
_, frame = cap.read()
# Convert BGR to HSV
hsv = cv.cvtColor(frame, cv.COLOR_BGR2HSV)
# define range of blue color in HSV
lower_blue = np.array([110,50,50])
upper_blue = np.array([130,255,255])
# Threshold the HSV image to get only blue colors
mask = cv.inRange(hsv, lower_blue, upper_blue)
# Bitwise-AND mask and original image
res = cv.bitwise_and(frame,frame, mask= mask)
cv.imshow('frame',frame)
cv.imshow('mask',mask)
cv.imshow('res',res)
k = cv.waitKey(5) & 0xFF
if k == 27:
    break
cv.destroyAllWindows()
```

图8.28显示了提取的蓝色物体。

图 8.28 蓝色记号笔识别

这是对象跟踪中最简单的方法。一旦你学习了轮廓的功能，就可以做很多事情，比如找到这个物体的质心，并用它来追踪物体，只需在镜头前移动你的手和许多其他有趣的东西来绘制图表。

2）如何找到要跟踪的 HSV 值

这是 stackoverflow.com 中常见的问题。它非常简单，你可以使用相同的函数 cv.cvtColor()。你只需传递所需的 BGR 值，而不是传递图像。例如，要查找 Green 的 HSV 值，请在 Python 终端尝试以下命令：

```
>>> green = np.uint8([[[0,255,0 ]]])
>>> hsv_green = cv.cvtColor(green,cv.COLOR_BGR2HSV)
```

```
>>> print( hsv_green )
[[[ 60 255 255]]]
```

现在分别将 [H-10,100,100] 和 [H + 10,255,255] 作为下限和上限。除了这种方法，还可以使用任何图像编辑工具（如 GIMP 或任何在线转换器）来查找这些值，但不要忘记调整 HSV 的范围。

8.3 综合应用

综合应用 DEMO。

通过对以上音频和视频处理的了解，现在来实现一个综合应用 DEMO。

主要内容为：Roban 机器人被唤醒后，辨别并面向声源处后，向声源处前行，将途中识别面积最大的人脸视为唤醒者，同时识别人物性别和年龄。走到唤醒者面前 30~80cm 位置时，做基本问候，问候结束，紧接着进行自我介绍，介绍完毕后，进行水果识别。运行聊天机器人 wukong-robot，让 Roban 机器人跳舞，接着开始跳舞。

该综合应用 DEMO 文件路径为：

```
/home/lemon/robot_ros_application/catkin_ws/src/ros_actions_node/scripts/integrated_
    apply.py
```

8.3.1 基本原理

综合 DEMO 的工作原理：首先通过"灵犀灵犀"唤醒词唤醒 Roban 机器人，当检测到麦克风被唤醒的消息后，机器人会辨别声源位置，并进入步态，转向面对声源位置，随后通过 OpenCV 进行人脸检测，识别声源方向上的最大人脸，并视为唤醒者，然后走到唤醒者前的 30~80cm 处，然后通过微软 API 识别人脸属性，如果是 0~30 岁男性，Roban 会说问候语："你好，小哥哥"；如果是 0~30 岁女性，Roban 会说问候语："你好，小姐姐"；如果是 31 岁以上的男性，Roban 会说问候语："你好，先生"；如果是 31 岁以上的女性，Roban 会说问候语："你好，女士"；随后做自我介绍："我是鲁班，'鲁班'源自同名的古代创新工匠。我的英文名叫 Roban。我热衷机器人学，我的身体配备了 22 个舵机和丰富的传感器，最擅长模仿人类行为。跳舞、瑜伽都是我的看家本领。我认识很多水果哦，快来考考我吧！"

然后进行水果识别，可拿起苹果、香蕉、橙子、梨、火龙果放在 Roban 面前（摄像头）让其识别，如果识别到苹果，Roban 会说："这是苹果，富含矿物质和维生素，有助于代谢掉体内的多余盐分，苹果酸可代谢热量，防止下半身肥胖"；如果识别到香蕉，Roban 会说："吃香蕉有助肠道消化"；如果识别到橙子，Roban 会说："橙子富含维生素 C，还具有抗氧化功能，女士多吃橙子能变美";如果识别到梨,Roban 会说:"这是梨,有润嗓去火的功效,如果你是主播,可以多吃梨";如果识别到火龙果,Roban 会说:"火龙果,养生爱好者热衷的水果之一,几乎不含蔗糖和果糖"。

跳舞功能:运行聊天机器人 wukong-robot,然后通过"灵犀灵犀"唤醒词唤醒,对 Roban 说包含关键词(跳舞、跳个舞、跳支舞、舞蹈)的句子,随后,Roban 会说:"那我为大家表演一小段,希望大家喜欢",并请求 ROS 跳舞服务,接着开始跳舞。

8.3.2 主要接口

人脸检测与人脸识别接口见表 8.3。

表 8.3 人脸检测与人脸识别接口

内容	API 接口
人脸检测	OpenCV Haar Cascade 分类器
人脸识别	https://southeastasia.api.cognitive.microsoft.com/face/v1.0/verify
水果识别	https://aip.baidubce.com/rest/2.0/image-classify/v1/classify/ingredient

ROS 接口见表 8.4。

表 8.4 ROS 接口

类型	名称	说明
话题	/micarrays/wakeup	唤醒机器人
服务	/ros_face_node/face_detect	人脸检测服务
服务	/ros_vision_node/face_detect	人脸识别服务
服务	/ros_fruit_node/fruit_cognition	水果识别服务

8.3.3 运行方式

在 ROS 终端,首先通过以下指令占用 BodyHub,使其可控制舵机运动。

```
rosservice call /MediumSize/BodyHub/StateJump 2 setStatus
```

然后在终端运行 python integrated_apply.py 即可启动综合应用 DEMO 程序。

8.4 颜色识别实践

8.4.1 HSV 颜色模型介绍

HSV(Hue, Saturation, Value)颜色模型是根据颜色的直观特性由 A. R. Smith 在 1978 年创建的一种颜色空间,也称六角锥体模型(Hexcone Model)。这个模型中颜色的参数分别是色调(H)、饱和度（S）、亮度（V）。

H：用角度度量，取值范围为 0°～360°，从红色开始按逆时针方向计算，红色为 0°，绿色为 120°，蓝色为 240°。它们的补色是：黄色为 60°，青色为 180°，品红为 300°；S：取值范围为 0.0～1.0；V：取值范围为 0.0（黑色）～1.0（白色）。

RGB 和 CMY 颜色模型都是面向硬件的，而 HSV 颜色模型是面向用户的。HSV 颜色模型的三维表示从 RGB 立方体演化而来（见图 8.29）。设想从 RGB 沿立方体对角线的白色顶点向黑色顶点观察，就可以看到立方体的六边形外形。六边形边界表示色彩，水平轴表示纯度，明度沿垂直轴测量。

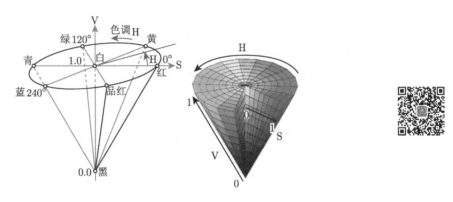

图 8.29　HSV 颜色模型的三维表示

对于基本色中对应的 H、S、V 分量需要给定一个严格的范围。OpenCV 的颜色范围：H 为 0～180；S 为 0～255；V 为 0～255。

8.4.2　识别小球

识别小球，可以使用颜色识别，也可以使用霍夫变换检测圆形的方法。本节介绍颜色识别。识别小球的基本思路如下：

（1）根据设定的阈值，将图像数据进行颜色空间变换，通过将 RGB 颜色空间转换到 HSV 颜色空间。

（2）使用指定的 HSV 颜色范围二值化转换后的图像数据，得到目标颜色区域，对目标颜色区域进行闭操作，滤除噪声。

（3）对二值图像进行轮廓查找，若有多个轮廓，找到面积最大的轮廓，计算出轮廓的矩，找到矩心。

颜色检测代码如下：

```
class ColorObject:
    def __init__(self,lower,upper,cName='none'):
```

```
        self.coLowerColor = lowe
        self.coUpperColor = upper
        self.coResult = {'find':False, 'name':cName}

    def detection(self,image):
        blurred = cv2.GaussianBlur(image, (5, 5), 0) # 高斯模糊
        hsvImg = cv2.cvtColor(image, cv2.COLOR_BGR2HSV) # 转换颜色空间到HSV
        mask = cv2.inRange(hsvImg, self.coLowerColor, self.coUpperColor) # 对图片进行
            # 二值化处理
        mask = cv2.dilate(mask, None, iterations=2) # 膨胀操作
        mask = cv2.erode(mask, None, iterations=2) # 腐蚀操作
        contours = cv2.findContours(mask.copy(), cv2.RETR_EXTERNAL, cv2.CHAIN_APPROX_
            SIMPLE)[-2] # 寻找图中轮廓

        self.coResult['find'] = False
        if len(contours) > 0: # 如果存在至少一个轮廓，则进行如下操作
            c = max(contours, key=cv2.contourArea) # 找到面积最大的轮廓
            self.coResult['boundingR'] = cv2.boundingRect(c) #x,y,w,h
            if self.coResult['boundingR'][2]>5 and self.coResult['boundingR'][3]>5:
                M = cv2.moments(c)
                self.coResult['Cx'] = int(M['m10'] / M['m00'])
                self.coResult['Cy'] = int(M['m01'] / M['m00'])
                self.coResult['contour'] = c
                self.coResult['find'] = True

        return self.coResult
```

其中，self.coLowerColor 为目标颜色的低阈值；self.coUpperColor 为目标颜色的高阈值；self.coResult['Cx'] 和 self.coResult['Cy'] 为轮廓矩心在图像上的坐标。

检测代码如下：

```
# HSV阈值
lowerRed = np.array([165, 128, 128])
upperRed = np.array([180, 224, 255])
ball = imgPrcs.ColorObject(lowerRed, upperRed) # 定义小球
```

```
result = ball.detection(originImage) # 小球检测
imgPrcs.putVisualization(originImage, result) # 画框
```

检测结果如图8.30所示。

图 8.30　球体检测结果

8.4.3　追踪小球

识别与定位小球后，便可控制机器人目光焦点来追踪小球，基本思路如下：

（1）获取小球在屏幕上的坐标，分别计算小球坐标与屏幕中心（机器人目光焦距）的 x 距离和 y 距离。

（2）将距离作为输入误差，使用增量式 PID 计算机器人头的俯仰（pitch）角增量和偏转 yaw 角增量，控制机器人，使小球保持在屏幕中心（机器人目光焦距）处。

PID 控制代码如下：

```
idList = [21,22]
valueList = [0,0]
zAxisLimit, yAxisLimit = 80, 30

xPid = pidAlg.PositionPID(p=0.05,d=0.0) # x方向上的pid
yPid = pidAlg.PositionPID(p=0.04,d=0.0) # y方向上的pid

# HSV阈值
lowerRed = np.array([165, 128, 128])
upperRed = np.array([180, 224, 255])
ball = imgPrcs.ColorObject(lowerRed, upperRed) # 定义小球

def watchBallLoop():
    global valueList
```

```
result = ball.detection(originImage) # 小球检测
if result['find'] != False:
    xError = originImage.shape[1]/2.0 - result['Cx']
    yError = originImage.shape[0]/2.0 - result['Cy'] # 计算误差
    if (abs(xError) > 4) or (abs(yError) > 4):
        valueList[0] = valueList[0] + xPid.run(xError)
        valueList[1] = valueList[1] + (-yPid.run(yError))
        # 输出限幅
        valueList[0] = valueList[0] > zAxisLimit and zAxisLimit or valueList[0]
        valueList[0] = valueList[0] < -zAxisLimit and -zAxisLimit or valueList[0]
        valueList[1] = valueList[1] > yAxisLimit and yAxisLimit or valueList[1]
        valueList[1] = valueList[1] < -yAxisLimit and -yAxisLimit or valueList[1]
        mCtrl.SendJointCommand(nodeControlId, idList, valueList) # 控制机器人
```

主程序如下：

```
loopRate = rospy.Rate(10)
while not rospy.is_shutdown():
    watchBallLoop()
    loopRate.sleep()
```

8.4.4　追踪多种颜色小球

在 8.4.3 节的基础上，可实现同时追踪红色小球和蓝色小球，基本思路如下：

（1）在检测颜色列表中指定一个目标颜色。

（2）检测目标颜色对象。

（3）若检测到小球，输出 log 信息，并控制机器人使小球保持在屏幕中心，继续执行步骤（2）；若没有检测到小球，执行步骤（4）。

（4）目标颜色若是列表中的最后一个颜色，指定列表中的第 1 个颜色为新的目标颜色，否则在列表中指定当前颜色的下一个颜色为新的目标颜色，执行步骤（2）。

检测代码如下：

```
targetColorIndex = 0
targetColorList = ['red','blue']

targetColor = targetColorList[0]
lastTargetColor = targetColorList[0]
```

```
ballList = []
ballList.append(imgPrcs.ColorObject(lowerRed, upperRed, tergetColorList[0]))
ballList.append(imgPrcs.ColorObject(lowerBlue, upperBlue, tergetColorList[0]))


def detectionBall():
    global tergetColorIndex, tergetColorList, tergetColor, lastTargetColor
    if tergetColor == tergetColorList[tergetColorIndex]:
        result = ballList[tergetColorIndex].detection(originImage)
        if result['find'] == True:
            if lastTargetColor != tergetColorList[tergetColorIndex]:
                lastTargetColor = tergetColor
                print '%s ball detected'%(tergetColorList[tergetColorIndex])
            return result
        else:
            lastTargetColor = tergetColor
            tergetColor = tergetColorList[tergetColorIndex < len(tergetColorList)-1
                and tergetColorIndex+1 or 0]

    tergetColorIndex = tergetColorIndex < len(tergetColorList)-1 and tergetColorIndex
        +1 or 0
    return None
```

PID 控制代码:

```
def watchBallLoop():
    global valueList
    result = detectionBall()
    if result is not None:
        xError = originImage.shape[1]/2.0 - result['Cx']
        yError = originImage.shape[0]/2.0 - result['Cy']
        if (abs(xError) > 4) or (abs(yError) > 4):
            valueList[0] = valueList[0] + xPid.run(xError)
            valueList[1] = valueList[1] + (-yPid.run(yError))
            # output limiting
            valueList[0] = valueList[0] > zAxisLimit and zAxisLimit or valueList[0]
            valueList[0] = valueList[0] < -zAxisLimit and -zAxisLimit or valueList[0]
            valueList[1] = valueList[1] > yAxisLimit and yAxisLimit or valueList[1]
```

```
valueList[1] = valueList[1] < -yAxisLimit and -yAxisLimit or valueList[1]
mCtrl.SendJointCommand(nodeControlId, idList, valueList)
```

8.5 人脸识别实践

人脸识别实践，主要是实现一个 Roban 机器人头部舵机跟踪人脸，使人脸一直处于头部摄像头中间的一个综合应用。下面给出调用 OpenCV 中基于 Haar 特征的人脸检测，进行人脸跟踪的示例。

1. Harr 特征

Haar 特征包含三种：边缘特征、线性特征和对角线特征。每种分类器都从图片中提取出对应的特征。图8.31所示为 Haar 特征包。

如图8.32所示，横的黑道将人脸中较暗的双眼提取了出来，而竖的白道将人脸中较亮的鼻梁提取了出来。

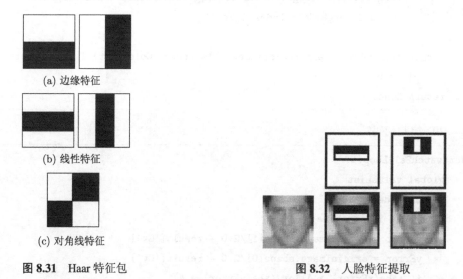

(a) 边缘特征

(b) 线性特征

(c) 对角线特征

图 8.31 Haar 特征包   图 8.32 人脸特征提取

这种分类器又很像卷积核。卷积核也是从图片中提取指定特征的筛选器。

2. Cascade 级联分类器

基于 Haar 特征的 Cascade 级联分类器是 Paul Viola 和 Michael Jone 在 2001 年的论文 *Rapid Object Detection using a Boosted Cascade of Simple Features* 中提出的一种有效的物体检测方法。

（1）Cascade 级联分类器的训练方法为 Adaboost。

（2）级联分类器的函数是通过大量"带人脸"和"不带人脸"的图片通过机器学习得到的。对于人脸识别来说，需要几万个特征，通过机器学习找出人脸分类效果最好、错误率最小的特征。训练开始时，所有训练集中的图片具有相同的权重，对于被分类错误的图片，提升权重，重新计算出新的错误率和新的权重。直到错误率或迭代次数达到要求，这种方法叫作"Adaboost"。

（3）在 OpenCV 中可以直接调用级联分类器函数。

（4）将弱分类器聚合成强分类器。最终的分类器是这些弱分类器的加权和。之所以称之为弱分类器是因为每个分类器不能单独分类图片，但是将它们聚集起来就形成了强分类器。论文表明，只需要 200 个特征的分类器在检测中的精确度达到了 95。

3. 级联的含义

事实上，一张图片绝大部分的区域都不是人脸。如果对一张图片的每个角落都提取 6000 个特征，将会浪费巨量的计算资源。

如果能找到一个简单的方法能够检测某个窗口是不是人脸区域，如果该窗口不是人脸区域，那么就只看一眼便直接跳过，也就不用进行后续处理了，这样就能集中精力判别那些可能是人脸的区域。为此，有人引入了 Cascade 分类器。它不是将 6000 个特征都用在一个窗口，而是将特征分为不同的阶段，然后一个阶段一个阶段地应用这些特征（通常情况下，前几个阶段只有很少量的特征）。如果窗口在第一个阶段就检测失败了，那么就直接舍弃它，无须考虑剩下的特征。如果检测通过，则考虑第二阶段的特征并继续处理。如果所有阶段的都通过了，那么这个窗口就是人脸区域。作者的检测器将 6000+ 的特征分为了 38 个阶段，前 5 个阶段分别有 1、10、25、25、50 个特征（前文图中提到的识别眼睛和鼻梁的两个特征实际上是由 Adaboost 中得到的最好的两个特征）。根据作者所述，平均每个子窗口只需要使用 6000+ 个特征中的 10 个左右。

本例程的人脸特征文件位于

```
> '/home/lemon/robot_ros_application/catkin_ws/src/ros_actions_node/scripts/tracking/
   haarcascade_frontalface_alt2.xml'
```

4. PID 控制算法

PID 控制是一种线性调节器，它将目标值 Setpoint 与实际输出值 Output 的偏差的比例（P）、积分（I）、微分（D）通过线性组合构成控制量，对控制对象进行控制。

1）PID 调节器各环节的作用

（1）比例环节：即时成比例地反映控制系统的偏差信号 $e(t)$，偏差一旦产生，调节器立即产生控制作用以减小偏差。

（2）积分环节：主要用于消除静差，提高系统的无差度。积分作用的强弱取决于积分时间常数 T_i，T_i 越大，积分作用越弱，反之则越强。

（3）微分环节：能反映偏差信号的变化趋势（变化速率），并能在偏差信号的值变得太大之前，在系统中引入一个有效的早期修正信号，从而加快系统的动作速度，减小调节时间。

图 8.33 所示为 PID 控制系统框图。

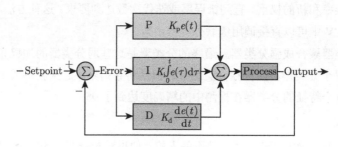

图 8.33 PID 控制系统框图

2）PID 控制的形式

（1）位置式 PID 控制

公式：

$$u(t) = K_{\mathrm{p}}\left[e(t) + \frac{T}{T_{\mathrm{i}}}\int_0^t e(t)\mathrm{d}t + \frac{T_{\mathrm{d}}}{T}\frac{\mathrm{d}e(t)}{\mathrm{d}(t)}\right]$$

式中，$u(t)$ 为控制系统的输出；$e(t)$ 为控制系统的输入，一般为设定量与被控量的差，即 $e(t) = r(t) - c(t)$；K_{p} 为控制系统的比例系数；T_{i} 为控制系统的积分时间；T_{d} 为控制系统的微分时间；T 为系统采样周期。

由于计算机控制是一种采样控制，它只能根据采样时刻的偏差值计算控制量，在计算机控制系统中，PID 控制规律的实现必须用数值逼近的方法，当采样周期相当短时，用求和代替积分、用后向差分代替微分，使模拟 PID 离散化变为差分方程。

离散化公式：

$$u(k) = K_{\mathrm{p}}\left\{e(t) + \frac{T}{T_{\mathrm{i}}}\sum_{i=1}^k e(i) + \frac{T_{\mathrm{d}}}{T}[e(k) - e(k-1)]\right\}$$

位置式 PID 控制算法，适用于不带积分元件的执行器，执行器的动作位置与其输入信号呈一一对应的关系。控制器根据第 k 次被控变量采样结果与设定值之间的偏差 $e(k)$ 计算出第 k 次采样之后所输出的控制变量。

（2）增量式 PID 控制

增量式 PID 控制算法，即输出量为控制量的增量（用 $\Delta u(k)$ 表示）控制系统。算法在应用时，输出的控制量 $\Delta u(k)$ 相对的是本次实行设备的位置增量，并非相对实行设备的现实位置，所以该算法需要实行设备应该对控制量增量进行累积，才能实现对被控系统的控制。由 $\Delta u(k) =$

$u(k) - u(k-1)$ 可得到：

$$\Delta u(k) = K_{\mathrm{p}} \left\{ [e(k) - e(k-1)] + \frac{T}{T_{\mathrm{i}}} e(k) + \frac{T_{\mathrm{d}}}{T} [e(k) - 2e(k-1) + e(k-2)] \right\}$$

增量式 PID 控制中没有累加环节，不用大量的计算，控制增量值 $\Delta u(k)$ 与系统最近的三次的采样值有关，方便使用加权处理达到良好的控制效果；每次计算机输出的仅仅是控制增量，即相对执行设备位置的改变量。

常用的控制方式：

（1）P 控制：$u(k) = K_{\mathrm{p}} \cdot e(t) + u_0$

（2）PI 控制：$u(k) = K_{\mathrm{p}} \cdot e(t) + K_{\mathrm{p}} \cdot \frac{T}{T_{\mathrm{i}}} \sum_{i=1}^{k} e(i) + u_0$

（3）PD 控制：$u(k) = K_{\mathrm{p}} \cdot e(t) + K_{\mathrm{p}} \cdot \frac{T_{\mathrm{d}}}{T} [e(k) - e(k-1)] + u_0$

（4）PID 控制：$u(k) = K_{\mathrm{p}} \cdot e(t) + K_{\mathrm{p}} \cdot \frac{T}{T_{\mathrm{i}}} \sum_{i=1}^{k} e(i) + K_{\mathrm{p}} \cdot \frac{T_{\mathrm{d}}}{T} [e(k) - e(k-1)] + u_0$

5. 人脸跟踪的示例基本原理

首先订阅头部摄像头发布的话题消息，获取 RGB 图像，然后将图片输入 Haar 特征分类器进行人脸检测，返回图片中所有人脸矩形的左上角坐标和宽高信息，通过返回的信息，计算人脸矩形的面积，得到面积最大的矩形对应的人脸作为跟踪目标，然后计算人脸坐标与图片中心点坐标的距离，通过 PID 控制算法得到下发给舵机的角度值，并下发指令控制舵机做出相应运动。

在 Roban 机器人人脸跟踪案例中（见图 8.34），首先会从整张图片中检测人脸，当检测到人脸后，保存目标人脸作为模板，以后会在当前人脸区域的两倍范围内继续检测，如果偶尔检测人脸失败时，这时会用到 OpenCV 中的模板匹配函数：matchTemplate，将之前保存的人脸模板

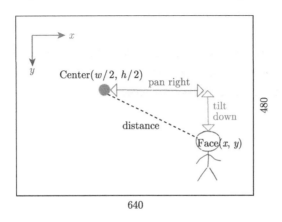

图 8.34 Roban 机器人人脸跟踪

　　与图片进行匹配,得到人脸信息,随后继续在当前人脸两倍范围内检测,如果检测人脸失败超时,则会继续从整张图片中检测人脸。程序会一直运行,直到收到终止指令。

　　从相机获取的 RGB 图像,由于图片大小固定,所以图像中点坐标是固定的,机器人头部由两个舵机控制,一个负责水平旋转(左右摇头),一个负责上下旋转(上下点头),计算人脸中点到图片中点的水平距离(pan right)和垂直距离(tilt down),然后分别计算两个舵机的步进值,从而控制舵机跟踪人脸。

　　示例代码如下:

```python
#!/usr/bin/Python
import sys
import os
import cv2
import signal
import Queue
import rospy
from sensor_msgs.msg import Image
from cv_bridge import CvBridge, CvBridgeError
import array
import time
import threading
from bodyhub.srv import * # for SrvState.srv
from bodyhub.msg import JointControlPoint
from lejulib import *


SERVO = client_action.SERVO
QUEUE_IMG = Queue.Queue(maxsize=2)
bridge = CvBridge()
faceadd = "/home/lemon/robot_ros_application/catkin_ws/src/ros_actions_node/scripts/
    tracking/haarcascade_frontalface_alt2.xml"
face_detector = cv2.CascadeClassifier(faceadd)



class FaceConfig:
    def __init__(self):
        self.running = True
        self.size = 0.5
```

```
            self.face = 0, 0, 0, 0
            self.face_roi = 0, 0, 0, 0
            self.face_template = None
            self.found_face = False
            self.template_matching_running = False
            self.template_matching_start_time = 0
            self.template_matching_current_time = 0
            self.center_x = 160
            self.center_y = 120
            self.pan = 0
            self.tlt = 0
            self.error_pan = 0
            self.error_tlt = 0
            self.HeadJointPub = rospy.Publisher('MediumSize/BodyHub/HeadPosition',
                JointControlPoint, queue_size=100)


Face = FaceConfig()


def doubleRectSize(input_rect, keep_inside):
    xi, yi, wi, hi = input_rect
    xk, yk, wk, hk = keep_inside
    wo = wi * 2
    ho = hi * 2
    xo = xi - wi // 2
    yo = yi - hi // 2
    if wo > wk:
        wo = wk
    if ho > hk:
        ho = hk
    if xo < xk:
        xo = xk
    if yo < yk:
        yo = yk
```

```
        if xo + wo > wk:
            xo = wk - wo
        if yo + ho > hk:
            yo = hk - ho
        return xo, yo, wo, ho


def face_size(face):
    x, y, w, h = face
    return w * h


def face_filter(face_list):
    face_size_list = map(face_size, face_list)
    target_index = face_size_list.index(max(face_size_list))
    return face_list[target_index]


def detectFaceAllSizes(frame):
    """Detect using cascades over whole image

    :param frame:
    :return:
    """
    gray = cv2.cvtColor(frame, cv2.COLOR_BGR2GRAY)
    face_locations = face_detector.detectMultiScale(
        gray, scaleFactor=1.1, minNeighbors=3, minSize=(frame.shape[1] / 12, frame.
            shape[0] / 12),
        maxSize=(2 * frame.shape[1] / 3, 2 * frame.shape[1] / 3))
    if len(face_locations) <= 0:
        Face.face = 0, 0, 0, 0
        return
    Face.found_face = True
    Face.face = face_filter(face_locations)
    Face.face_template = frame[Face.face[1]:(Face.face[1] + Face.face[3]),
```

```
                            Face.face[0]:(Face.face[0] + Face.face[2])].copy()
    Face.face_roi = doubleRectSize(Face.face, (0, 0, frame.shape[1], frame.shape[0]))



def detectFaceAroundRoi(frame):
    """Detect using cascades only in ROI

    :param frame:
    :return:
    """
    face_tem = frame[Face.face_roi[1]:Face.face_roi[1] + Face.face_roi[3],
            Face.face_roi[0]:Face.face_roi[0] + Face.face_roi[2]]
    gray = cv2.cvtColor(face_tem, cv2.COLOR_BGR2GRAY)
    face_locations = face_detector.detectMultiScale(
        gray, scaleFactor=1.1, minNeighbors=3, minSize=(frame.shape[1] / 12, frame.
            shape[0] / 12),
        maxSize=(2 * frame.shape[1] / 3, 2 * frame.shape[1] / 3))
    if len(face_locations) <= 0:
        Face.template_matching_running = True
        if Face.template_matching_start_time == 0:
            Face.template_matching_start_time = cv2.getTickCount()
        return
    Face.template_matching_running = False
    Face.template_matching_current_time = 0
    Face.template_matching_start_time = 0

    Face.face = face_filter(face_locations)
    Face.face[0] += Face.face_roi[0]
    Face.face[1] += Face.face_roi[1]
    Face.face_template = frame[Face.face[1]:Face.face[1] + Face.face[3],
                    Face.face[0]:Face.face[0] + Face.face[2]].copy()
    Face.face_roi = doubleRectSize(Face.face, (0, 0, frame.shape[1], frame.shape[0]))
```

```python
def detectFacesTemplateMatching(frame):
    """Detect using template matching

    :param frame:
    :return:
    """
    gray = cv2.cvtColor(frame, cv2.COLOR_BGR2GRAY)
    Face.template_matching_current_time = cv2.getTickCount()
    duration = (Face.template_matching_current_time - Face.template_matching_start_
        time) / cv2.getTickFrequency()
    if duration > 1:
        Face.found_face = False
        Face.template_matching_running = False
        Face.template_matching_start_time = 0
        Face.template_matching_current_time = 0
    target = gray[Face.face_roi[1]:Face.face_roi[1] + Face.face_roi[3],
            Face.face_roi[0]:Face.face_roi[0] + Face.face_roi[2]]
    Face.face_template = cv2.cvtColor(Face.face_template, cv2.COLOR_BGR2GRAY)
    res = cv2.matchTemplate(target, Face.face_template, cv2.TM_CCOEFF)
    min_val, max_val, min_loc, max_loc = cv2.minMaxLoc(res)
    max_x = max_loc[0] + Face.face_roi[0]
    max_y = max_loc[1] + Face.face_roi[1]


    Face.face = max_x, max_y, Face.face[2], Face.face[3]
    Face.face_template = frame[Face.face[1]:Face.face[1] + Face.face[3],
                    Face.face[0]:Face.face[0] + Face.face[2]].copy()
    Face.face_roi = doubleRectSize(Face.face, (0, 0, frame.shape[1], frame.shape[0]))


def show_face(face):
    face_cx = (face[0] + face[2] / 2) / Face.size
    face_cy = (face[1] + face[3] / 2) / Face.size
    client_label.set_camera_label((255, 0, 0), (face_cx, face_cy), face[2]/Face.size,
        face[3]/Face.size)
```

```python
def detectFace():
    rate = rospy.Rate(100)
    while not Face.found_face and Face.running:
        time.sleep(0.01)
        if not QUEUE_IMG.empty():
            frame = QUEUE_IMG.get()
        else:
            continue
        detectFaceAllSizes(frame)
        show_face(Face.face)

        while Face.found_face and Face.running:
            rate.sleep()
            if not Face.face_template.any():
                continue
            if not QUEUE_IMG.empty():
                frame = QUEUE_IMG.get()
            else:
                continue
            detectFaceAroundRoi(frame)
            if Face.template_matching_running:
                detectFacesTemplateMatching(frame)
            show_face(Face.face)


def async_do_job(func):
    async = threading.Thread(target=func)
    async.setDaemon(True)
    async.start()


def set_head_servo(angles):
    """set head servos angle

    :param angles:[pan, tilt]
```

```
    :return:
    """
    angles = array.array("d", angles)
    Face.HeadJointPub.publish(positions=angles, mainControlID=2)
    time.sleep(0.01)


def terminate(data):
    """Terminate all threads
    """
    rospy.loginfo(data.data)
    Face.running = False


def thread_face_center():
    while Face.running:
        time.sleep(0.01)
        face_x = Face.face[0] + Face.face[2] / 2
        face_y = Face.face[1] + Face.face[3] / 2
        if face_x == 0 and face_y == 0:
            face_x = Face.center_x
            face_y = Face.center_y
        Face.error_pan = Face.center_x - face_x
        Face.error_tlt = Face.center_y - face_y
        rospy.logdebug("Face.error_pan,Face.error_tlt %f,%f", Face.error_pan, Face.
            error_tlt)
def thread_set_servos():
    set_head_servo([Face.pan, Face.tlt])
    step = 0.01
    while Face.running:
        if abs(Face.error_pan) > 15 or abs(Face.error_tlt) > 15:
            if abs(Face.error_pan) > 15:
                Face.pan += step * Face.error_pan
            if abs(Face.error_tlt) > 15:
                Face.tlt += step * Face.error_tlt
```

```
            if Face.pan > 90.0:
                Face.pan = 90.0
            if Face.pan < -90.0:
                Face.pan = -90.0
            if Face.tlt > 45.0:
                Face.tlt = 45.0
            if Face.tlt < -45.0:
                Face.tlt = -45.0
            set_head_servo([Face.pan, -Face.tlt])
        else:
            time.sleep(0.01)




def image_callback(msg):
    try:
        cv2_img = bridge.imgmsg_to_cv2(msg, "bgr8")
    except CvBridgeError as err:
        print(err)
    else:
        cv2_img = cv2.resize(cv2_img, (0, 0), fx=Face.size, fy=Face.size)
        if QUEUE_IMG.full():
            QUEUE_IMG.get()
        QUEUE_IMG.put(cv2_img, block=True)




def main():
    try:
        rospy.init_node("face_tracking", anonymous=True)
        rospy.sleep(0.2)
        client_controller.send_video_status(True, "/camera/label/image_raw",width=640,
            height=480)
        image_topic = "/camera/color/image_raw"
        rospy.Subscriber(image_topic, Image, image_callback)
        rospy.Subscriber('terminate_current_process', String, terminate)
```

```
        async_do_job(detectFace)
        async_do_job(thread_face_center)
        async_do_job(thread_set_servos)
        while Face.running:
            time.sleep(0.01)

    except Exception as err:
        serror(err)
    finally:
        client_controller.send_video_status(False, "/camera/label/image_raw",width
            =640,height=480)
        SERVO.HeadJointTransfer([0,0],time=1000)
        SERVO.MotoWait()
        finishsend()

if __name__ == '__main__':
    main()
```

代码解析：

```
# 首先导入程序所需要的库和ROS相关的消息，
SERVO = client_action.SERVO
QUEUE_IMG = Queue.Queue(maxsize=2)
bridge = CvBridge()
faceadd = "/home/lemon/robot_ros_application/catkin_ws/src/ros_actions_node/scripts/
    tracking/haarcascade_frontalface_alt2.xml"
face_detector = cv2.CascadeClassifier(faceadd)
# 然后定义动作执行实例 SERVO,
# 定义存储图像的队列 QUEUE_IMG, 图像转换实例 bridge,
# 定义基于 Haar 特征的人脸检测分类器 face_detector

Face = FaceConfig()
# 定义一个人脸参数类，用于处理人脸跟踪中各种参数变化，以及舵机值下发
# Face.size:处理图片的比例, Face.face:存储识别到的最大人脸区域,
# Face.face_roi:存储识别到人脸的两倍区域, Face.face_template:存储人脸模板,
# Face.HeadJointPub:下发舵机值，控制舵机运动
```

```
doubleRectSize(input_rect, keep_inside)
# doubleRectSize 函数，返回当前人脸区域的两倍的一个区域


def detectFaceAllSizes(frame):
    """Detect using cascades over whole image


    :param frame:
    :return:
    """
    gray = cv2.cvtColor(frame, cv2.COLOR_BGR2GRAY)
    face_locations = face_detector.detectMultiScale(
        gray, scaleFactor=1.1, minNeighbors=3, minSize=(frame.shape[1] / 12, frame.
            shape[0] / 12),
        maxSize=(2 * frame.shape[1] / 3, 2 * frame.shape[1] / 3))
    if len(face_locations) <= 0:
        Face.face = 0, 0, 0, 0
        return
    Face.found_face = True
    Face.face = face_filter(face_locations)
    Face.face_template = frame[Face.face[1]:(Face.face[1] + Face.face[3]),
                    Face.face[0]:(Face.face[0] + Face.face[2])].copy()
    Face.face_roi = doubleRectSize(Face.face, (0, 0, frame.shape[1], frame.shape[0]))
# 首先使用 cv2.cvtColor 进行灰度处理
# 从整张图片中检测人脸，使用基于 Haar 特征的人脸检测分类器 face_detector 来进行人脸检测
# Face.face = face_filter(face_locations) 返回最大人脸区域赋给 Face.face
# 然后将人脸区域生成模板赋给 Face.face_template
# 同时确定使用 doubleRectSize 函数，确定人脸区域两倍的区域，用于后面检测


def detectFaceAroundRoi(frame):
    """Detect using cascades only in ROI


    :param frame:
    :return:
    """
    face_tem = frame[Face.face_roi[1]:Face.face_roi[1] + Face.face_roi[3],
```

```
                Face.face_roi[0]:Face.face_roi[0] + Face.face_roi[2]]
    gray = cv2.cvtColor(face_tem, cv2.COLOR_BGR2GRAY)
    face_locations = face_detector.detectMultiScale(
        gray, scaleFactor=1.1, minNeighbors=3, minSize=(frame.shape[1] / 12, frame.
            shape[0] / 12),
        maxSize=(2 * frame.shape[1] / 3, 2 * frame.shape[1] / 3))
    if len(face_locations) <= 0:
        Face.template_matching_running = True
        if Face.template_matching_start_time == 0:
            Face.template_matching_start_time = cv2.getTickCount()
        return
    Face.template_matching_running = False
    Face.template_matching_current_time = 0
    Face.template_matching_start_time = 0


    Face.face = face_filter(face_locations)
    Face.face[0] += Face.face_roi[0]
    Face.face[1] += Face.face_roi[1]
    Face.face_template = frame[Face.face[1]:Face.face[1] + Face.face[3],
                    Face.face[0]:Face.face[0] + Face.face[2]].copy()
    Face.face_roi = doubleRectSize(Face.face, (0, 0, frame.shape[1], frame.shape[0]))
# 从人脸区域两倍的区域中进行人脸检测,可提高检测效率
# 同上将新检测的人脸区域赋给 Face.face,同时更新生成模板
# 更新人脸区域两倍的区域


def detectFacesTemplateMatching(frame):
    """Detect using template matching

    :param frame:
    :return:
    """
    gray = cv2.cvtColor(frame, cv2.COLOR_BGR2GRAY)
    Face.template_matching_current_time = cv2.getTickCount()
    duration = (Face.template_matching_current_time - Face.template_matching_start_
        time) / cv2.getTickFrequency()
```

```
    if duration > 1:
        Face.found_face = False
        Face.template_matching_running = False
        Face.template_matching_start_time = 0
        Face.template_matching_current_time = 0
    target = gray[Face.face_roi[1]:Face.face_roi[1] + Face.face_roi[3],
            Face.face_roi[0]:Face.face_roi[0] + Face.face_roi[2]]
    Face.face_template = cv2.cvtColor(Face.face_template, cv2.COLOR_BGR2GRAY)
    res = cv2.matchTemplate(target, Face.face_template, cv2.TM_CCOEFF)
    min_val, max_val, min_loc, max_loc = cv2.minMaxLoc(res)
    max_x = max_loc[0] + Face.face_roi[0]
    max_y = max_loc[1] + Face.face_roi[1]


    Face.face = max_x, max_y, Face.face[2], Face.face[3]
    Face.face_template = frame[Face.face[1]:Face.face[1] + Face.face[3],
                    Face.face[0]:Face.face[0] + Face.face[2]].copy()
    Face.face_roi = doubleRectSize(Face.face, (0, 0, frame.shape[1], frame.shape[0]))
# 如果偶尔从人脸区域两倍的区域中进行人脸检测失败，则用模板匹配进行人脸检测
# if duration > 1:这里有一个判断，当从人脸区域两倍的区域中进行人脸检测失败的时间超过1s，
    # 则返回从整张图片中检测人脸
# 同上将新检测的人脸区域赋给 Face.face，同时更新生成模板，更新人脸区域两倍的区域


def detectFace():
    rate = rospy.Rate(100)
    while not Face.found_face and Face.running:
        time.sleep(0.01)
        if not QUEUE_IMG.empty():
            frame = QUEUE_IMG.get()
        else:
            continue
        detectFaceAllSizes(frame)
        show_face(Face.face)
        while Face.found_face and Face.running:
            rate.sleep()
            if not Face.face_template.any():
```

```
                    continue
                if not QUEUE_IMG.empty():
                    frame = QUEUE_IMG.get()
                else:
                    continue
                detectFaceAroundRoi(frame)
                if Face.template_matching_running:
                    detectFacesTemplateMatching(frame)
                show_face(Face.face)
```
用于人脸检测的函数，首先会从整张图片中检测人脸，当检测到人脸后，保存目标人脸作为模板
以后会在当前人脸区域的两倍范围内继续检测，
如果偶尔检测人脸失败时，会用模板匹配得到人脸信息，随后继续在当前人脸两倍范围内检测
如果检测人脸失败超时时，则会继续从整张图片中检测人脸。程序会一直运行，直到收到终止指令

```
def thread_face_center():
    while Face.running:
        time.sleep(0.01)
        face_x = Face.face[0] + Face.face[2] / 2
        face_y = Face.face[1] + Face.face[3] / 2
        if face_x == 0 and face_y == 0:
            face_x = Face.center_x
            face_y = Face.center_y
        Face.error_pan = Face.center_x - face_x
        Face.error_tlt = Face.center_y - face_y
        rospy.logdebug("Face.error_pan,Face.error_tlt %f,%f", Face.error_pan, Face.
            error_tlt)
```
用于计算图像中点与人脸中的误差
水平误差: Face.error_pan = Face.center_x - face_x
竖直误差: Face.error_tlt = Face.center_y - face_y

```
def thread_set_servos():
    set_head_servo([Face.pan, Face.tlt])
    step = 0.01
    while Face.running:
        if abs(Face.error_pan) > 15 or abs(Face.error_tlt) > 15:
```

```
            if abs(Face.error_pan) > 15:
                Face.pan += step * Face.error_pan
            if abs(Face.error_tlt) > 15:
                Face.tlt += step * Face.error_tlt
            if Face.pan > 90.0:
                Face.pan = 90.0
            if Face.pan < -90.0:
                Face.pan = -90.0
            if Face.tlt > 45.0:
                Face.tlt = 45.0
            if Face.tlt < -45.0:
                Face.tlt = -45.0
            set_head_servo([Face.pan, -Face.tlt])
        else:
            time.sleep(0.01)
# 通过上面计算的误差, 主要通过PID中的P控制, 得到下发舵机值并下发给舵机
# 同时, 给舵机设置一下限位上下为[-90,90],左右为[-45,45]


def image_callback(msg):
    try:
        cv2_img = bridge.imgmsg_to_cv2(msg, "bgr8")
    except CvBridgeError as err:
        print(err)
    else:
        cv2_img = cv2.resize(cv2_img, (0, 0), fx=Face.size, fy=Face.size)
        if QUEUE_IMG.full():
            QUEUE_IMG.get()
        QUEUE_IMG.put(cv2_img, block=True)
# 订阅相机话题"/camera/color/image_raw"的回调函数
# 用于获取原始 RGB 图像, 并存于QUEUE_IMG  队列
```

主要用到的 ROS 消息见表 8.5。

程序流程框图如图 8.35 所示。

表 8.5　主要用到的 ROS 消息

名称（topic）	说明
/camera/color/image_raw	获取 RGB 图像
/camera/label/image_raw	发布标记后的视频流
/MediumSize/BodyHub/HeadPosition	下发舵机运动指令

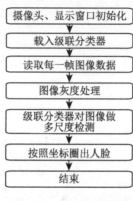

图 8.35　程序流程框图

运行方式：

在 ROS 终端，首先通过以下指令占用 BodyHub，使其可控制舵机运动。

```
rosservice call /MediumSize/BodyHub/StateJump 2 setStatus
```

然后在终端运行"python face_tracking_2.py"即可启动人脸识别跟踪 DEMO 程序。

8.6　数字识别实践

8.6.1　深度学习之 Keras

Keras 是一个用 Python 编写的高级神经网络 API，它能够以 TensorFlow、CNTK 或者 Theano 作为后端运行。Keras 的开发重点是支持快速的实验。能够在最短时间内把你的想法转换为实验结果，是做好研究的关键。

在我们的应用中，我们使用 TensorFlow 作为后端运行。

安装方式如下：

```
pip install keras==2.3.1
pip install tensorflow==2.1.0
```

1. Keras 简单使用

Keras 的核心数据结构是 model——一种组织网络层的方式。最简单的模型是 Sequential 顺序模型，它由多个网络层线性堆叠。对于更复杂的结构，应该使用 Keras 函数式 API，它允许构建任意的神经网络图。

Sequential 模型如下：

```
from keras.models import Sequential

model = Sequential()
```

可以简单地使用.add() 来堆叠模型：

```
from keras.layers import Dense

model.add(Dense(units=64, activation='relu', input_dim=100))
model.add(Dense(units=10, activation='softmax'))
```

在完成了模型的构建后，可以使用.compile() 来配置学习过程：

```
model.compile(loss='categorical_crossentropy',
              optimizer='sgd',
              metrics=['accuracy'])
```

如果需要，还可以进一步地配置优化器。Keras 的核心原则是使事情变得相当简单，同时又允许用户在需要的时候能够进行完全的控制（终极的控制是源代码的易扩展性）。

```
model.compile(loss=keras.losses.categorical_crossentropy,
    optimizer=keras.optimizers.SGD(lr=0.01, momentum=0.9, nesterov=True))
```

现在，可以批量地在训练数据上进行迭代了：

```
# x_train 和 y_train 是 Numpy 数组
model.fit(x_train, y_train, epochs=5, batch_size=32)
```

只需一行代码就能评估模型性能：

```
loss_and_metrics = model.evaluate(x_test, y_test, batch_size=128)
```

或者对新的数据生成预测：

```
classes = model.predict(x_test, batch_size=128)
```

2. 构建数字识别模型

我们模型的数据集采用 MNIST 的手写字符数字集，训练集为 60 000 张 28×28 像素的灰度图像，测试集为 10 000 同规格图像，总共 10 类数字标签。

在使用数字识别之前，需要先实现一个能够识别手写数字图片的网络，网络接收数据时，必须把一张 28×28 像素的灰度图转换为长 784 的一维向量。卷积网络使用如下代码进行创建。

```
from keras import layers
from keras import models

model = models.Sequential()
model.add(layers.Conv2D(32, (3,3), activation='relu', input_shape=(28,28,1)))
model.add(layers.MaxPooling2D(2,2))
model.add(layers.Conv2D(64, (3,3), activation='relu'))
model.add(layers.MaxPooling2D((2,2)))
model.add(layers.Conv2D(64, (3,3), activation='relu'))

model.summary()
```

创建的卷积网络如图 8.36 所示。

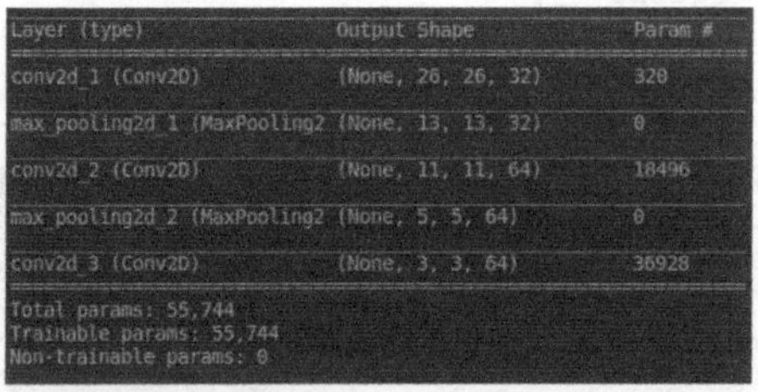

Layer (type)	Output Shape	Param #
conv2d_1 (Conv2D)	(None, 26, 26, 32)	320
max_pooling2d_1 (MaxPooling2	(None, 13, 13, 32)	0
conv2d_2 (Conv2D)	(None, 11, 11, 64)	18496
max_pooling2d_2 (MaxPooling2	(None, 5, 5, 64)	0
conv2d_3 (Conv2D)	(None, 3, 3, 64)	36928

Total params: 55,744
Trainable params: 55,744
Non-trainable params: 0

图 8.36　卷积网络图

网络层使用了 Conv2D 和 MaxPooling，同时 Conv2D 网络层可以直接接收二维向量(28,28,1)，这对应的就是手写数字灰度图。卷积网络的主要作用是对输入数据进行一系列运算加工，它输出的是中间形态的结果。该结果不能直接用来做最终结果，而要得到最终结果，需要为上面的卷积网络添加一层输出层，代码如下：

```
model.add(layers.Flatten())
model.add(layers.Dense(64, activation='relu'))
model.add(layers.Dense(10, activation='softmax'))
model.summary()
```

最终的结构如图 8.37 所示。

Layer (type)	Output Shape	Param #
conv2d_1 (Conv2D)	(None, 26, 26, 32)	320
max_pooling2d_1 (MaxPooling2	(None, 13, 13, 32)	0
conv2d_2 (Conv2D)	(None, 11, 11, 64)	18496
max_pooling2d_2 (MaxPooling2	(None, 5, 5, 64)	0
conv2d_3 (Conv2D)	(None, 3, 3, 64)	36928
flatten_1 (Flatten)	(None, 576)	0
dense_1 (Dense)	(None, 64)	36928
dense_2 (Dense)	(None, 10)	650

Total params: 93,322
Trainable params: 93,322
Non-trainable params: 0

图 8.37 最终结构图

卷积网络在最后一层输出的是（3,3,64）的二维向量，Flatten() 把它压扁成 3×3×64 的一维向量，然后再传入一个包含 64 个神经元的网络层，由于我们要识别图片中的手写数字，其对应的结果有 10 种，也就是 0~9，因此最后我们还添加了一个含有 10 个神经元的网络层。

把图片数据输入网络，对网络进行训练：

```
from keras.datasets import mnist
from keras import layers
from keras import models
import numpy as np

def get_data():
    (train_images, train_labels), (test_images, test_labels) = mnist.load_data()

    train_images = train_images.reshape((train_images.shape[0], 28, 28, 1)).astype
        ('float32') / 255
    test_images = test_images.reshape((test_images.shape[0], 28, 28, 1)).astype
        ('float32') / 255

    def to_label(labels):
        zero_labels = np.zeros((labels.shape[0], 10), dtype=int)
        for index, label in enumerate(labels):
            zero_labels[index][label] = 1
        return zero_labels
    train_labels = to_label(train_labels)
```

```
    test_labels = to_label(test_labels)

    return (train_images, train_labels), (test_images, test_labels)

(train_images, train_labels), (test_images, test_labels) = get_data()
model.compile(optimizer='rmsprop', loss='categorical_crossentropy', metrics=
    ['accuracy'])
model.fit(train_images, train_labels, epochs = 5, batch_size=64)

test_loss, test_acc = model.evaluate(test_images, test_labels)
print("test_loss: {}, test_acc: {}".format(test_loss, test_acc))
```

上面的代码运行后，输出结果如图 8.38 所示。

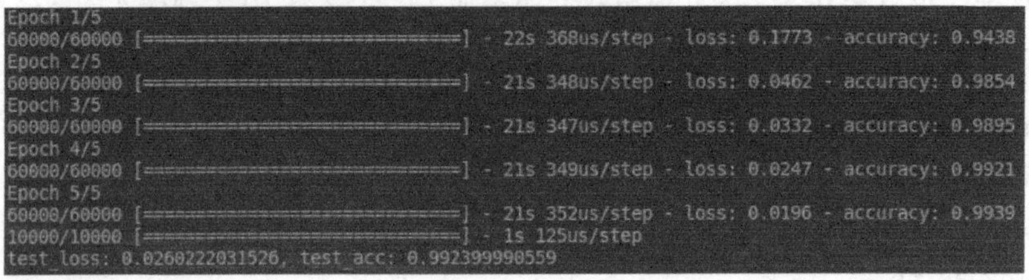

图 8.38 结果输出

我们构造的卷积网络对手写数字图片的识别准确率为 99%，而我们最开始使用的网络对图片识别的准确率是 97%。也就是说，最简单的卷积网络，对图片的识别效果也要比普通网络好得多。能取得这种的好效果，主要是网络进行了两种特殊操作，分别是 Conv2D 和 MaxPooling2D。

卷积操作，其实是把一张大图片分解成好多个小部分，然后一次对这些小部分进行识别，我们最开始实现的网络是一下子识别整张大图片，这是两种网络对图片识别精确度不一样的重要原因。通常，我们会把一张图片分解成多个 3×3 或 5×5 的"小片"，然后分别识别这些小片段，最后把识别的结果集合在一起输出给下一层网络，如图8.39所示。

图8.39中小方格圈中的区域就是我们抠出来的 3×3 小块。这种做法其实是一种分而治之的策略，如果一个整体很难攻克，那么我就把整体瓦解成多个弱小的局部，然后把每个局部攻克了，那么整体就攻克了。这种做法在图像识别中很有效就在于它能对不同区域进行识别。假设识别的图片是猫脸，那么我们就可以把猫脸分解成耳朵、嘴巴、眼睛、胡子等多个部位去各自识别，然后再把各个部分的识别结果综合起来作为对猫脸的识别。

图 8.39　识别的结果集合

每一小块经识别后，会得到一个结果向量，例如语句：

```
layers.Conv2D(32, (3,3), activation='relu', input_shape=(28,28,1))
```

它表示把一个 28×28 像素的灰度图片（1 表示颜色深度，对于灰度图其深度用一个数字就可以表示，对于 RGB 图，颜色深度需要用 3 个数字 [R,G,B] 表示），分解成多个 3×3 的小块，每个 3×3 小块经识别后输出一个含有 32 个元素的一维向量。这个一维向量被称为过滤器，它蕴含着对图片的识别信息，例如"这部分对应猫脸的嘴巴"。

对于 28×28 像素的图片，把它分解成 3×3 小块时，这些小块总共有 26×26 个。我们先看看分解方法。假定我们有一个 5×5 的大图片，那么我们可以将它分解成多个 3×3 的小块，如图 8.40 所示。

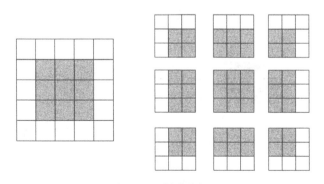

图 8.40　图片分解

如果看不出分解规律，我们把左边大图片的每个小格标号后就清楚了，左边图片编号如下：

```
1,2,3,4,5
6,7,8,9,10
11,12,13,14,15,
16,17,18,19,20
21,22,23,24,25
```

于是右边第一行第一小块对应的编号为：

```
1,2,3
6,7,8
11,12,13
```

第一行第二小块为：

```
2,3,4
7,8,9
12,13,14
```

以此类推，一个 28×28 像素的图片可以分解成 26 个 3×3 的小块，每个小块又计算出一个含有 32 个元素的向量，这个计算其实是将 3×3 的矩阵乘以一个链路参数矩阵，它与我们前面讲过的数据层上一层网络经过神经元链路输入下一层网络的原理是一样的，于是第一层网络输出的结果是 26×26×32 的三维矩阵。我们可以用图8.41形象地表示网络输出结果。

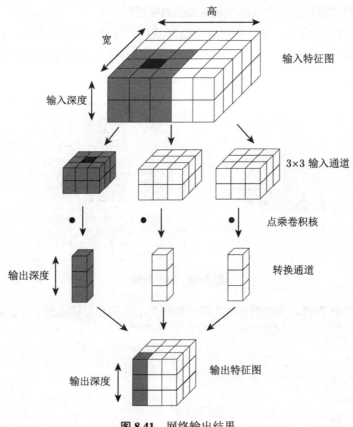

图 8.41　网络输出结果

上面描述的操作流程就叫卷积。接下来我们看看另一种操作：max pooling。从我们的代码中看到，第一层网络叫 Conv2D，第二层就是 MaxPooling2D，最大池化的目标是把由卷积操作得到的结果进一步"挤压"出更有用的信息，有点类似于用力拧毛巾，把不必要的水分给挤掉。最大池化其实是把一个二维矩阵进行 2×2 的分块，这部分跟前面描述的卷积很像，具体操作如图8.42所示。

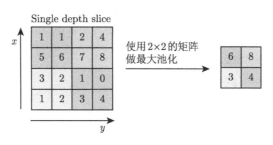

图 8.42 矩阵分块

一定要注意上面的分块与卷积分块的区别，上面分出的块与块之间是没有重叠的，而卷积分出的 3×3 小块之间是相互重叠的！2×2 分块后，把每块中的最大值抽出来，最后组合成右边的小块。注意，完成后矩阵的维度缩减了一半，即原来 4×4 的矩阵变成了 2×2 的矩阵。

回到我们的代码例子，第一层卷积网络输出了 26×26×32 的结果，我们可以将其看成由 32 个 26×26 个二维矩阵的集合。每个 26×26 的二维矩阵都经过上面的最大池化处理变成 13×13 的二维矩阵，因此经过第二层最大池化后，输出的结果是 13×13×32 的矩阵集合，也就是下面代码产生了 32 个 13×13 的矩阵集合：

```
layers.MaxPooling2D(2,2)
```

其他代码以此类推。卷积操作产生了太多的数据，如果没有最大池化对这些数据进行压缩，那么网络的运算量将会非常巨大，而且数据参数过于冗余就非常容易导致过度拟合。

以上就完成了我们的数字识别模型的创建，接下来我们需要实际中使用这个模型进行数字的识别。

8.6.2　使用模型进行数字识别

之前我们已经介绍了如何利用 Keras 进行卷积神经网络的创建和训练。接下来，我们利用之前训练得到的模型对摄像头传过来的实时数据进行数字识别判断。

首先，我们需要在摄像头中心画一个用来进行数字识别的矩形框，代码如下：

```
actual_height, actual_width, _ = img.shape
identify_height, identify_width = (300, 300)
```

```
pt1 = ((actual_width - identify_width) / 2,
       (actual_height - identify_height) / 2)
pt2 = ((actual_width + identify_width) / 2,
       (actual_height + identify_height) / 2)
cv2.rectangle(img, pt1, pt2, (0, 255, 0), 2)
```

将图像转换为二值图，且去查找当前矩形框中所有的轮廓：

```
gray = cv2.cvtColor(img, cv2.COLOR_BGR2GRAY)
_, thresh = cv2.threshold(gray,
                          80,
                          255,
                          cv2.THRESH_BINARY_INV + cv2.THRESH_OTSU)
contours, _ = cv2.findContours(thresh,
                               cv2.RETR_TREE,
                               cv2.CHAIN_APPROX_SIMPLE)[-2:]
```

取得最大的轮廓并为轮廓上、下、左、右 4 个方向添加上 50 像素的黑色框以便后面更好识别：

```
contour = max(contours, key=cv2.contourArea)
x, y, w, h = cv2.boundingRect(contour)
number_img = thresh[y:y + h, x:x + w]
number_img = cv2.copyMakeBorder(number_img,
                                50, 50, 50, 50,
                                cv2.BORDER_CONSTANT,
                                None, 0)
```

将图片压缩成 28×28 像素的大小，并设置为我们的神经网络需要的输入类型：

```
number_img = cv2.resize(number_img, (28, 28))
number_img = number_img.flatten()
number_img = number_img.reshape(1, 28, 28, 1).astype('float32') / 255
```

利用 Keras 对获取到的图像数据进行识别判断，然后执行相应操作：

```
ans = model.predict(number_img)
ans = ans.tolist()
num = ans[0].index(max(ans[0]))
```

```
x += pt1[0]
y += pt1[1]
cv2.rectangle(img, (x, y), (x + w, y + h), (0, 0, 255), 2)
if ans[0][num] > 0.8:
    global num2_count, num3_count
    if num == 2:
        num2_count += 1
        if num2_count > 10:
            num2_count = 0
            print("识别到 2 了，举右手")
            right_hand_up()
    elif num == 3:
        num3_count += 1
        if num3_count > 10:
            num3_count = 0
            print("识别到 3 了，举左手")
            left_hand_up()
    else:
        num2_count = 0
        num3_count = 0
```

在以上操作中，我们对识别进行了防止误识别的处理，只有连续识别到 10 次我们才认为成功识别到了该数字。

在实际使用中，我们给出一张数字 2 的图片，且成功识别，机器人举起了右手，如图 8.43 所示。

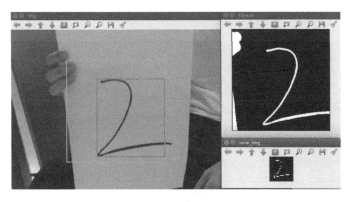

图 8.43 数字识别结果

参 考 文 献

[1] 梶田秀司, 管贻生. 仿人机器人 [M]. 北京：清华大学出版社，2007.

[2] MUR-ARTAL R, TARDÓS J D. Orb-slam2: An open-source slam system for monocular, stereo, and rgb-d cameras [J]. IEEE Transactions on Robotics, 2017, 33(5): 1255-1262.

[3] JasonăM.ăO'Kane, 肖军浩. 机器人操作系统（ROS）浅析 [M]. 长沙：国防科技大学出版社，2015.

[4] 明日科技. 零基础学 Python: 全彩版 [M]. 长春：吉林大学出版社，2018.

[5] CRAIG J J. 机器人学导论 [M]. 王贠超, 译. 3 版. 北京：机械工业出版社，2006.

[6] JOSEPH L. 机器人学导论 [M]. 北京：机械工业出版社，2017.

图书资源支持

感谢您一直以来对清华大学出版社图书的支持和爱护。为了配合本书的使用，本书提供配套的资源，有需求的读者请扫描下方的"书圈"微信公众号二维码，在图书专区下载，也可以拨打电话或发送电子邮件咨询。

如果您在使用本书的过程中遇到了什么问题，或者有相关图书出版计划，也请您发邮件告诉我们，以便我们更好地为您服务。

我们的联系方式：

地　　址：北京市海淀区双清路学研大厦 A 座 701

邮　　编：100084

电　　话：010-83470236　　010-83470237

资源下载：http://www.tup.com.cn

客服邮箱：tupjsj@vip.163.com

QQ：2301891038（请写明您的单位和姓名）

用微信扫一扫右边的二维码,即可关注清华大学出版社公众号。

教学资源·教学样书·新书信息

人工智能科学与技术
人工智能|电子通信|自动控制

资料下载·样书申请

书圈